物联网“落地有声”系列丛书

例说 ZigBee

李明亮　蒙　洋　康辉英　编著
北京中芯优电信息技术有限公司　审校

北京航空航天大学出版社

内容简介

本书基于 CC2430 芯片开发套件，用大量的实验或实例来说话，遵循“理论基础→开发平台→CC2430 实验→ZigBee 实验”的学习思路，深入浅出地讲述 ZigBee 技术。本书分为 3 个篇章：理论基础及开发平台篇、CC2430 实验篇和 ZigBee 实验篇。理论基础及开发平台篇阐述 ZigBee 技术的基本概念、原理、开发平台及与物联网技术的关系。CC2430 实验篇是 ZigBee 实验篇的基础，分析探讨 CC2430 的原理、内部资源和外部接口，并通过典型实验分析 CC2430 寄存器的使用方法和编程思想。ZigBee 实验篇介绍 IEEE 802.15.4/ZigBee 无线传感器网络通信标准、TI Z-Stack 的软件构架及开发基础，通过实例讲解 ZigBee 节点实验及物联网 ZigBee 综合系统。本书共享书中所有程序源代码和相关资料，可在北京航空航天大学出版社的“下载专区”进行下载。

本书可作为从事物联网、WSN、ZigBee 等技术的工程师的参考用书，也可作为高等院校物联网、计算机、电子、自动化、无线通信等专业课程的教材。

图书在版编目(CIP)数据

例说 ZigBee / 李明亮，蒙洋，康辉英编著. --北京
：北京航空航天大学出版社，2013.7
ISBN 978-7-5124-1191-3

Ⅰ. ①例… Ⅱ. ①李… ②蒙… ③康… Ⅲ. ①无线网
Ⅳ. ①TN92

中国版本图书馆 CIP 数据核字(2013)第 151167 号

例说 ZigBee
李明亮　蒙　洋　康辉英　编著
北京中芯优电信息技术有限公司　审校
责任编辑　刘　星

*

北京航空航天大学出版社出版发行
北京市海淀区学院路 37 号(邮编 100191)　http://www.buaapress.com.cn
发行部电话：(010)82317024　传真：(010)82328026
读者信箱：emsbook@gmail.com　邮购电话：(010)82316936
涿州市新华印刷有限公司印装　各地书店经销

*

开本：710×1 000　1/16　印张：20　字数：426 千字
2013 年 7 月第 1 版　2013 年 7 月第 1 次印刷　印数：3 000 册
ISBN 978-7-5124-1191-3　定价：45.00 元

前　言

随着信息科学和计算机的飞速发展，"物联网"被称为继计算机、互联网之后，世界信息产业的第三次浪潮。物联网一方面提高经济效益，大大节约成本；另一方面可以为全球的经济复苏提供技术支撑。"物联网"的目的是将各种信息传感设备与互联网结合起来形成一个巨大网络。在这个巨大网络中，可以用有线或无线的方式作为传感器与通信网之间的"桥梁"，而就系统的投资、建设、维护而言，无线传输显然具有更大的优势。

ZigBee 技术具有功耗低、数据传输可靠性高、网络容量大、时延小、兼容性强、安全性高、实现成本低、协议套件紧凑简单等优点。ZigBee 协议基于 IEEE 802.15.4 无线标准研制开发，基于 802.15.4 标准的无线传感器网络大大提高了数据传输的抗干扰性，同时又减少了现场布线带来的各种问题，对传感器节点的管理也比较方便，因此有着很好的发展前景。ZigBee 技术弥补了低成本、低功耗和低速率无线通信市场的空缺，其成功的关键在于丰富而便捷的应用，而不是技术本身。随着正式版本协议的公布，更多的注意力和研发力量将转到应用的设计和实现、互联互通测试和市场推广等方面。我们有理由相信在不远的将来，将有越来越多的内置式 ZigBee 功能设备进入生活，并将极大地改善我们的生活方式。

ZigBee 联盟是一个高速成长的非盈利业界组织，成员包括国际著名半导体生产商、技术提供者、技术集成商以及最终使用者。联盟制定了基于 IEEE 802.15.4 具有高可靠、高性价比、低功耗的网络应用规格。ZigBee 联盟的主要目标是通过加入无线网络功能，为消费者提供更富有弹性、更容易使用的电子产品。ZigBee 技术能融入各类电子产品，应用范围横跨全球的民用、商用、公共事业以及工业等市场。联盟会员可以利用 ZigBee 标准化无线网络平台，设计出简单、可靠、便宜又节省电力的各种产品来。

本书的写作风格为：理论＋实验＋原理＋应用一体化，通过大量的实验及实例讲解，重点培养读者学习知识、分析问题、独立动手、理论与实际结合的能力，而不是单纯地灌输 ZigBee 理论知识和原理，以简单明了、富有层次的结构向读者介绍了一项抽象的、前沿的 ZigBee 技术，使读者更加易学易掌握。

第 1 章主要介绍了物联网的技术框架、应用前景及与 ZigBee 技术的联系。第 2 章分析了 ZigBee 的技术概念、特点、原理、发展前景及应用领域，重点介绍了 ZigBee

的协议框架。

第3章主要对ZigBee开发平台进行了全面的讲解，ZigBee开发平台包括ZigBee无线单片机开发套件、IAR EW8051 7.30B以上版本集成开发环境等。

第4、5章针对嵌入式ZigBee应用片上系统CC2430芯片进行分析。第4章主要介绍了CC2430芯片的原理、特点、内部资源和外部接口。第5章重点通过ZigBee的典型实验展示了CC2430芯片寄存器的使用方法和编程思想，为使读者对ZigBee的应用领域有更深层次的认识，本书特意为每个实验增加了应用场景说明。

第6章主要介绍了IEEE 802.15.4标准的特点、ZigBee标准及规范、协议栈各层帧之间的关系及网络配置方法。

第7、8章主要介绍了TI Z-Stack软件架构。第7章通过应用举例，介绍了TI Z-Stack软件架构的初始化、操作系统执行TI Z-Stack的过程及Z-Stack中的文件组织方法。第8章重点讲述了如何利用Z-Stack开发实际的ZigBee项目。

第9章是本书的技术重点和技术难点。主要介绍了ZigBee仿真器及协议分析仪的设置和使用方法，以及怎样修改ID号和烧写协调器程序。重点以温湿度传感器节点和光敏传感器节点为例，介绍了节点工作原理、协调器与传感器节点组网的过程。

第10章主要讲述了TOP-WSN系统概述及系统集成方案，通过综合实例讲述了ZigBee物联网的具体应用。

本书由石家庄经济学院李明亮博士、康辉英讲师，北京中芯优电信息技术有限公司CEO蒙洋共同完成。其中第5、6章由康辉英讲师编写；第10章由蒙洋完成，其余章节由李明亮博士编写。李明亮和蒙洋完成了全部书稿的统筹及审核工作。

希望每位读者在学习完本书后都能独立动手进行ZigBee节点的设计与开发，也希望本书能为读者带去一份精彩的技术人生。

衷心感谢北京中芯优电信息技术有限公司，公司提供的实验设备和技术资料保证了此书的顺利完成。感谢在此书编写过程中帮助收集、编辑资料的石家庄经济学院的赵晓宁、何俊东、王玙璠、王晓芳、孙净、杨迎雪、司建龙、冯文露、蔡石磊、杨凯旋、李远、王希文、李瞳、赵泽通、李彩蝶和王翠翠同学。

最后，要特别感谢北京航空航天大学出版社的全力支持，如果没有他们的努力和辛勤劳动，这本书是不会这么快出版的。

由于时间仓促，加之作者水平有限，书中难免有不足之处，欢迎广大读者批评指正。有兴趣的读者可发送邮件到bhcbslx@sina.com，与本书策划编辑进行交流。

作 者

2013年5月

序 言

物联网是继计算机、互联网之后，全球信息产业的第三次浪潮，国家“十二五”规划已明确将物联网列为战略性新兴产业。2012年2月14日正式发布了《物联网“十二五”发展规划》，2013年2月5日，又发布了《关于物联网健康有序发展的指导意见》，两个文件的出台，对物联网产业将带来巨大的发展机遇。

《物联网“十二五”发展规划》指出，到2015年我国要在核心技术研发与产业化、关键标准研究与制定、产业链建立与完善、重大应用示范与推广等方面取得显著成效，初步形成创新驱动、应用牵引、协同发展、安全可控的物联网发展格局。

根据规划，“十二五”期间要形成较为完善的物联网产业链，培育和发展10个产业聚集区，100家以上骨干企业；攻克一批物联网核心关键技术，在感知、传输、处理、应用等技术领域取得500项以上重要研究成果；研究制定200项以上国家和行业标准。同时，要在工业、农业、物流业、交通、电力、环保、公共安全、医疗卫生、智能家居等9个重点领域完成一批应用示范工程，力争实现规模化应用。

一直以来低速率、低成本、低功耗的无线通讯市场一直存在，并占有重要地位。其中基于ZigBee无线网络技术的传感器网络应用最为广泛。ZigBee技术依据IEEE 802.15.4规范，并且是一种经济、高效、低数据速率(250 kbps)、频率为2.4 GHz的无线技术标准，在数千个微小的传感器间相互协调并实现通信。因此，它们的通信效率非常高，在大量数据采集与组网应用场景得到广泛应用。

物联网作为一项战略性新兴产业，目前还处于发展的初级阶段，仍有许多技术瓶颈有待突破，缺乏统一的标准体系和成熟的商业模式，特别是需要挖掘更多的应用案例。基于ZigBee技术的无线传感器网络可以说是物联网技术的核心，支撑着物联网行业的发展和技术创新。

物联网"落地有声"系列丛书成功地选取了物联网行业中具备成熟商业模式和技术方案的项目作为工程案例，从系统需求开始分析，深入剖析物联网核心技术，帮助物联网领域工程技术人员及从业者深入理解物联网在行业中的应用，引领读者在实际的案例中揭开物联网神秘的面纱，推动物联网行业发展。

中国电子学会 秘书长

2013年5月

目 录

理论基础及开发平台篇

第 1 章　物联网与 ZigBee ……………………………………… 2

1.1　物联网定义与架构 ……………………………………… 2

1.1.1　物联网定义 ……………………………………… 2

1.1.2　物联网来源 ……………………………………… 2

1.1.3　物联网“物”的基本条件 ……………………………………… 3

1.1.4　物联网与智慧地球 ……………………………………… 3

1.1.5　物联网的技术架构 ……………………………………… 4

1.2　物联网关键技术 ……………………………………… 6

1.2.1　RFID 技术 ……………………………………… 6

1.2.2　WSN 技术 ……………………………………… 6

1.2.3　4G 通信技术 ……………………………………… 8

1.3　物联网与 ZigBee ……………………………………… 9

1.4　本章小结 ……………………………………… 10

第 2 章　ZigBee 技术基础 ……………………………………… 12

2.1　概念与特点 ……………………………………… 12

2.2　技术原理 ……………………………………… 13

2.3　标准架构 ……………………………………… 15

2.4　应用领域 ……………………………………… 15

2.5　发展前景 ……………………………………… 19

2.6　无线通信协议对比 ……………………………………… 20

2.7　本章小结 ……………………………………… 21

第 3 章　ZigBee 开发平台 ……………………………………… 22

3.1　ZigBee 开发硬件平台 ……………………………………… 22

3.1.1 ZigBee无线传感网络开发套件 …… 23
3.1.2 协调器节点 …… 24
3.1.3 传感器节点 …… 26
3.1.4 CC2430核心板模块 …… 27
3.1.5 仿真器 …… 28
3.1.6 协议分析仪 …… 31
3.2 ZigBee开发软件环境 …… 32
3.2.1 IAR7.20H安装 …… 32
3.2.2 仿真器驱动程序安装 …… 37
3.2.3 USB转串口驱动安装 …… 40
3.2.4 IAR操作指南 …… 41
3.2.5 辅助软件安装 …… 55
3.3 本章小结 …… 62

CC2430实验篇

第4章 ZigBee核心CC2430芯片 …… 64

4.1 CC2430原理及特点 …… 64
4.1.1 MCU构成 …… 64
4.1.2 射频及模拟收发器 …… 66
4.2 CC2430内部资源 …… 66
4.2.1 芯片内部资源 …… 66
4.2.2 存储器空间 …… 70
4.2.3 数据指针 …… 71
4.2.4 外部数据存储器存取 …… 71
4.3 CC2430外部接口 …… 72
4.4 CC2430的典型应用 …… 74
4.4.1 硬件应用电路 …… 74
4.4.2 软件编程 …… 75
4.5 本章小结 …… 76

第5章 CC2430基础实验 …… 77

5.1 控制LED闪烁 …… 77
5.1.1 应用场景 …… 77
5.1.2 实验目的 …… 77
5.1.3 实验原理 …… 77

5.1.4 寄存器操作…… 78
5.1.5 实验步骤…… 79
5.1.6 实验结果…… 87
5.1.7 扩展实验…… 89
5.2 定时器实验…… 92
5.2.1 应用场景…… 92
5.2.2 实验目的…… 93
5.2.3 实验原理…… 93
5.2.4 寄存器操作…… 93
5.2.5 定时器中断…… 96
5.2.6 实验步骤…… 97
5.2.7 实验结果…… 99
5.2.8 扩展实验…… 99
5.3 外部中断实验…… 108
5.3.1 应用场景…… 108
5.3.2 实验目的…… 108
5.3.3 实验原理…… 108
5.3.4 寄存器操作…… 108
5.3.5 实验步骤…… 110
5.3.6 实验结果…… 112
5.4 芯片内部温度检测实验…… 112
5.4.1 应用场景…… 112
5.4.2 实验目的…… 112
5.4.3 实验原理…… 112
5.4.4 寄存器操作…… 113
5.4.5 实验步骤…… 116
5.4.6 实验结果…… 119
5.5 串口实验…… 120
5.5.1 应用场景…… 120
5.5.2 实验目的…… 120
5.5.3 实验原理…… 120
5.5.4 寄存器操作…… 121
5.5.5 实验步骤…… 124
5.5.6 实验结果…… 127
5.5.7 扩展实验…… 127
5.6 系统睡眠和唤醒…… 133

5.6.1 应用场景 …… 133
5.6.2 实验目的 …… 133
5.6.3 寄存器操作 …… 133
5.6.5 实验步骤 …… 135
5.6.6 实验结果 …… 139
5.6.7 扩展实验 …… 139
5.7 看门狗实验 …… 144
5.7.1 应用场景 …… 144
5.7.2 实验目的 …… 144
5.7.3 实验原理 …… 144
5.7.4 寄存器操作 …… 145
5.7.5 实验步骤 …… 146
5.7.6 实验结果 …… 147
5.8 本章小结 …… 147

ZigBee 实验篇

第6章 IEEE 802.15.4/ZigBee 无线传感器网络通信标准 …… 150
6.1 IEEE 802.15.4 标准 …… 150
6.1.1 IEEE 802.15.4 的特点 …… 150
6.1.2 物理层(PHY)规范 …… 151
6.1.3 媒体介质访问层(MAC)规范 …… 152
6.2 ZigBee 标准及规范 …… 156
6.2.1 网络层(NWK)规范 …… 156
6.2.2 应用层(APL)规范 …… 160
6.2.3 协议栈各层帧结构间关系 …… 162
6.2.4 ZigBee 网络配置 …… 162
6.2.5 数据传输机制 …… 166
6.3 本章小结 …… 166

第7章 TI Z-Stack 软件架构 …… 168
7.1 轮转查询式操作系统 …… 168
7.2 Z-Stack 软件架构 …… 170
7.2.1 系统初始化 …… 170
7.2.2 操作系统的执行 …… 170
7.2.3 项目中 Z-Stack 文件组织 …… 175

7.3 本章小结 …………………………………………………………………… 177

第 8 章 TI Z - Stack 开发基础 …………………………………………………… 178

8.1 ZigBee 网络基本概念 …………………………………………………… 178
8.2 应用层基本概念 ………………………………………………………… 180
8.3 网络层基本概念 ………………………………………………………… 182
8.3.1 寻 址 ………………………………………………………………… 182
8.3.2 路由协议及存储表 …………………………………………………… 184
8.4 非易失性存储器 ………………………………………………………… 186
8.5 本章小结 ………………………………………………………………… 188

第 9 章 ZigBee 节点实验 ………………………………………………………… 189

9.1 温湿度传感器节点实验 ………………………………………………… 189
9.1.1 实验设备及要求 ……………………………………………………… 189
9.1.2 基本原理及硬件设计 ………………………………………………… 189
9.1.3 软件设计 ……………………………………………………………… 200
9.1.4 编译烧写协议栈源码和程序 ………………………………………… 201
9.1.5 代码剖析 ……………………………………………………………… 207
9.1.6 实验内容 ……………………………………………………………… 213
9.1.7 实验结果 ……………………………………………………………… 224
9.1.8 协议分析仪分析数据包 ……………………………………………… 226
9.2 光敏传感器节点实验 …………………………………………………… 231
9.2.1 实验环境及要求 ……………………………………………………… 231
9.2.2 基本原理及硬件设计 ………………………………………………… 231
9.2.3 软件设计 ……………………………………………………………… 234
9.2.4 代码剖析 ……………………………………………………………… 234
9.2.5 数据传输 ……………………………………………………………… 236
9.2.6 实验结果 ……………………………………………………………… 238
9.3 本章小结 ………………………………………………………………… 240

第 10 章 TOP - WSN 物联网 ZigBee 综合系统 ………………………………… 241

10.1 系统概述……………………………………………………………… 241
10.2 系统组成……………………………………………………………… 242
10.3 ZigBee 烟雾传感器节点设计 ………………………………………… 242
10.3.1 原理及硬件设计…………………………………………………… 242
10.3.2 软件设计…………………………………………………………… 243

10.3.3 核心程序代码……………………………………………………………… 244
10.4 ZigBee干簧管传感器节点设计 ……………………………………………… 247
10.4.1 原理及硬件设计……………………………………………………………… 247
10.4.2 核心程序代码……………………………………………………………… 249
10.5 ZigBee电机和灯光传感器节点设计 ………………………………………… 252
10.5.1 原理及硬件设计……………………………………………………………… 252
10.5.2 核心程序代码……………………………………………………………… 253
10.6 ZigBee振动传感器节点设计 ……………………………………………… 259
10.6.1 原理及硬件设计……………………………………………………………… 259
10.6.2 核心程序代码……………………………………………………………… 261
10.7 ZigBee霍尔烟雾传感器节点设计 …………………………………………… 264
10.7.1 原理及硬件设计……………………………………………………………… 264
10.7.2 软件设计……………………………………………………………………… 265
10.7.3 核心程序代码……………………………………………………………… 266
10.8 ZigBee加速度传感器节点设计 ……………………………………………… 269
10.8.1 原理及硬件设计……………………………………………………………… 269
10.8.2 核心程序代码……………………………………………………………… 271
10.9 单协调器控制多个同类 ZigBee 节点实验 ………………………………… 277
10.9.1 基本原理……………………………………………………………………… 278
10.9.2 协调器程序下载……………………………………………………………… 278
10.9.3 温湿度传感器模块程序下载………………………………………………… 281
10.9.4 性能测试……………………………………………………………………… 282
10.10 ZigBee综合应用案例——智能家居系统 ………………………………… 282
10.10.1 ARM增强型网关 …………………………………………………………… 283
10.10.2 系统硬件平台搭建 ………………………………………………………… 286
10.10.3 系统初始化及软件流程 …………………………………………………… 286
10.10.4 系统功能演示 ……………………………………………………………… 290
10.11 本章小结 ……………………………………………………………………… 294
附录 A ZigBee协议栈中常用的 API ……………………………………………… 295
附录 B 网络层信息库属性……………………………………………………………… 298
附录 C 术语及缩略词表………………………………………………………………… 299
附录 D ZigBee示例通信协议…………………………………………………………… 304
参考文献…………………………………………………………………………………… 306

理论基础及开发平台篇

第 1 章　物联网与 ZigBee

第 2 章　ZigBee 技术基础

第 3 章　ZigBee 开发平台

第 1 章

物联网与 ZigBee

1.1 物联网定义与架构

1.1.1 物联网定义

标准不同，物联网的定义也不尽相同。目前，国内普遍认可的物联网（The Internet of Things）定义为：通过射频识别（RFID）、红外感应器、全球定位系统、激光扫描器等信息传感设备，按约定的协议，把任何物品与互联网连接起来，进行信息交换和通信，以实现智能化识别、定位、跟踪、监控和管理的一种网络。物联网示意图如图 1－1 所示。

图 1－1　物联网示意图

1.1.2 物联网来源

物联网的概念是美国麻省理工学院（MIT）自动识别技术中心（Auto－ID Center）在 1999 年提出的，要在计算机互联网的基础上，利用 RFID、无线数据通信等技术，构造一个覆盖世界上万事万物的“Internet of Things”。在这个网络中，物品（商品）无需人的干预，就能够彼此进行“交流”。根据这一概念而提出的“物联网”一词，

其实质是利用射频自动识别(RFID)技术,通过计算机互联网实现物品的自动识别和信息的互联与共享。此概念包含两层意思:

➢ 首先,物联网的核心和基础仍然是互联网,是在互联网基础上的延伸和扩展;
➢ 其次,其用户端延伸和扩展到了物品与物品之间,物物之间进行信息交换和通信。

Auto－ID中心与七所知名大学共同组成Auto－ID实验室,并进行了一系列实验,通过产品电子码(EPC)分别对货堆、货箱、单个货物加以识别。Auto－ID实验室与EPCglobal(国际物品编码协会和美国统一代码委员会下设的一个非盈利性机构)密切合作,准备在全球建立起一个庞大的物品信息交换网络,并且使所有参与流通的物品都具有唯一的产品电子码,具有产品电子码的物品可在网络上准确地定位和追踪,并且为每项物品建立一套完整的电子简历,没有电子简历的伪造商品无法流通。

1.1.3 物联网"物"的基本条件

物联网中的"物"需要满足:

① 要有相应信息的接收器;
② 要有数据传输通路;
③ 要有一定的存储功能;
④ 要有CPU;
⑤ 要有操作系统;
⑥ 要有专门的应用程序;
⑦ 要有数据发送器;
⑧ 遵循物联网的通信协议;
⑨ 在世界网络中有可被识别的唯一编号。

1.1.4 物联网与智慧地球

物联网也被称为"智慧地球",如图1－2所示。2008年IBM首席执行官彭明盛首次提出"智慧的地球"这一概念,建议美国新政府投资新一代的智慧型基础设施,阐明其短期和长期效益。奥巴马对此给予了积极的回应:"经济刺激资金将会投入到宽带网络等新兴技术中去"。

该战略认为,IT产业下一阶段的任务是把新一代IT技术充分运用在各行各业之中,具体地说,就是把感应器嵌入和装备到电网、铁路、桥梁、隧道、公路、建筑、供水系统、大坝、油气管道等各种物体中,并且被普遍连接,形成所谓"物联网",然后将"物联网"与现有的互联网整合起来,实现人类社会与物理系统的整合。在这个整合的网络当中,存在能力超级强大的中心计算机群,能够对整合网络内的人员、机器、设备和基础设施实施实时的管理和控制,在此基础上,人类可以以更加精细和动态的方式管理生产和生活,达到"智慧"状态,提高资源利用率和生产力水平,改善人与自然间的关系。

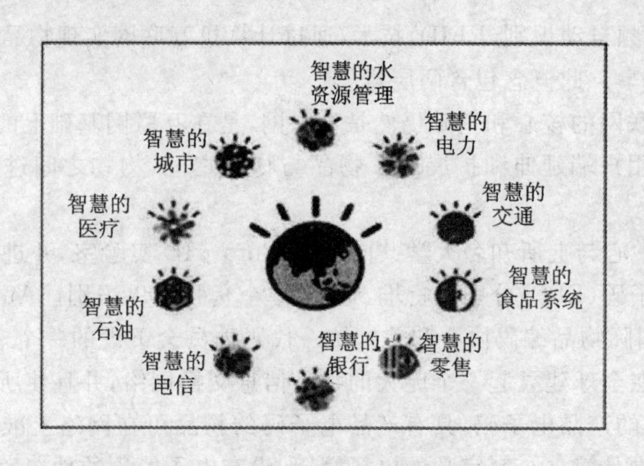

图 1－2　智慧地球

1.1.5　物联网的技术架构

物联网的技术体系框架如图 1－3 所示。物联网的技术体系框架包括感知层、网络层、应用层和公共技术。

感知层：用于采集物理世界中发生的物理事件和数据，包括各类物理量、标识、音频和视频数据。物联网的数据采集涉及传感器、RFID、多媒体信息采集、二维码和实时定位等技术。传感器网络组网和协同信息处理技术实现传感器、RFID 等所获取数据的短距离传输、自组网以及多个传感器对数据的协同信息处理过程。

网络层：实现更加广泛的互联功能，能够把感知到的信息无障碍、高可靠性、高安全性地进行传送，需要传感器网络与移动通信技术、互联网技术相融合。经过十余年的快速发展，移动通信、互联网等技术已比较成熟，基本能够满足物联网数据传输的需要。

应用层：包含应用支撑平台子层和应用服务子层。其中应用支撑平台子层用于支撑跨行业、跨应用、跨系统之间的信息协同、共享、互通的功能。应用服务子层包括智能交通、智能医疗、智能家居、智能物流、智能电力等行业应用。

公共技术：不属于物联网技术的某个特定层面，而是与物联网技术架构的三层都有关系，它包括标识解析、安全技术、网络管理和服务质量（QoS）管理。

“物联网”被称为继计算机、互联网之后，世界信息产业的第三次浪潮。业内专家认为，物联网一方面可以提高经济效益，大大节约成本；另一方面可以为全球经济的复苏提供技术动力。目前，美国、欧盟、中国等都在投入巨资深入研究探索物联网。我国也正在高度关注、重视物联网的研究，工业和信息化部会同有关部门，在新一代信息技术方面正在开展研究，以形成支持新一代信息技术发展的政策和措施。

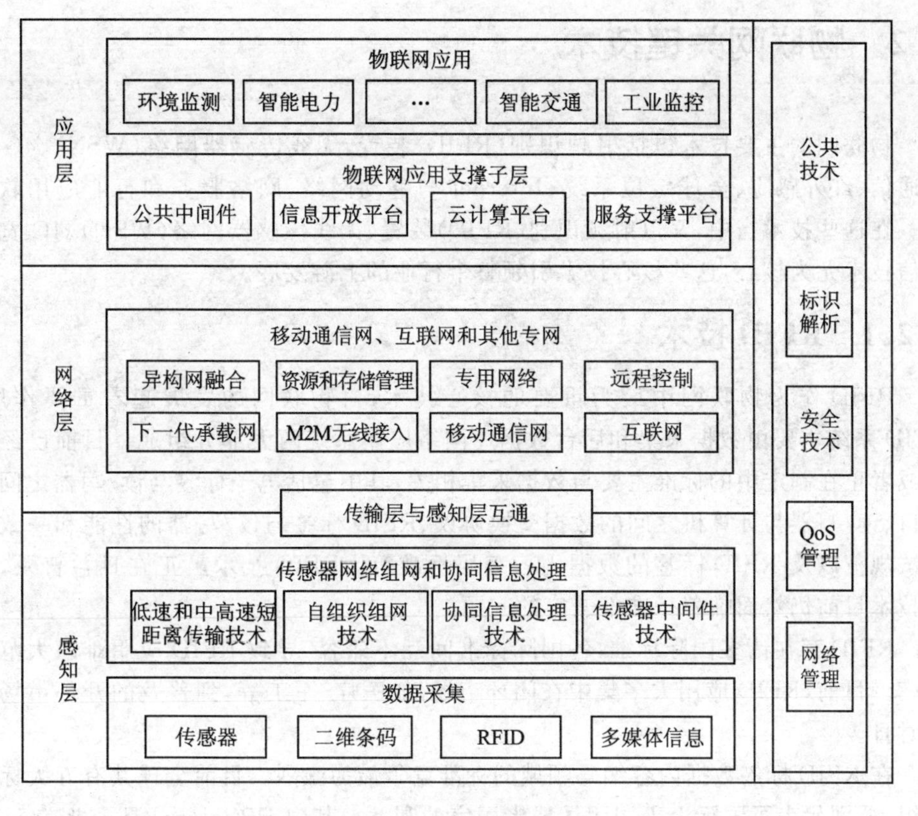

图1-3 物联网的技术架构

在"物联网"普及以后，用于动物、植物、机器、物品的传感器与电子标签及配套的接口装置的数量将大大超过手机的数量。物联网的推广将会成为推进经济发展的又一个驱动器，为产业开拓了又一个潜力无穷的发展机会。按照目前对物联网的需求，在近年内就需要按亿计的传感器和电子标签，这将大大推进信息技术元件的生产，同时增加大量的就业机会。

据介绍，要真正建立一个有效的物联网，有两个重要因素。一是规模性，只有具备了规模，才能使物品的智能发挥作用。例如，一个城市有100万辆汽车，如果只在1万辆汽车上装上智能系统，就不可能形成一个智能交通系统。二是流动性，物品通常都不是静止的，而是处于运动的状态，必须保持物品在运动状态，甚至高速运动状态下都能随时实现对话。

物联网作为因特网的下一代新兴技术，虽然还有许多问题，如技术标准、安全保密问题等亟待解决，但是当物联网的构想成为现实的时候，世界上的万事万物无论何时何地都能够彼此相关，互相交流，整个世界的面貌将会为之焕然一新。

1.2　物联网关键技术

物联网的主要技术包括射频识别(RFID)装置、无线传感器网络(WSN)、4G 宽带通信、红外感应、全球定位系统、Internet 与移动网络、网络服务和行业应用软件等。在这些技术当中,又以射频识别(RFID)装置、无线传感器网络(WSN)、4G 宽带通信技术尤为核心,这些核心技术引领整个行业的上游发展。

1.2.1　RFID 技术

RFID 作为物联网中最为重要的核心技术,对物联网的发展起着重要作用。RFID 系统主要由数据采集和后台数据库网络应用系统两大部分组成。目前已经发布或者正在制定中的标准主要与数据采集相关,其中包括电子标签与读/写器之间的接口、读/写器与计算机之间的数据交换协议、RFID 标签与读/写器的性能和一致性测试规范以及 RFID 标签的数据内容编码标准等。RFID 技术虽正在日益普及,但该技术目前仍然面临着标准不兼容的问题。

RFID 存在诸多国际标准,各国际标准间互不兼容,导致 RFID 应用难以大范围推广。目前,RFID 应用大多集中在闭环市场,如医疗、军工等,到普及的开环市场尚需时日。

在 RFID 标签数据内容编码领域的标准竞争最为激烈。目前全球共有五大标准组织,分别代表了国际上不同团体或者国家的利益。其中 EPCglobal 是由北美 UCC 产品统一编码组织和欧洲 EAN 产品标准组织联合成立,在全球拥有上百家成员,并且得到了零售巨头沃尔玛、制造业巨头强生、宝洁等大型企业的强力支持。而 AIM、ISO、UID 则代表一部分欧美国家以及日本对 RFID 标准的争夺。IP－X 的成员则以非洲、大洋洲、亚洲等国家为主。比较而言,EPCglobal 得到更多厂商的认可和支持。EPCglobal 的标准架构如图 1－4 所示。EPCglobal 只专注于 860～960 MHz 的 UHF 频段。EPC 网络包括产品电子代码(EPC)、射频识别系统(EPC 标签和识读器)、发现服务(包括 ONS)、EPC 中间件和 EPC 信息服务(EPCIS)等五要素。EPCgobal 标准最新动态可参考网址:http://www.epcglobal.org.cn/index.aspx。

RFID 的标签成本过高和中国自主制定的 RFID 标准的推广问题都成为制约中国物联网工程推广的瓶颈之一。

1.2.2　WSN 技术

无线传感器网络就是由部署在监测区域内大量的廉价微型传感器节点组成,通过无线通信方式形成的一个多跳自组织网络。传感器网络将能扩展人们与现实世界进行远程交互的能力。无线传感器网络是一种全新的信息获取平台,能够实时监测和采集网络分布区域内的各种检测对象的信息,并将这些信息发送到网关节点,以实

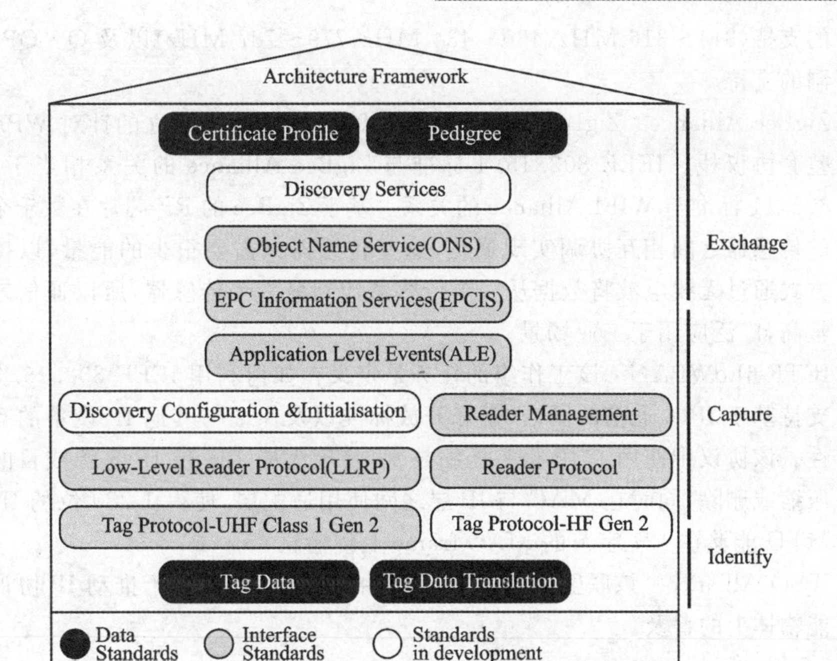

图 1－4　EPCgobal 标准框架结构

现复杂的指定范围内目标检测与跟踪，具有快速展开、抗毁性强等特点，有着广阔的应用前景。美国商业周刊和 MIT 技术评论在预测未来技术发展的报告中，分别将无线传感器网络列为 21 世纪最有影响的 21 项技术和改变世界的 10 大技术之一。

WSN 网络通常分为物理层、MAC 层、网络层、传输层和应用层。

- 物理层定义 WSN 中的 Sink、Node 间的通信物理参数、使用哪个频段、使用何种信号调制解调方式等。
- MAC 层定义各节点的初始化，通过收发 beacon、request、associate 等消息完成自身网络定义，同时定义的 MAC 帧调试策略，可避免多个收发节点间的通信冲突。
- 在网络层，完成逻辑路由信息采集，使收发网络包裹能够按照不同策略使用最优化路径到达目标节点。传输层提供包裹传输的可靠性，为应用层提供入口。
- 应用层最终将收集到的节点信息整合处理，以满足实际的工程需求。

WSN 技术的推广工作主要由相关的国际标准组织实现，WSN 国际标准组织包括：

- IEEE 802.15　该组织致力于无线个人网（WPAN）网络底层协议标准制定，其发布的 IEEE Std 802.15.4－2006 详细定义了 PHY 和 MAC 层实现的各种机制，在最近的 IEEE Std 802.15.4－2009c 中添加了对中国 WPAN 频段的支持(314～316 MHz,430～434 MHz,779～787 MHz)以及 O－QPSK 调制的支持。

- ZigBee Alliance　ZigBee 是基于 IEEE 802.15.4 标准建立的针对 WPAN 的整套协议栈。IEEE 802.15.4 标准与 ZigBee Alliance 的关系相当于 IEEE 802.11 标准与 WIFI Alliance 的关系。基于 ZigBee 的 RF 芯片在数千个微小的传感器之间相互协调实现通信,这些传感器只需要很少的能量,以接力的方式通过无线电波将数据从一个传感器传到另一个传感器,所以通信效率非常高,广泛应用于工业场景。
- IETF 6LoWPAN　该工作组的任务是定义在如何利用 IEEE 802.15.4 链路支持基于 IPv6 通信的同时,遵守开放标准以及保证与其他 IP 设备的互操作性。该协议中使用了 IP 报头压缩技术,将庞大的 128 位 IPv6 源或目的地址压缩或删除,同时在 MAC 与 IP 层之间使用适配层,使得 1 280 位的 IPv6 的 MTU 能够在 127 字节的 MAC frame 上传输。
- IPSO Alliance　该联盟为各大 IT 厂商结合的产物,致力于推动 IP 协议在智能物体上的普及。

1.2.3　4G 通信技术

3G 与 2G 的主要区别是在传输声音和数据速度上的提升,它能够在全球范围内更好地实现无线漫游,并处理图像、音乐、视频流等多种媒体形式,提供包括网页浏览、电话会议、电子商务等多种信息服务,同时也要考虑与已有第二代系统的良好兼容性。而 4G 通信技术将继续大幅提高通话质量及数据通信速度。目前,4G 通信技术相关的科研和应用探索已经在全球各大高校和企业研究中心内悄然进行。4G 最大的优势在于更高的数据传输速率,预计数据传输速率会超过 100 Mb/s,这个速率是目前移动电话数据传输速率的 1 万倍,也是 3G 移动电话速率的 50 倍。随之而来的高清晰电视电影节目将推动手机新的应用模式。此外,4G 通信技术有望集成不同模式的无线通信协议,从无线局域网和蓝牙等室内无线网络,到室外的蜂窝信号、广播电视及卫星通信,移动用户可以自由地从一个标准漫游到另一个标准。

4G 的关键技术包括如下内容。

① 接入方案:第一代无线通信标准使用普通的 TDMA 或 FDMA。TDMA 在高速率信道上,为了避免多径效应,需要加大保护周期,这使 TDMA 变得低效。2G 的无线通信标准 GSM 使用 TDMA 和 FDMA 结合的形式作为接入方案,而 CDMA 标准使用另外一种接入技术。而在 3G 中,IS－2000、UMTS、HSXPA、1xEV－DO、TD－SCDMA 接入方案都为 CDMA。在 4G 中,新的接入方案将得到布署,这包括 OFDMA 和 SC－FDMA、MC－CDMA 等。

② IPv6 支持:在 3G 标准的基础架构中,同时使用并行的电路交换和数据包交换网络;在 4G 中,将只支持数据包交换网络,有利于数据传输的低延时。IPv6 拥有

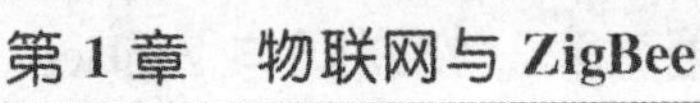

用之不尽的 IP 地址，足以满足全球所有手机终端的编号支持。

③ 高级天线系统：在 4G 中，将会使用多天线技术，这将意味着高速率、高稳定性和远距离通信的实现。多天线意味着空间利用，对功耗限制和带宽保留的实现起着重要作用。MIMO 是多天线系统中的代表技术，在下一代无线局域网 802.11n 中已得到广泛布署，未来的手机和移动基础也将会大量布署 MIMO 技术。

1.3　物联网与 ZigBee

ZigBee 技术是一种便宜、低功耗、高可靠性的近距离无线组网通信技术，是一个由可多到 65 000 个无线数传模块组成的无线数传网络平台。在整个网络范围内，每个 ZigBee 网络节点不仅本身可以作为监控对象，例如网络中所连接的传感器可直接进行数据采集和监控，还可以自动中转别的网络节点传过来的数据资料。除此之外，每一个 ZigBee 网络节点还可在自己的信号覆盖范围内，和多个不承担网络信息中转任务的孤立的子节点进行无线连接。

在 RFID 读/写器中嵌入 ZigBee 模块，从而使多台 RFID 阅读器无线联接组网或者与其他仪器、设备及不同协议读/写器之间联网，实现数据的多点无线采集和传输的目的，最终形成一个基于 ZigBee 技术的多点自动识别、智能无线组网的 RFID 识别系统。系统中的 RFID 阅读器可控制射频模块向电子标签发射读取信号，并接收标签的应答信号，同时可对电子标签的对象标识信息进行解码，从而将对象标识信息连带电子标签上的其他相关信息传输到 Savant 系统以供处理，通常其工作频段和电子标签频率是一致的。

RFID 系统在工作时，先由阅读器通过天线发送一定频率的射频信号，当 RFID 标签进入阅读器的工作场时，其天线产生感应电流，从而使 RFID 标签获得能量被激活并向阅读器发送自身的编码等 EPC 信息，阅读器接收到来自电子标签的载波信息，对其进行解调和解码后，会将信息送至计算机中间件 Savant 系统进行处理。另外，在整个系统中，监控中心如果想要知道某个货物目前的位置，就通过 GPRS 网络发出查询信息。各子模块接收到查询信息后，通过 RFID 读/写器阅读自身的 RFID 信息，并与中心传递的编码相比较，确认是否是询问自己。如果是，则从 GPS 中读取地理信息并通过 GPRS 网络将位置传送到监控中心，监控中心可以判断该物流的运行方向是否正确，或掌握该货物目前的运行状况，以做出相应的处理决定。

物联网的目的是要将各种信息传感设备，与互联网结合起来形成一个巨大的网络。就系统的投资、建设、维护等方面而言，无线传输系统显然具有更大的优势。无线传输系统应用领域主要包括：

- 家庭和楼宇网络：空调系统的温度控制、照明的自动控制、窗帘的自动控制、煤气计量控制和家用电器的远程控制等；
- 工业控制：各种监控器、传感器的自动化控制；

- 商业：智慧型标签等；
- 公共场所：烟雾探测器等；
- 农业控制：收集各种土壤信息和气候信息；
- 医疗：老人与行动不便者的紧急呼叫器和医疗传感器等。

由于应用范围广且大都涉及个人家庭，因此低成本、低功耗和高可靠性是市场对物联网中无线通信技术最强烈的需求。而 ZigBee 产品的优势正好非常符合这种市场需求。

目前市面上设计 ZigBee 的应用方案，主要有两种方式：

① 直接用厂家的 ZigBee 芯片来完成自己所需的 ZigBee 应用设计。该方式从设计之初就需要对软件和 ZigBee 协议栈进行消化和分析，还需要高频设计方面的知识和经验，开发周期会在半年甚至更长时间。若是在批量生产方面一致性没有控制好，不仅会提高成本，同时也会造成大量的资源浪费，这就违背了 ZigBee 协议低成本的基本宗旨。

② 使用现成的无线 ZigBee 模块。这种方式很好地解决了用 ZigBee 芯片进行方案设计的难题，设计者只需将 ZigBee 模块当成一个透明的元器件使用，可以将模块直接焊接到各种相关设备的线路板上实现无线通信，从而省去了设计者花在高频调试方面的精力和时间，只需把工作重点放在解决方案的设计上，使得 ZigBee 的应用易如反掌。

凭借 ZigBee 技术的种种优点，将 ZigBee 技术引入 RFID 中，使得基于 ZigBee 技术的无线射频识别系统有了明显的改善，其主要优势在于：

- 长距离的识别不需要进行方向配置，提高了系统的灵活性；
- 技术相对简单、存储容量大、成本低、时延小，在用电管理上，通过睡眠唤醒功能上的改进，使其功耗大大降低；
- 由于现在 ZigBee 芯片集成的功能越来越多，其本身可扩展性高，促使整个系统的可扩展性也随之提高；
- ZigBee 技术在通信时采用 CSMA 机制，保证了数据信息的可靠性；
- ZigBee 技术提供 CRC 数据包完整性校验，使用了 AES-128 的加密算法，并采用基于直序列展频技术的接取方式，确保整个传输阶段的安全性，提高了抗干扰特性和保密性。

通过以上分析可知，未来的物联网系统是把 RFID 技术、ZigBee 技术、GPS 技术、3G/4G 宽带通信技术和行业应用融合起来的一个集成产品，因此有着广泛的行业应用领域，物联网工程的推广具有非常高的社会效益和经济效益。

1.4　本章小结

本章主要介绍了物联网的一些基本概念与技术架构、物联网的关键技术及 Zig-

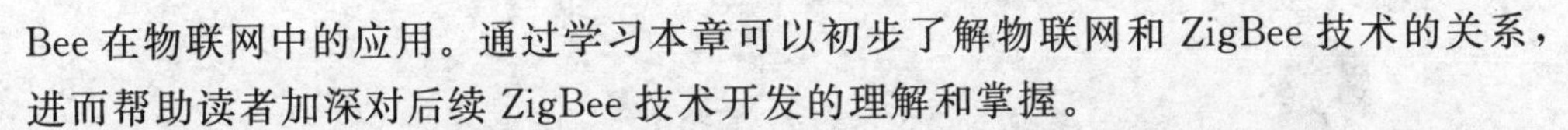

Bee 在物联网中的应用。通过学习本章可以初步了解物联网和 ZigBee 技术的关系，进而帮助读者加深对后续 ZigBee 技术开发的理解和掌握。

物联网是指通过射频识别(RFID)、红外感应器、全球定位系统、激光扫描器等信息传感设备，按约定的协议，把任何物品与互联网连接起来，进行信息交换和通信，以实现智能化识别、定位、跟踪、监控和管理的一种网络。物联网的技术架构包括感知层技术、网络层技术、应用层技术和公共技术。

物联网的主要技术包括射频识别(RFID)装置、无线传感器网络(WSN)、4G 宽带通信、红外感应、全球定位系统、Internet 与移动网络、网络服务和行业应用软件等。在这些技术当中，又以射频识别(RFID)装置、无线传感器网络(WSN)、4G 宽带通信技术尤为核心，这些核心技术引领整个行业的上游发展。

第2章

ZigBee 技术基础

2.1 概念与特点

ZigBee 技术概念示意如图 2-1 所示：蜜蜂在发现花丛后会通过一种特殊的肢体语言来告知同伴新发现的食物源位置等信息，这种肢体语言就是 ZigZag 行舞蹈，是蜜蜂之间一种简单传达信息的方式，ZigBee 也因此而命名。

图 2-1　ZigBee 技术概念示意图

ZigBee 是一种开放式的基于 IEEE 802.15.4 协议的无线个人局域网（Wireless Personal Area Networks）标准。IEEE 802.15.4 定义了物理层和媒体接入控制层，而 ZigBee 则定义了更高层，如网路层、应用层等。

ZigBee 技术是一种近距离、低复杂度、低功耗、低速率、低成本的双向无线通信技术。早期也被称为 HomeRF Lite、RF-EasyLink 或 fireFly 无线电技术，目前统称为 ZigBee 技术。

ZigBee 可工作在 2.4 GHz（全球流行）、868 MHz（欧洲流行）和 915 MHz（美国流行）3 个频段上，分别具有最高 250 kb/s、20 kb/s 和 40 kb/s 的传输速率，ZigBee

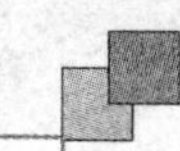

这 3 个频段的特点如图 2-2 所示。ZigBee 的传输距离在 10～75 m 范围内，如果要增加传输距离，需要增加发射功率。

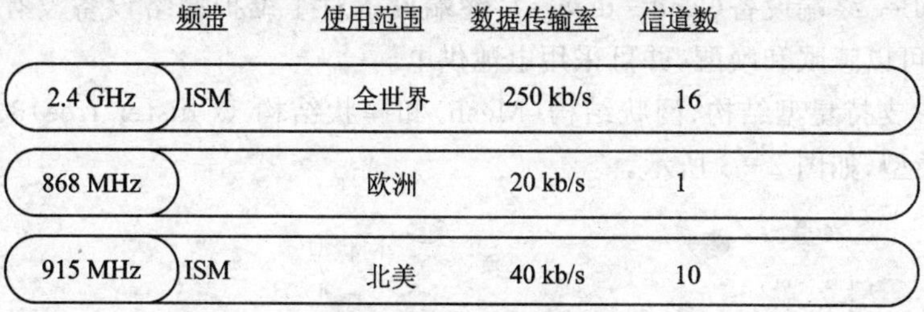

频带		使用范围	数据传输率	信道数
2.4 GHz	ISM	全世界	250 kb/s	16
868 MHz		欧洲	20 kb/s	1
915 MHz	ISM	北美	40 kb/s	10

图 2-2 ZigBee 三频段特点

ZigBee 作为一种无线通信技术，具有如下特点。

① 低功耗：由于 ZigBee 的传输速率低，发射功率仅为 1 mW，而且采用了休眠模式，功耗低，因此 ZigBee 设备非常省电。据估算，ZigBee 设备仅靠两节 5 号电池就可以维持长达 6 个月到 2 年左右的使用时间，这是其他无线设备望尘莫及的。

② 成本低：ZigBee 模块的初始成本在 6 美元左右，估计很快就能降到 1.5～2.5 美元，并且 ZigBee 协议是免专利费的。低成本对于 ZigBee 也是一个关键的因素。

③ 时延短：通信时延和从休眠状态激活的时延都非常短，典型的搜索设备时延 30 ms，休眠激活的时延是 15 ms，活动设备信道接入的时延为 15 ms。因此，ZigBee 技术适用于对时延要求苛刻的无线控制（如工业控制场合等）应用场合。

④ 网络容量大：一个星型结构的 ZigBee 网络最多可以容纳 254 个从设备和一个主设备，一个区域内可以同时存在最多 100 个 ZigBee 网络，而且网络组成灵活。

⑤ 可靠：采取了碰撞避免策略，同时为需要固定带宽的通信业务预留了专用时隙，避开了发送数据的竞争和冲突。MAC 层采用了完全确认的数据传输模式，每个发送的数据包都必须等待接收方的确认信息。如果传输过程中出现问题，则进行重发。

⑥ 安全：ZigBee 提供了基于循环冗余校验（CRC）的数据包完整性检查功能，支持鉴权和认证，采用了 AES-128 的加密算法，各个应用可以灵活确定其安全属性。

2.2 技术原理

一个 ZigBee 网络由一个协调器节点、多个路由器和多个终端设备节点组成。

① ZigBee 协调器（Coordinator）：它包含所有的网络信息，是 3 种设备中最复杂、存储容量大、计算能力最强的。它主要用于发送网络信标、建立网络、管理网络节点、存储网络节点信息、寻找一对节点间的路由信息并且不断地接收信息。一旦网络建立完成，协调器的作用就与路由器节点相同。

② ZigBee 路由器（Router）：它的执行功能包括允许其他设备加入这个网络和跳

跃路由。通常,路由器全时间处在活动状态,功耗较高,一般不采用电池供电。但是在树状拓扑中,允许路由器的操作周期性运行,此时,允许路由器采用电池供电。

③ ZigBee 终端设备(End - device):终端设备对于维护网络设备没有具体的责任,所以它可以睡眠和唤醒,并可采用电池供电。

ZigBee 支持星型结构、网状结构(Mesh)和簇状结构 (Cluster tree)3 种自组织无线网络类型,如图 2 - 3 所示。

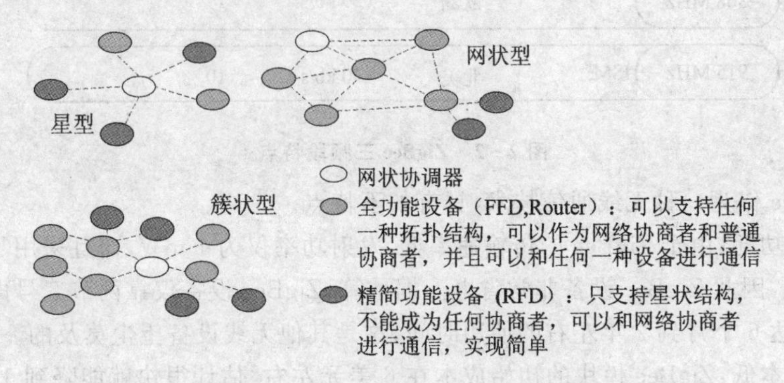

图 2 - 3 ZigBee 自组织无线网络类型

ZigBee 是一组基于 IEEE 批准通过的 802.15.4 无线标准研制开发的组网、安全和应用软件方面的技术标准。与其他无线标准(如 802.11 或 802.16)不同,ZigBee 和 802.15.4 以 250 kb/s 的最大传输速率承载有限的数据流量。ZigBee V1.0 版本的网络标准连同灯光控制设备描述已于 2004 年底推出,其他应用领域及相关设备的描述也会在随后的时间里陆续发布。在标准规范的制订方面,主要是 IEEE 802.15.4 小组与 ZigBee Alliance 两个组织,两者分别制订硬件与软件标准,两者的角色分工就如同 IEEE 802.11 小组与 Wi - Fi 的关系。在 IEEE 802.15.4 方面,2000 年 12 月 IEEE 成立了 802.15.4 小组,负责制订 MAC 与 PHY(物理层)规范,在 2003 年 5 月通过 802.15.4 标准,802.15.4 任务小组目前在着手制订 802.15.4b 标准,此标准主要是加强 802.15.4 标准,包括:解决标准有争议的地方、降低复杂度、提高适应性并考虑新频段的分配等。ZigBee 建立在 802.15.4 标准之上,它确定了可以在不同制造商之间共享的应用纲要。ZigBee 协议框架如图 2 - 4 所示。802.15.4 仅定义了实体层和介质访问层,并不足以保证不同的设备之间可以对话,于是便有了 ZigBee 联盟。

ZigBee 兼容的产品工作在 IEEE 802.15.4 的 PHY 上,其频段是免费开放的。传输范围依赖于输出功率和信道环境,10～100 m,一般是 30 m 左右。由于 ZigBee 使用的是开放频段,已有多种无线通信技术使用,因此为避免被干扰,各个频段均采用直接序列扩频技术。同时,PHY 的直接序列扩频技术允许设备无需闭环同步。

ZigBee 的 3 个频段都采用相位调制技术,2.4 GHz 采用较高阶的 QPSK 调制技术以达到 250 kb/s 的速率,并降低工作时间,以降低功率消耗。而在 915 MHz 和

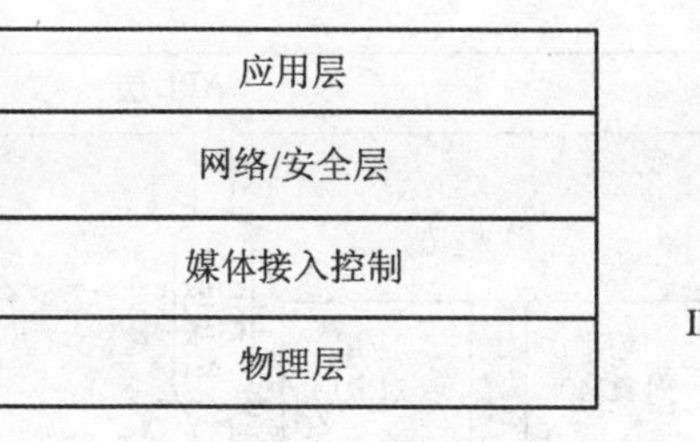

图2-4 ZigBee协议框架

868 MHz频段,则采用BPSK的调制技术。相比较2.4 GHz频段,900 MHz频段为低频频段,无线传播的损失较少,传输距离较长,其次,此频段过去主要是室内无绳电话使用的频段,现在因室内无绳电话转到2.4 GHz,干扰反而比较少。

在MAC层上,主要沿用WLAN中802.11系列标准的CSMA/CA方式,以提高系统兼容性。所谓的CSMA/CA是在传输之前,会先检查信道是否有数据传输,若信道无数据传输,则开始进行数据传输;若产生碰撞,则稍后一段时间重传。

在网络层方面,ZigBee联盟制订可以采用星形和网状拓扑,也允许两者的组合,称为丛集树状。根据节点的不同角色,可分为全功能设备(Full-Function Device,FFD)与精简功能设备(Reduced-Function Device,RFD)。相较于FFD,RFD的电路较为简单且存储体容量较小。FFD的节点具备控制器的功能,能够提供数据交换;而RFD则只能传送数据给FFD或从FFD接收数据。

ZigBee协议套件紧凑且简单,具体实现的硬件需求很低,8位单片机8051即可满足要求,全功能协议软件需要32 KB的ROM,最小功能协议软件需求大约4 KB的ROM。

2.3 标准架构

ZigBee协议栈底层是基于IEEE 802.15.4 2003的PHY层和MAC层机制构成,而上层包括应用层、网络层和安全服务层。ZigBee标准架构如图2-5所示。

2.4 应用领域

1. 智能家居领域

可以应用于家庭的照明、温度、安全、控制等。ZigBee模块可安装在电视、灯泡、遥控器、儿童玩具、游戏机、门禁系统、空调系统和其他家电产品上。通过ZigBee终端设备可以收集家庭各种信息,传送到中央控制设备,或是通过遥控达到远程控制的目的,提供家居生活自动化、网络化与智能化。

2. 工业领域

通过ZigBee网络自动收集各种信息,并将信息回馈到系统进行数据处理与分

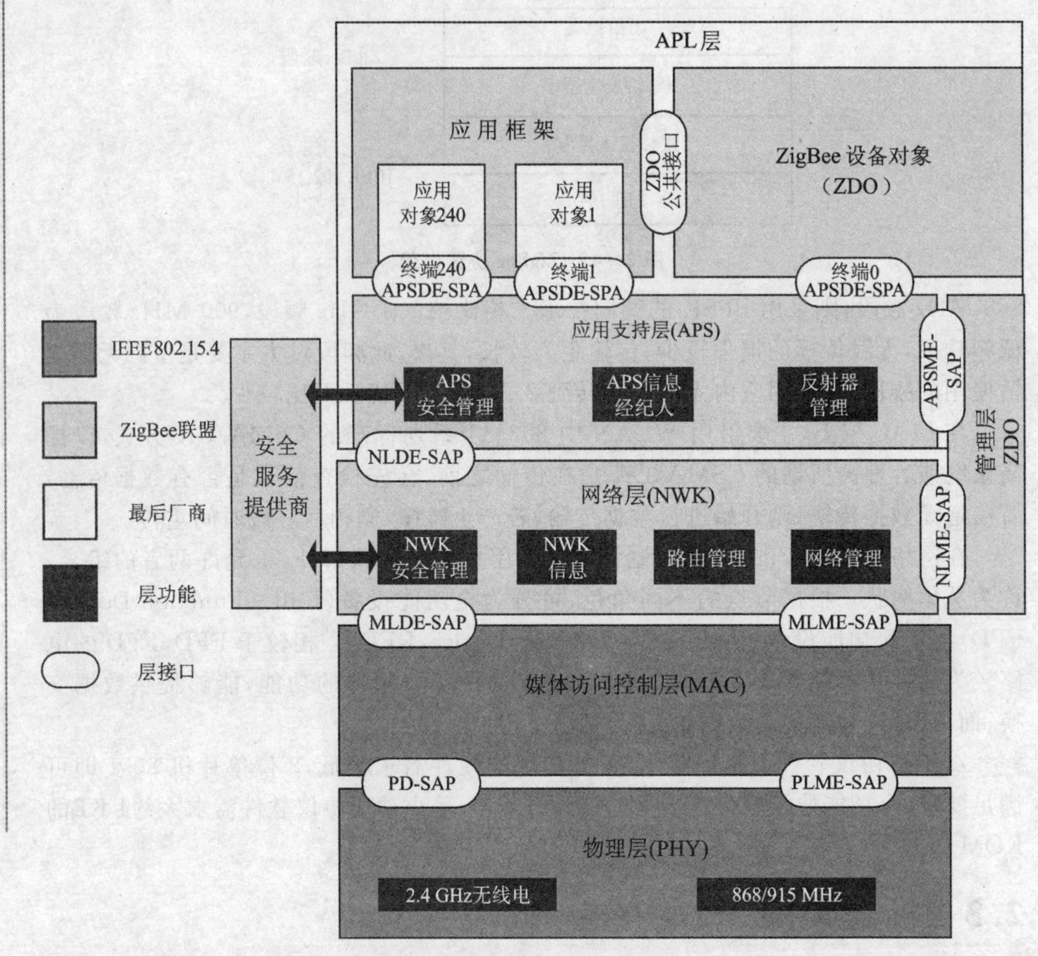

图 2-5　ZigBee 标准架构

析，以利于工厂整体信息之掌握，例如：火警的感测和通知、照明系统之感测、生产机台之流程控制等，都可由 ZigBee 网络提供相关信息，以达到工业与环境控制的目的。

3. 智能交通领域

如果在街道、高速公路及其他地方分布式地安装大量 ZigBee 终端设备，你就不再担心会迷路。安装在汽车里的器件将告诉你，当前所处位置，正向何处去。全球定位系统(GPS)也能提供类似服务，但是这种新的分布式系统能够向你提供更精确、更具体的信息。即使在 GPS 覆盖不到的楼内或隧道内，仍能继续使用此系统。从 ZigBee 无线网络系统能够得到比 GPS 多很多的信息，如限速、街道是单行线还是双行线、前面每条街的交通情况或事故信息等。

4. 医学领域

借助于各种传感器和 ZigBee 网络，准确且实时地监测病人的血压、体温和心跳速度等信息，从而减少医生查房的工作负担，有助于医生作出快速的反应，特别是对重病和病危患者的监护治疗。

ZigBee技术在各个方面的典型应用如图2-6～图2-11所示。

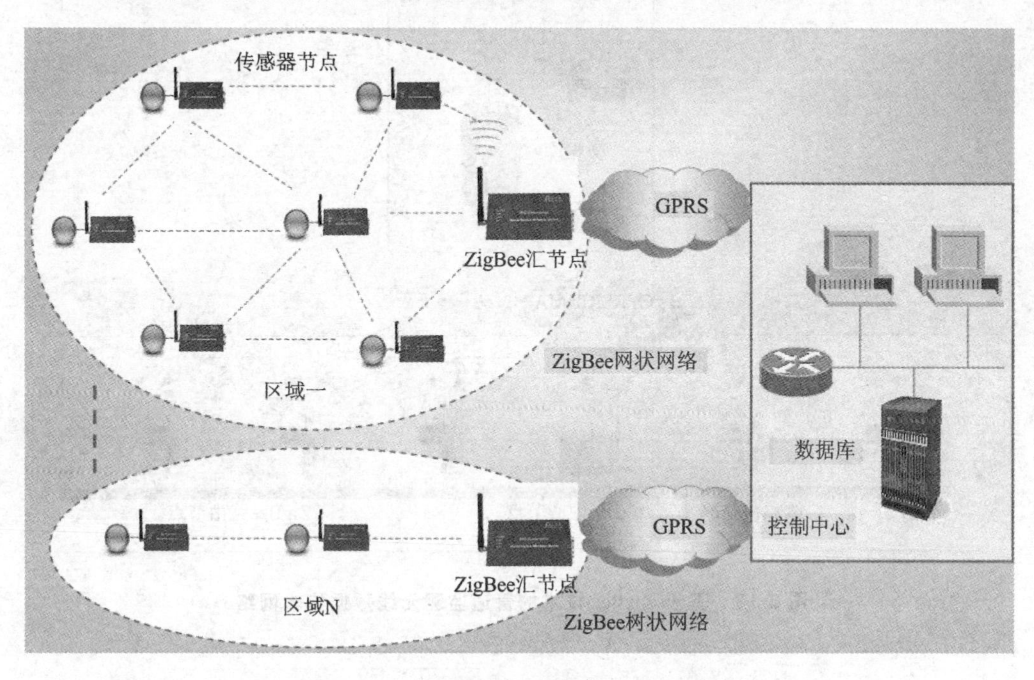

图2-6　结合ZigBee和GPRS的无线数据传输网络

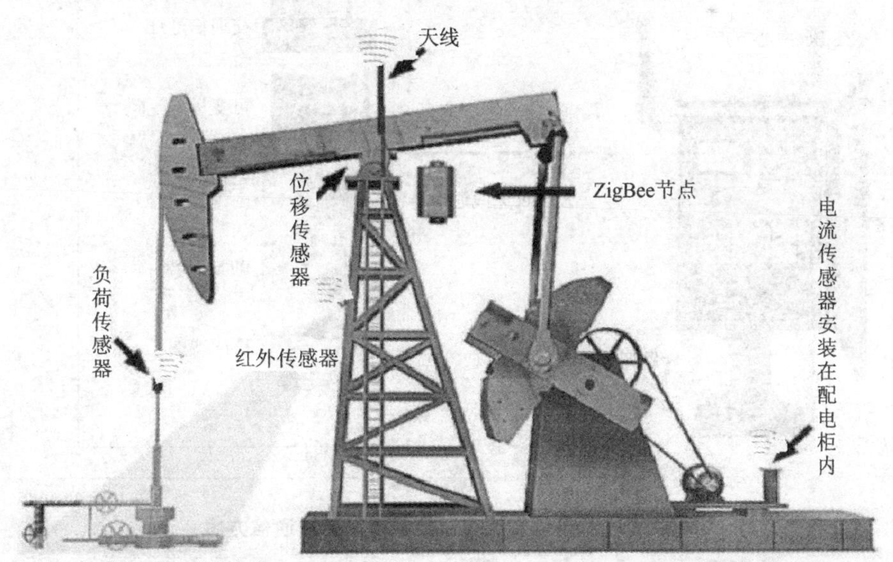

图2-7　基于ZigBee的油田油井遥测遥控无线通信

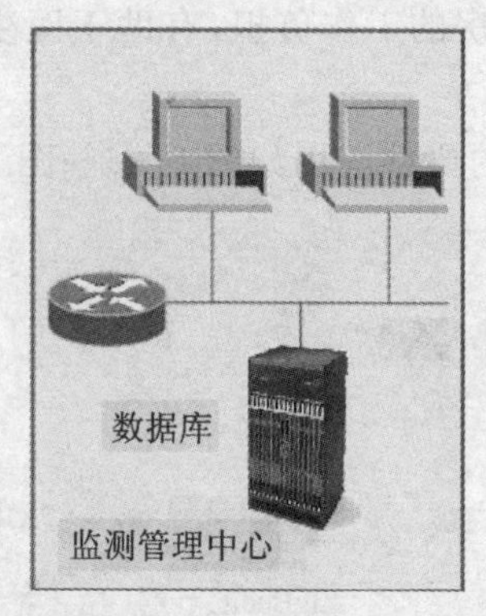

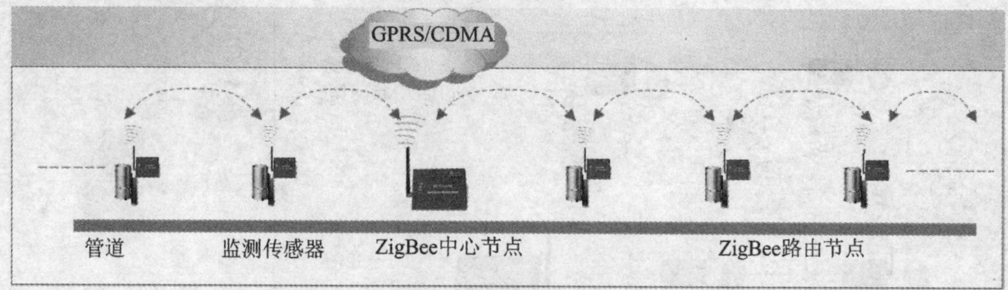

图 2-8　基于 ZigBee 技术的管道监测无线数据传输网络

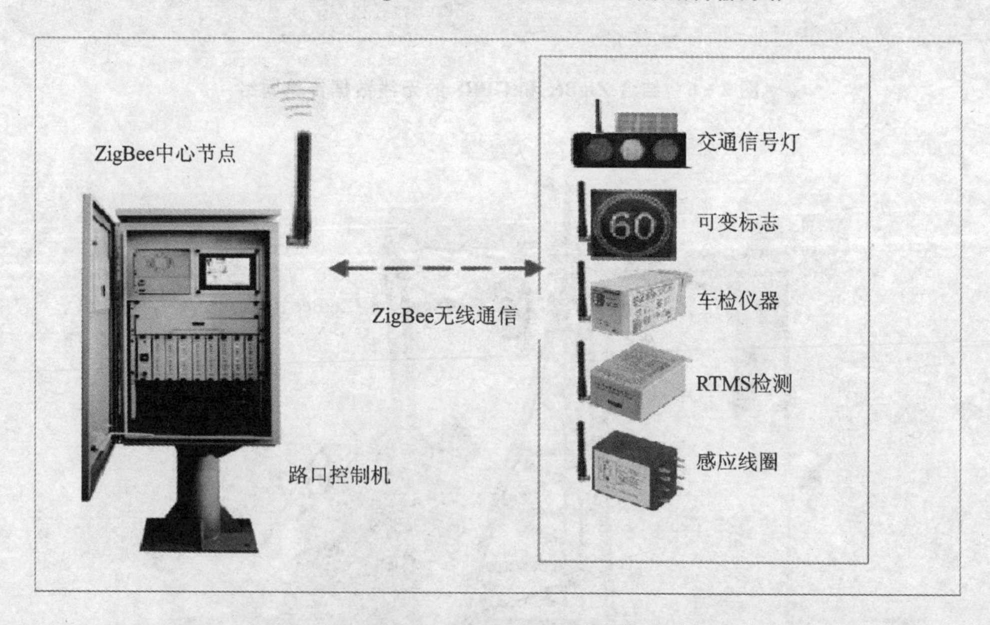

图 2-9　ZigBee 智能交通控制系统无线通信方案

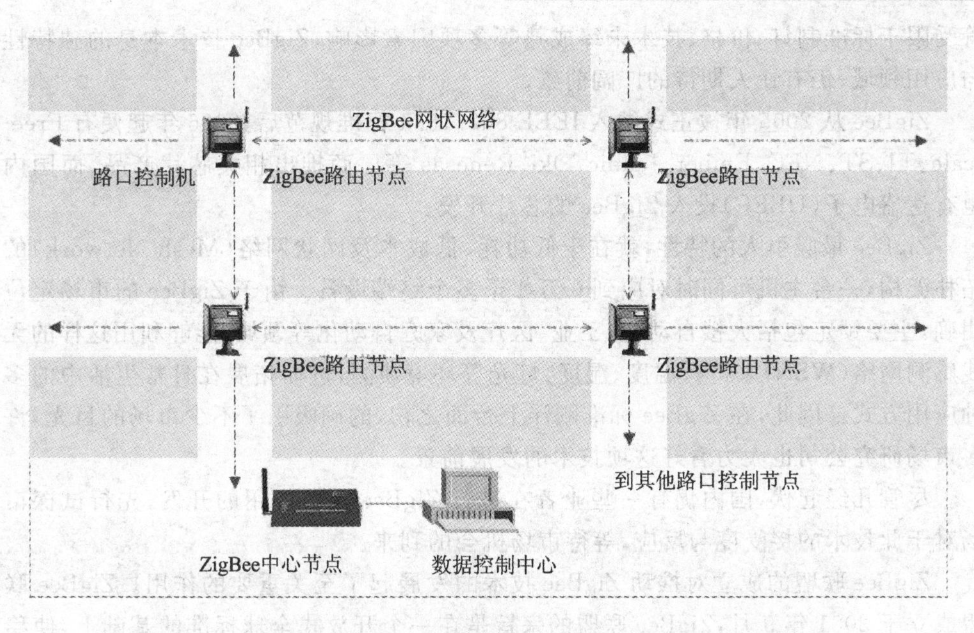

图 2-10　ZigBee 无线通信的交通信号控制系统-远程实时控制通信

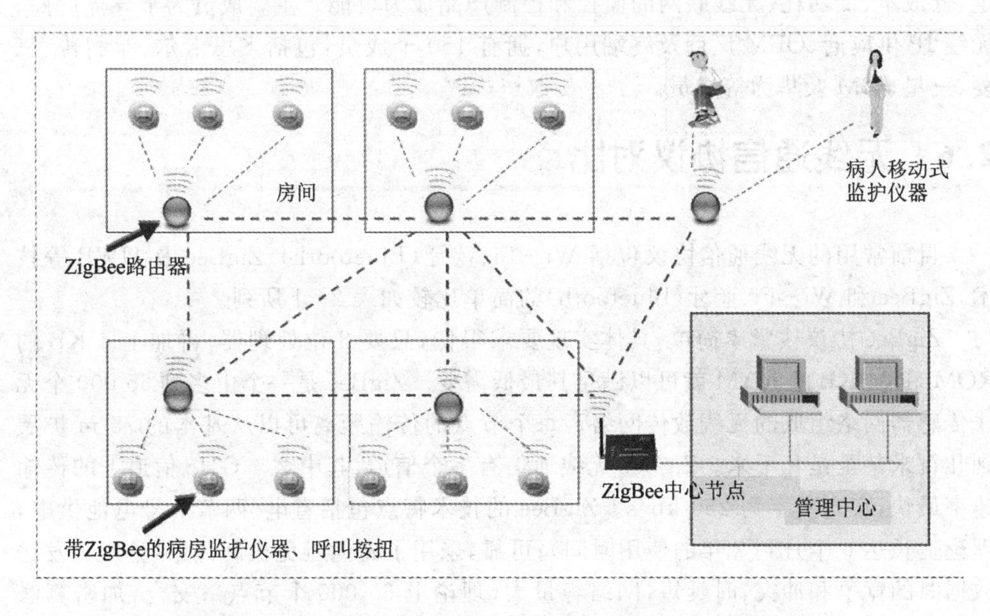

图 2-11　医院对病患、监护设备及设施进行医疗和健康监控

2.5 发展前景

从 2005 年起开始崭露头角的 ZigBee 低功耗无线传输技术，在当时曾经引起市场上的广泛注意。然而，几年过去，ZigBee 市场并未如当初所预期的快速成长。尽管受限于标准制订、价格、技术未臻成熟等多项因素影响，ZigBee技术本身的独特性与应用领域，仍有让人期待的广阔前景。

ZigBee从2005年被正式纳入IEEE 802.15.4标准规范后，2006年起便有Freescale、TI、ST、NEC、Ember、Jennic、Oki、Renesas等厂商推出相关芯片产品，而国内也有达盛电子(UBEC)投入ZigBee的芯片开发。

ZigBee最吸引人的特性，就在于低功耗、低成本及网状网络(Mesh Network)的拓朴架构，一台主机可同时对应到6万4千多个终端设备。由于ZigBee的市场定位明确，主要锁定包括大楼自动化、工业、医疗及家庭自动化等领域，能够利用这样的无线感测网络(WSN)来进行温度、湿度、灯光等环境侦测，进而拓展在日常生活中的多种应用方式。因此，在ZigBee标准刚浮上台面之初，的确吸引了不少市场的目光，许多市场研究公司也大力看好这项技术的发展前景。

尽管几经起伏，国内仍有一些业者在进行ZigBee相关应用的开发，先行试探市场对于此技术的接受度与反应，等待市场机会的到来。

ZigBee联盟的成立对推动ZigBee技术的发展起了至关重要的作用。ZigBee联盟成立于2001年9月，ZigBee联盟的宗旨是在一个开放式全球标准的基础上，使稳定、低成本、低功耗、无线联网的监控和控制产品成为可能。主要成员为半导体厂商、无线IP供应商、OEM厂商及终端用户，拥有150个成员，包括飞思卡尔、菲利普、三菱、三星、IBM及华为等成员。

2.6 无线通信协议对比

目前常用的无线通信协议包括Wi-Fi、蓝牙(Bluetooth)、ZigBee及UWB等技术，ZigBee和Wi-Fi、蓝牙(Bluetooth)的简单比较如表2-1所列。

ZigBee协议栈紧凑简单，具体实现要求很低，只要8位处理器，再加上4 KB的ROM和64 KB的RAM就可以满足其最低需要。ZigBee是一个由多到65 000个无线传感器网络组成的无线数传网络。每个节点的传输距离可以从基本的75 m扩展到几百米甚至是几千米。ZigBee无线通信有多个信道，其中2.4 GHz信道上的传输速率最快，官方数字为250 kb/s。ZigBee的技术特点包括省电(两节5号电池供电，理论上长达6个月到2年的使用时间)；可靠，采用了碰撞避免机制，能尽量避免发送数据时的竞争和冲突，时延短，网络容量大(理论上65 000个节点)；安全，加密算法采用通用的AES-128；高保密性，64位出厂编号，支持AES-128加密。

Wi-Fi为IEEE定义的一个无线网络通信的工业标准(IEEE 802.11)。Wi-Fi的第一个版本发表于1997年，其中定义了介质访问接入控制层(MAC层)和物理层。物理层定义了工作在2.4 GHz的ISM频段上的两种无线调频方式和一种红外传输方式，总数据传输速率达2 Mb/s。两个设备之间的通信可以自由直接的方式进行，也可在基站或者访问点的协调下进行。

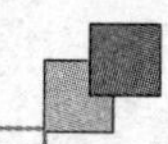

蓝牙是无线网络传输技术的一种，原本是用来取代红外的。与红外技术相比，蓝牙无需对准就能传输数据，传输距离小于 10 m（红外的传输距离是几米），而在放大器的帮助下，通信距离可以到几十米。蓝牙的基本结构是微微网，一个协调器最多可以与 7 个子设备进行通信。蓝牙的特性在许多方面正好符合 Ad hoc 和 WPAN 的概念，显示其真正的潜力所在。蓝牙与其他网络相连接可带来更广泛的应用，例如接入 Internet、PSTN 或公众移动通信网。

超宽频技术（UWB）的发展模式类似 Wi－Fi，很长一段时间被归类为军事技术，但如今极有可能扩展至一般消费性产品领域。UWB 系统的中心频率高于2.5 GHz，并具备至少 500 MHz 的－10 dB 频宽。频率较低的 UWB 系统必须具备至少 20％的频宽比。这些特性让 UWB 明显异于传统的无线电系统，例如 2.4 GHz 的 IEEE 802.11 无线局域网网络。将 UWB 用于无线传感器网络将是一个前景，它作为通信手段会更快速、更安全。

表 2－1　ZigBee 和其他两大主要无线网络科技的比较

名　称	宽频/(Mb/s)	电池寿命	功能用途
Wi－Fi	11.00	1～3 小时	浏览上网、电脑网络、影像监控
Bluetooth	1.00	4～8 小时	免持手机、耳机、无线列印
ZigBee	0.25	2～3 年	无线开关、感应器、读表

2.7　本章小结

本章主要介绍了 ZigBee 的概念、特点、原理以及发展前景。

ZigBee 是基于 IEEE 802.15.4 协议的无线个人局域网。它是一种近距离双向无线通信技术，该技术具有低功耗、成本低、时延短、网络容量大、可靠、安全的工作特点。

ZigBee 网络由一个协调器节点、多个路由器和多个终端设备节点组成。ZigBee 支持 3 种自组织无线网络类型：星型结构、网状结构和簇状结构。ZigBee 建立在 802.15.4 标准之上，802.15.4 仅定义了实体层和介质访问层。

ZigBee 技术广泛应用于智能家庭领域、工业领域、智能交通和医学领域，随着国际及国内对物联网的大力投入和政策支持，ZigBee 将有非常广阔的前景。

第3章

ZigBee开发平台

基于IEEE 802.15.4/ZigBee协议的无线传感器网络广泛应用于商用电子、住宅及建筑自动化、医疗传感设备、玩具以及游戏等无线传感和控制领域。ZigBee技术的应用开发综合了传感器技术、嵌入式计算技术、现代网络及无线通信技术、分布式信息处理技术等。为了使广大电子工程师在ZigBee技术应用开发方面迅速入门和深入研发，本书基于北京中芯优电信息科技有限公司（http://www.top-elec.com/）所研制的开发套件进行讲述。同时也有很多公司研制了ZigBee开发套件以及相关开发工具，读者都可以参考。

随着集成电路技术的发展，无线射频芯片厂商采用片上系统SoC的办法对高频电路进行了大量集成，诞生了无线单片机产品。其中TI/Chipcon公司开发的2.4 GHz IEEE 802.15.4/ZigBee片上系统解决方案CC2430/CC2431无线单片机尤为突出。TI/Chipcon公司为广大用户免费提供了ZigBee联盟认证的全面兼容IEEE 802.15.4-2003协议规范和ZigBee2006协议规范的协议栈源代码和开发文档，并为基于业界首款SoC ZigBee单片机CC2430/CC2431的ZigBee技术研发提供了丰富的开发调试工具软件。因此，CC2430/CC2431成为了广大电子工程师进行ZigBee技术开发的首选。建立这样的平台需要具有下列基本条件：

① 一台PC或笔记本电脑：支持中/英文Windows 2000以上版本的操作系统，安装有.NET1.1 Framework，5 GB以上的硬盘空间，普通光盘驱动器，具有USB接口、RS-232串行接口，主频800 MHz以上。

② 一套ZigBee无线单片机开发套件。

③ IAR EW8051 7.30B以上版本集成开发环境。

④ Protel等电路板设计软件。

⑤ 万用表、示波器等。

3.1 ZigBee开发硬件平台

针对CC2430/CC2431芯片的ZigBee开发套件可与IAR for MCS-51集成开发环境无缝链接，操作方便、连接方便、简单易学，是学习开发ZigBee终端最好最实用的开发工具。利用专门仿真器通过USB接口连接电脑，具有代码高速下载，在线调试,断点、单步、变量观察,寄存器观察等功能,实现对 CC2430/CC2431 系列无线单片机实时在线仿真、调试。北京中芯优电信息科技有限公司的 ZigBee 开发套件模板能够协助初学者和设计人员快速评估及进行多种 ZigBee 应用开发,熟练掌握硬件原理和协议栈的操作。

3.1.1 ZigBee 无线传感网络开发套件

中芯优电 ZigBee 无线传感器网络开发套件是一套开发演示各种 IEEE 802.15.4/ZigBee 相关应用的工具,采用了 TI/Chipcon 公司的 CC2430 芯片,该套件包括传感器节点、协调器节点、CC2430 核心板、仿真器、协议分析仪,另外还可以用于教学、实验等。套件组件如图 3-1 所示。

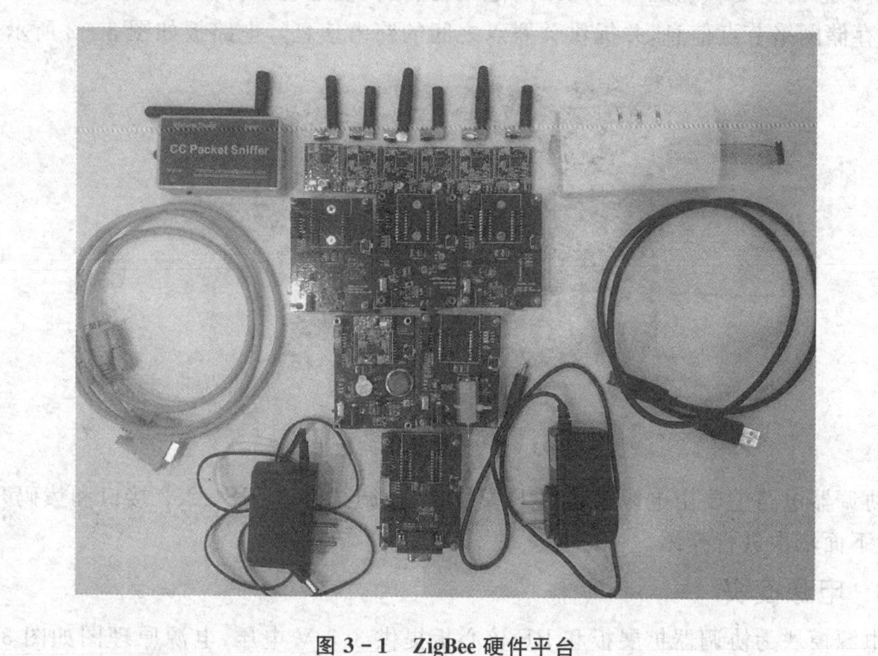

图 3-1　ZigBee 硬件平台

开发套件主要包括:

① USB 在线仿真器;

② 无线传感器节点和协调器;

③ ZigBee 无线高频模块(CC2430);

④ 2.4 GHz 天线;

⑤ 电源(5 V,9 V);

⑥ 协议分析仪;

⑦ USB 连接线;

⑧ RS-232 连接线。

开发套件的主要功能特点包括:

① 支持IAR集成开发环境；

② 仿真器支持USB高速下载，具有在线下载、调试、仿真功能；

③ 提供ZigBee协议栈源代码；

④ 所有例子程序以源代码方式提供；

⑤ 灵活配置，可根据实际需求选配多种扩展开发板；

⑥ 采用C51编程，方便、快捷、易上手；

⑦ 支持多种传感器(烟雾、光敏、热式红外、加速度、振动、温湿度、霍尔等)。

3.1.2 协调器节点

协调器的主要功能是协调网络的建立，其他功能还包括传输网络信标、管理网络节点、存储网络节点信息，并提供关联点之间的路由信息。电路板如图3-2所示。

图3-2 协调器电路板

协调器电路主要由电源模块、RF模块接口、调试接口、RS-232接口和拨码开关组成，下面依次进行介绍。

1. 电源模块

电源模块为协调器扩展板和RF核心板提供3.3 V电压，电源原理图如图3-3所示。

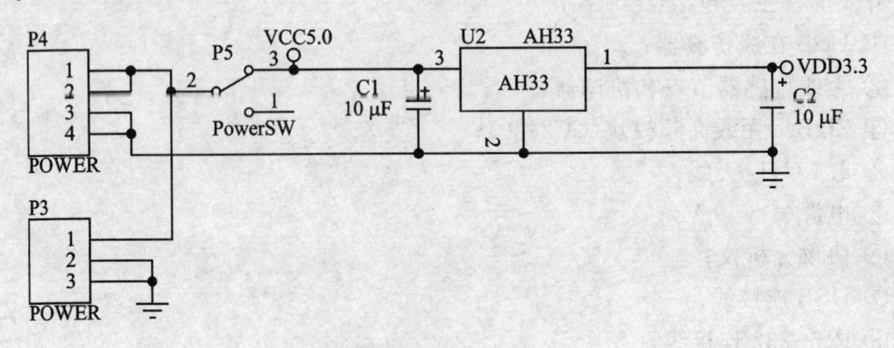

图3-3 电源原理图

2. RF模块接口

RF模块接口如图3-4所示，RF模块接口采用20 Pin通用插槽，为CC2430模块提供3.3 V电源。

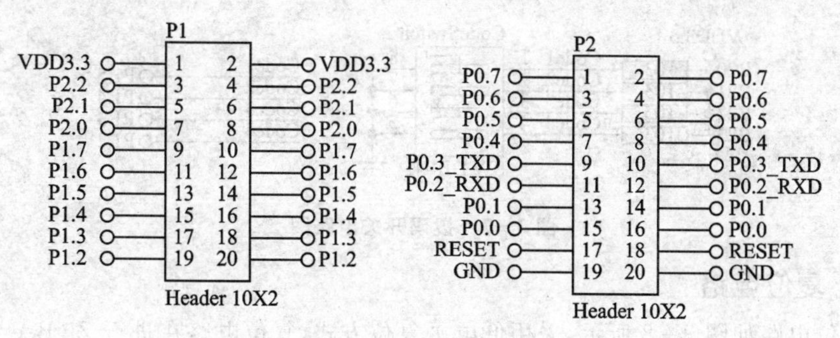

图3-4 RF模块接口图

3. 调试接口

调试接口电路如图3-5所示，用于与仿真器相连进行代码的仿真调试。

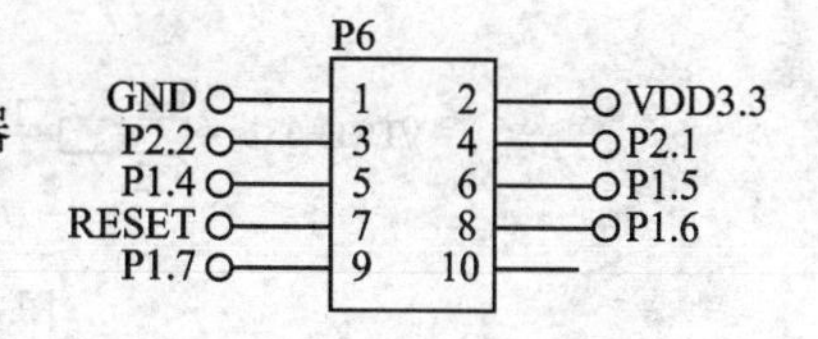

图3-5 调试接口电路图

4. RS-232接口

RS-232接口电路如图3-6所示。RS-232接口是一种常用的同PC机或其他设备通信的接口，标准DB9接口，板上已带有MAX3232电平转换芯片，可直接与PC连接，该接口同时连接到RF射频模块。

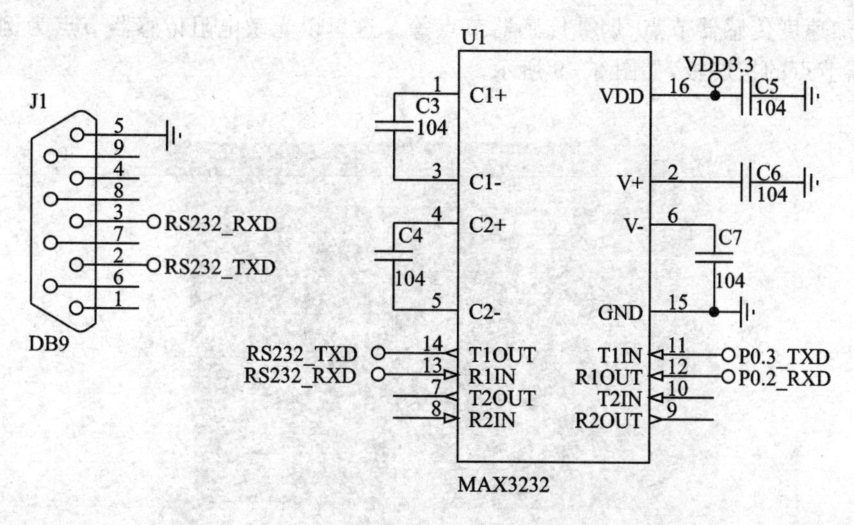

图3-6 RS-232接口电路图

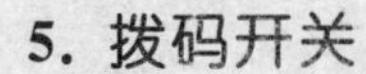

5. 拨码开关

拨码开关的作用类似于跳线，可以动态地选择与ZigBee通信模块中芯片的连接方式。拨码开关电路如图3－7所示，拨码开关的地址表如附录D中表D－1所列。

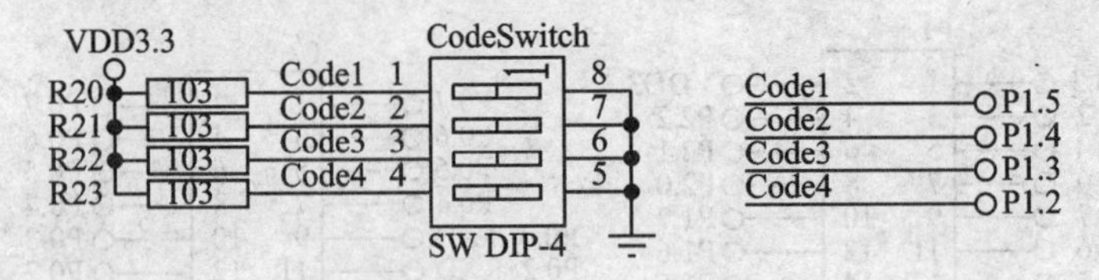

图3－7 拨码开关电路图

6. 复位电路

复位电路如图3－8所示，采用低电平复位方式，复位电路在进行ZigBee组网过程中及系统调试时的作用至关重要。

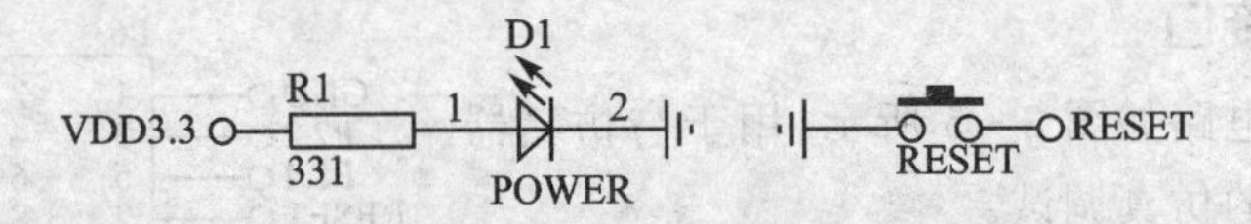

图3－8 复位电路图

3.1.3 传感器节点

传感器节点因其所配套的具体传感器不同而不同。套件中共包含有温湿度传感器节点、光敏电阻传感器节点、干簧管传感器节点、霍尔开关传感器节点、振动传感器节点、加速度传感器节点、烟雾传感器节点等。这里以光敏电阻传感器节点为例分析传感器节点的扩展板，如图3－9所示。

图3－9 传感器节点的扩展板

光敏电阻传感器节点主要包括：电源模块、复位电路、RF插槽、光敏电阻电路、调试接口。

电源模块电路如图3-10所示。

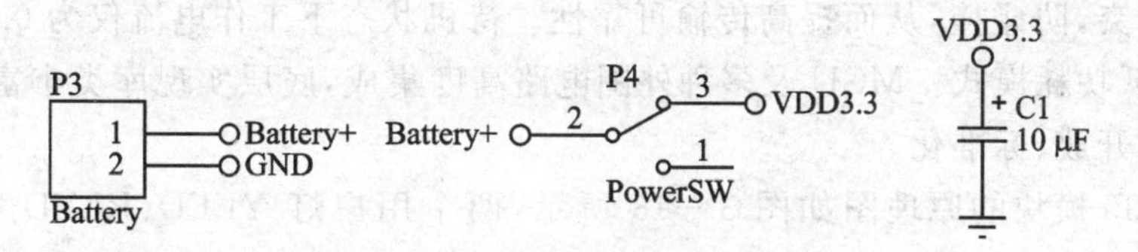

图3-10　电源模块电路图

RF插槽、调试接口与协调器节点上的RF插槽、调试接口相同，这里不再赘述。

光敏电阻器通常由光敏层、玻璃基片（或树脂防潮膜）和电极等组成。光敏电阻器在电路中用字母“R”或“RL”、“RG”表示，节点中光敏电阻电路如图3-11所示。

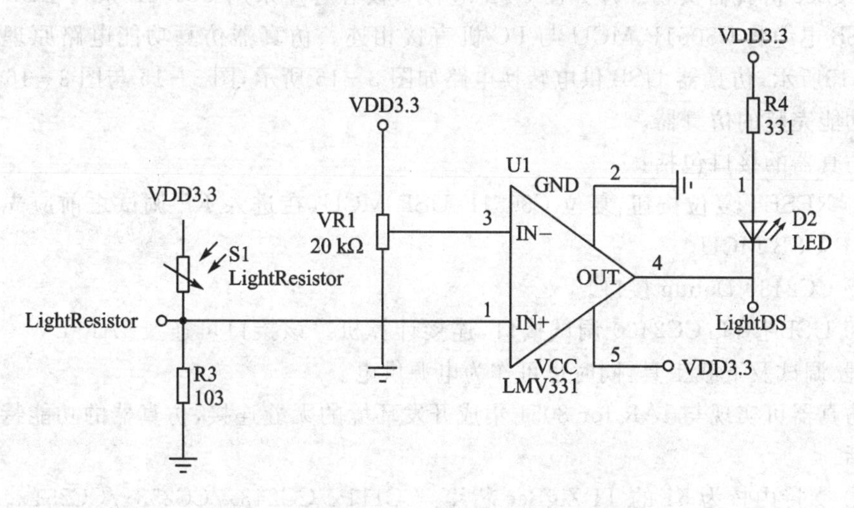

图3-11　ZigBee节点的光敏电阻电路图

3.1.4　CC2430核心板模块

采用TI/Chipcon公司的CC2430芯片的CC2430核心板模块外观如图3-12所示，该模块为2.4 GHz无线收发模块，完全符合IEEE 802.15.4标准的ZigBee规范。由于CC2430的ZigBee无线模块具有IEEE 802.15.4/ZigBee完全兼容的硬件层、物理层，因此，它可以完全与现有的物理层（PHY）和媒体访问控制层（MAC）实现无线通信，更易于开发ZigBee原型和产品。

图3-12　2.4 GHz无线收发模块

在ZigBee无线网络系统中，此模块可作协调器、路由器节点和终端节点。CC2430 模块采用的是 CC2430－F128 的片上系统芯片，具备了高速、超低功耗 8051 内核、128 KB 大容量闪存、8 KB 的 SRAM、128 kb/s 的高速无线通信接口。CC2430 的 ZigBee 无线传输模块采用 DSSS 频谱传输，自动跳频，防冲突，防碰撞，从而提高传输可靠性。待机状态下工作电流仅为 0.2 μA，从而实现更低功耗模式。MCU 及多种外围电路高度集成，底层实现库类丰富，功能完善，源代码开放、标准化。

CC2430 模块的原理图如图 3－13 所示，两个用户灯 YLED、RLED 用来指示 CC2430 模块的工作状态，分别连至 CC2430 芯片的 P1.1、P1.0 口，P1.1 或 P1.0 引脚输出低电平时对应的 LED 灯点亮，输出高电平时对应的 LED 灯熄灭。

3.1.5 仿真器

ZigBee 仿真器实物照片如图 3－14 所示，核心芯片采用 C8051F 系列 USB 控制器，USB 电缆将 C8051F MCU 与 PC 机直接相连。仿真器仿真功能电路原理图如图 3－15所示，仿真器 USB 供电转换电路如图 3－16 所示，图 3－15 与图 3－16 共同组成功能完整的仿真器。

仿真器的接口包括：

① RESET 复位按钮：复位 C8051F USB MCU，在进入 RF 调试之前应先复位 C8051F USB MCU。

② CC2430 Debug 接口。

③ USB 接口：CC2430 调试接口，连接计算机。该接口可连接 IAR EW－8051 等编程、调试及下载工具，同时也可作为电源供电。

仿真器可实现与 IAR for 8051 集成开发环境的无缝连接，仿真器的功能特点主要包括：

① 支持内核为 51 的 TI ZigBee 芯片：CC111x/CC243x/CC253x/CC251x。

② 下载速度高达 150 kb/s。

③ 自动识别速度。

④ 可通过 TI 相关软件更新最新版本固件。

⑤ USB 即插即用。

⑥ 标准 10 Pin 输出座。

⑦ 电源指示和运行指示。

⑧ 尺寸小巧，设计精美，稳定性很高，输出大电流时电源非常稳定。

⑨ 支持仿真下载和协议分析。

⑩ 可对目标板供电，调试器接口电平固定为 3.3 V，电流固定为 800 mA。

⑪ 出厂的每个调试器均具有唯一 ID 号，一台电脑可以同时使用多个，便于协议分析和系统联调。

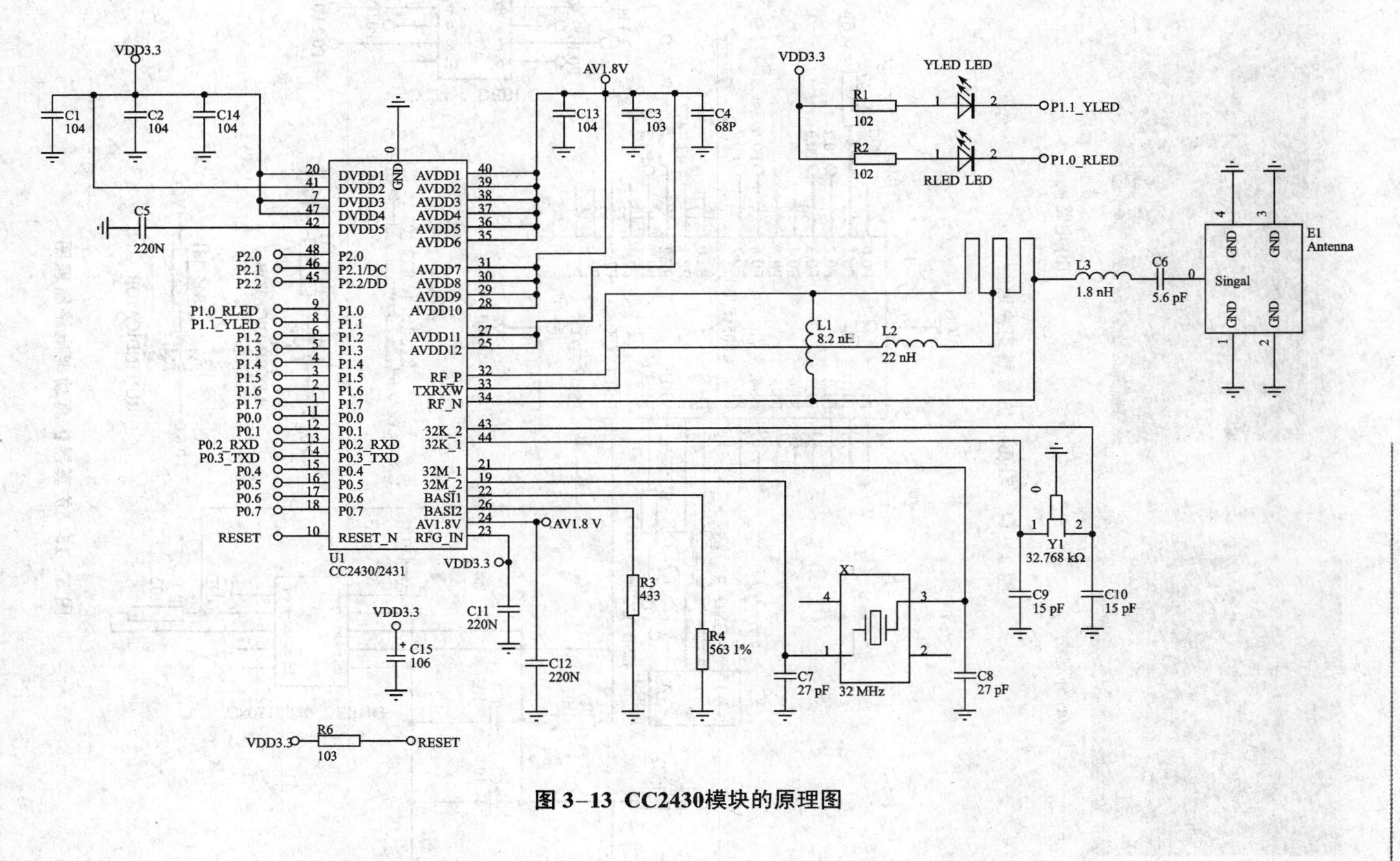

图 3-13 CC2430模块的原理图

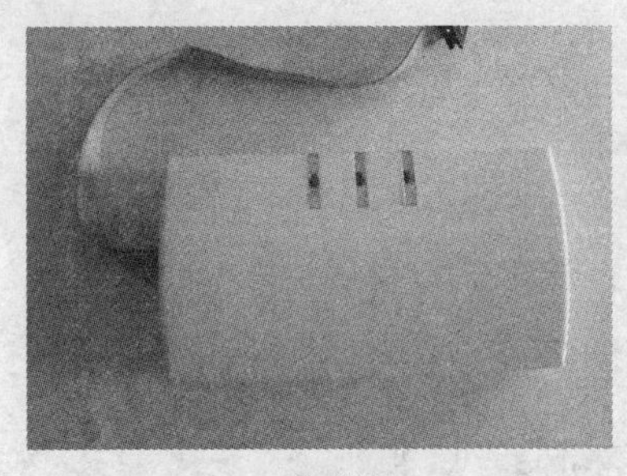

(a) 外观图

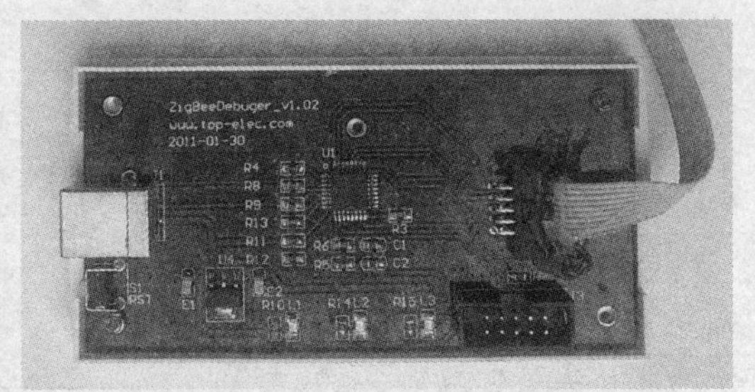

(b) 电路板

图 3－14　ZigBee 仿真器实物照片

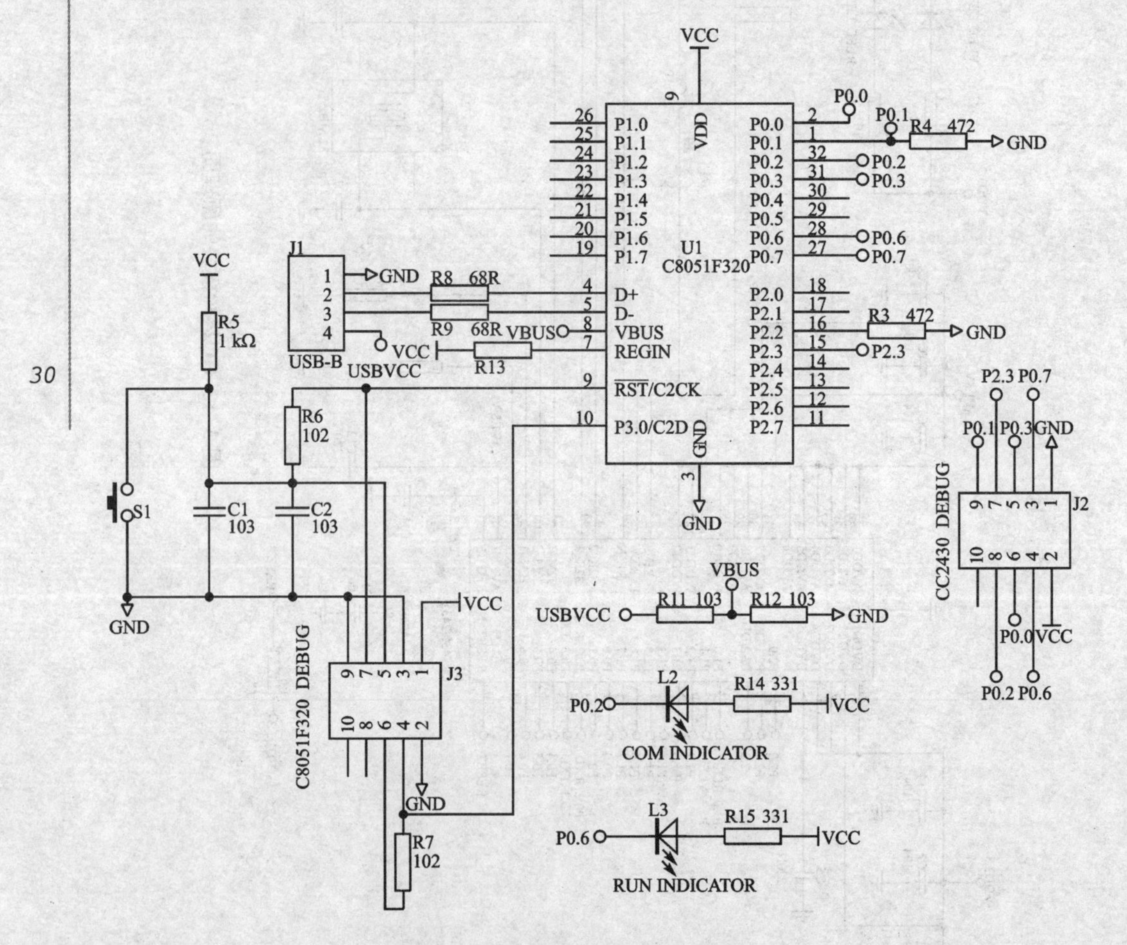

图 3－15　仿真器仿真功能电路原理图

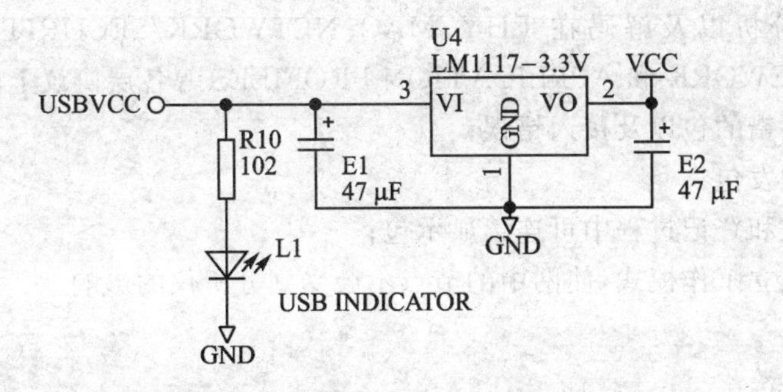

图3-16 USB供电转换电路图

⑫ 支持最新版的SmartRF Flash Programmer、SmartRF Studio、IEEE Address Programmer和Packet Sniffer软件。

⑬ 支持多种版本的IAR软件,例如用于2430的IAR730B,用于25xx的IAR751A、IAR760等,并与IAR软件实现无缝集成。

使用仿真器主要完成CC2430芯片的程序调试和节点程序下载。当仿真器链接到套件中任何一个节点之后,要注意检查仿真器上面的LED指示灯的亮的情况。正常工作状态的亮灯顺序应为从左至右1、3两个LED灯亮,如图3-17所示,如果不是图示情况,说明仿真器工作不正常,需要重新插拔或复位仿真器。

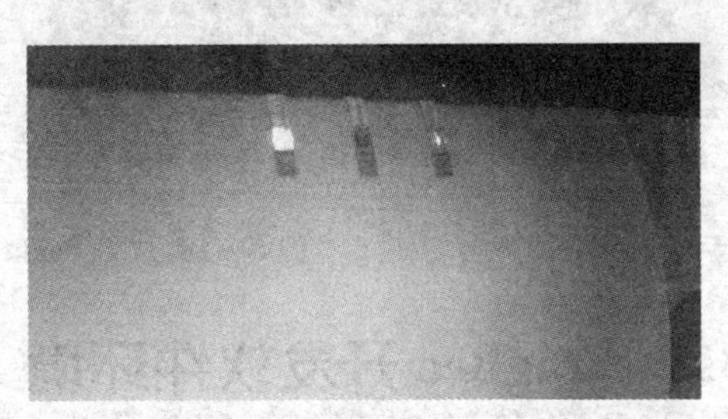

图3-17 LED指示灯的亮的情况

3.1.6 协议分析仪

CC Packet Sniffer是具有USB接口的最新IEEE 802.15.4/ZigBee协议分析仪,与TI产品SmartRF Packet Sniffer兼容。它相当于一台2.4 GHz的频谱分析仪、一台高档的逻辑分析仪和数字示波器。ZigBee协议分析仪可以全面解码、简化、了解复杂的ZigBee协议栈并加速调试。

ZigBee协议分析仪对于ZigBee应用设备的设计开发者具有很重要的意义,这在于它可以帮助进行与第三方ZigBee应用设备的互操作性测试,设计人员可以独立地监控自己的应用设备与未知的第三方应用设备之间的通信及相互操作,从而发现可能出现的错误。ZigBee协议分析仪还可以在产品的硬件开发、软件开发、硬软件集成以及质量保证等四个阶段发挥重要的作用。它还有一种独立工作模式,使网中的节点不会受到分析仪的影响,这对于软件测试是关键的。

CC Packet Sniffer协议分析仪如图3-18所示,可以完全监视空气中的无线数据包,是开发无线网络的高级工具。其功能特点包括:

① 采用TI最新芯片CC2511和CC2520制作,兼容性好;

② 能够分析以及解码在 PHY、MAC、NETWORK/SECURITY、APPLICATION FRAMEWORK 和 APPLICATION PROFILES 等各层协议上的信息包；

③ 显示出错的包以及接入错误；

④ 指示触发包；

⑤ 在接收和登记过程中可连续显示包；

⑥ 具有独立工作模式，使网中的节点不会受到分析仪的影响。

(a) 外观图

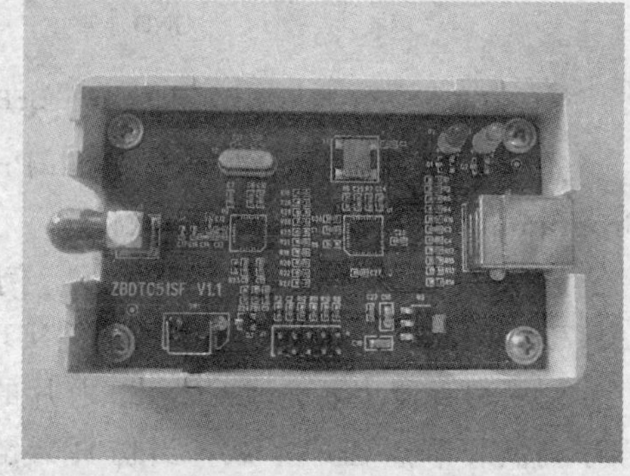

(b) 电路板

图 3-18　CC Packet Sniffer 协议分析仪

3.2　ZigBee 开发软件环境

3.2.1　IAR7.20H 安装

IAR 是开发 CC2430 程序使用的常用工具，该软件的安装步骤如下。

① 官方网站下载 EW8051-EV-720H.exe 安装文件，下载地址为 http://www.iar.com，也可参考本书共享资料。

② 启动 EW8051-EV-720H.exe 程序，如图 3-19 所示。

单击 Next，进入 IAR 系统的软件安装协议，如图 3-20 所示。

单击 Accept，进入用户信息及 Licence 输入窗口，如图 3-21 所示。需要输入软件安装的 License，现在我们需要使用其中的破解软件来进行破解。注意：在文件打开的时候可能杀毒软件会提示有病毒，所以建议在安装时关闭计算机内的所有杀毒软件。

③ 运行 IAR7.20H 破解机，如图 3-22 所示。

操作时，需要把图 3-22 所示的 Hardware ID 选项中十六进制数里面的小写字母换成大写字母。例如：需要把图中的 c、d 两个字母换成 C 和 D，中间可能字会变得模糊但是没关系，单击 Generate 会产生新的 key，把 Lincense number+key 选项中的数字复制到安装程序中，注意这时不要关掉破解器，如图 3-23 所示。

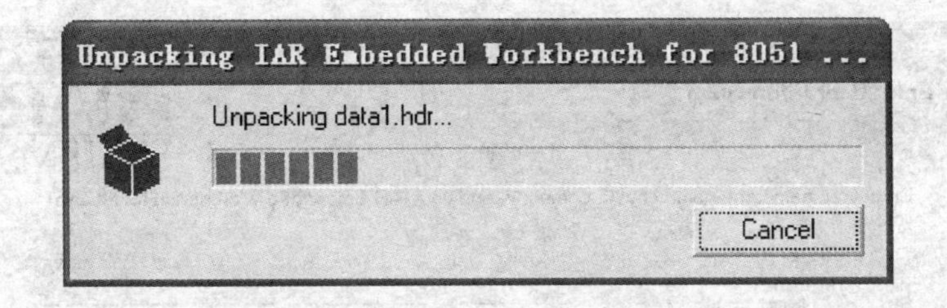

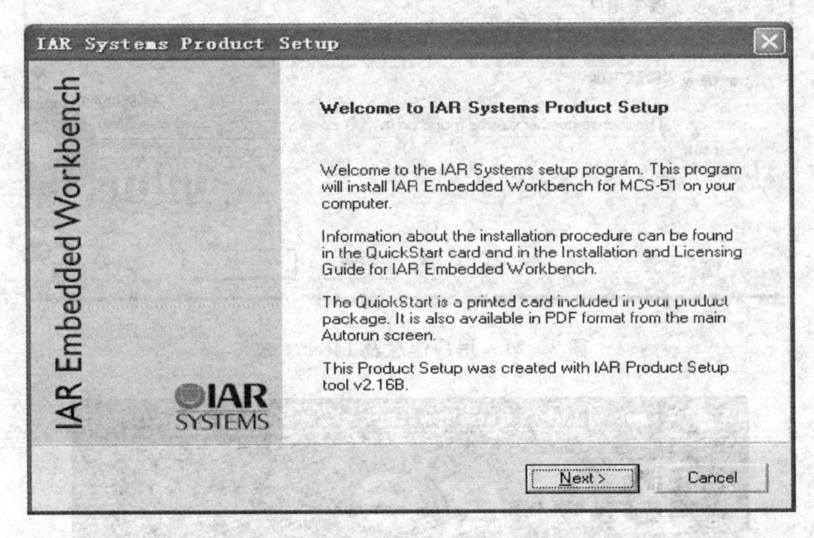

图3-19 启动EW8051-EV-720H.exe程序

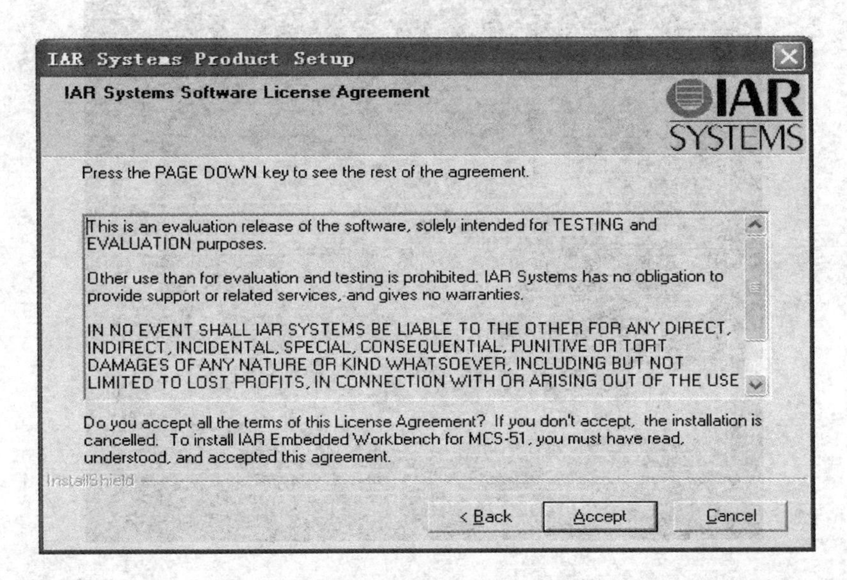

图3-20 IAR系统的软件安装协议

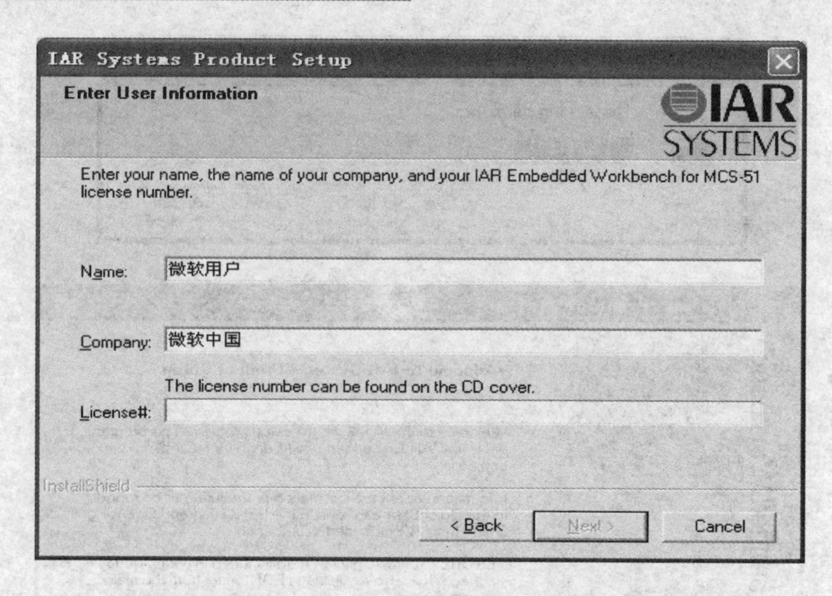

图 3-21　用户信息及 Licence 输入

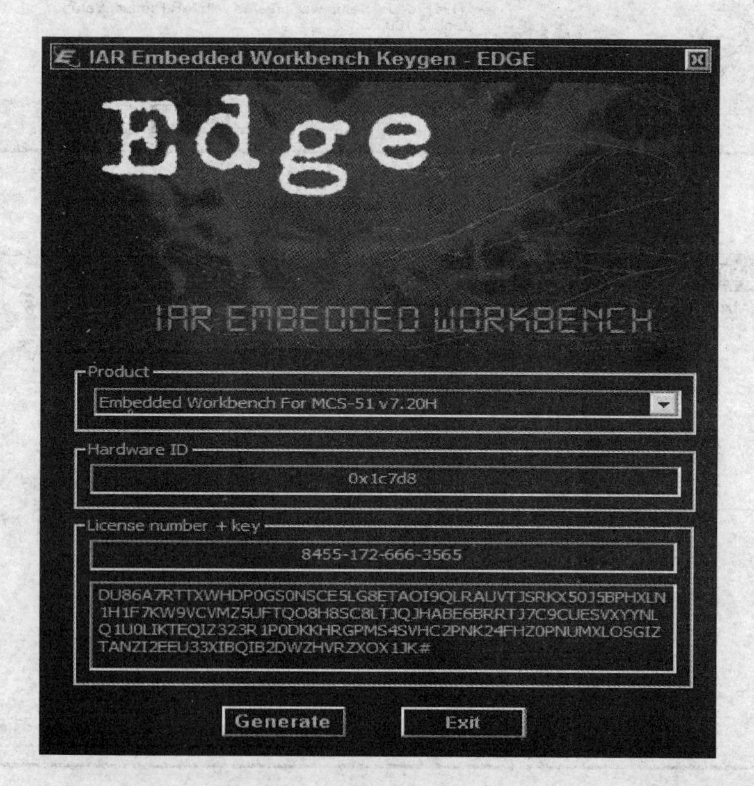

图 3-22　运行 IAR7.20H 破解机

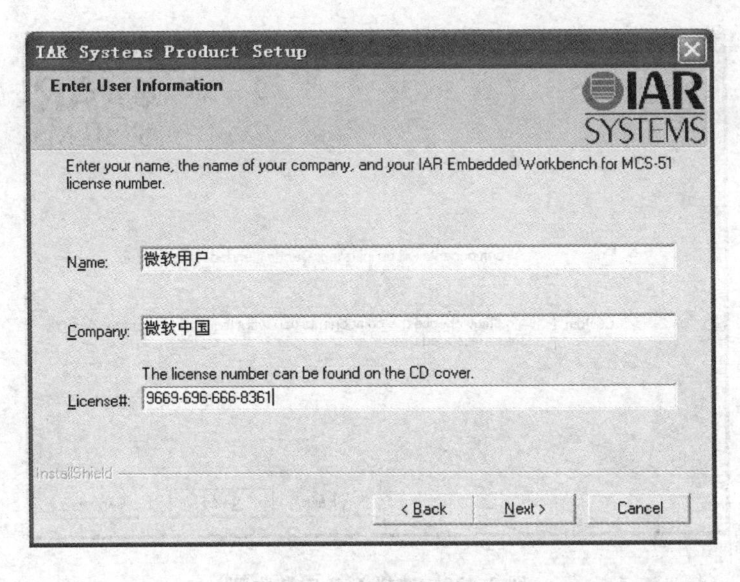

图 3-23　破解器密码

④ 单击 Next，把图 3-22 中最后选项框中的 4 行代码复制到 License Key 中，如图 3-24 所示。

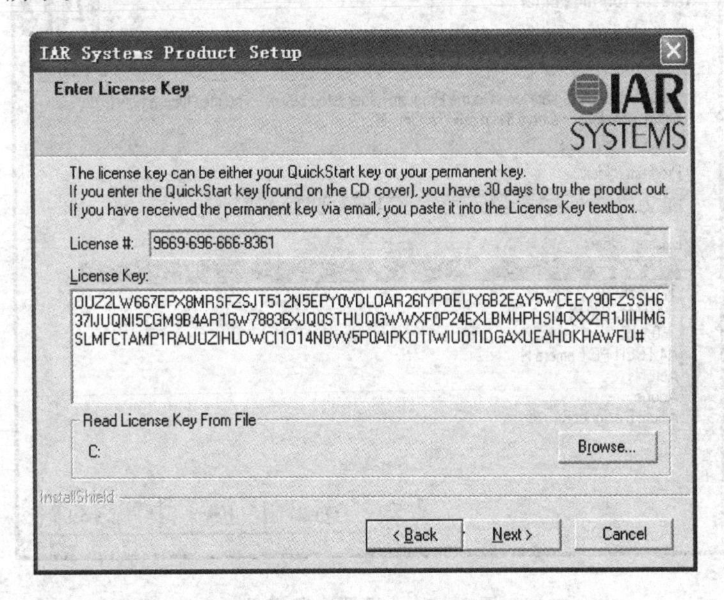

图 3-24　单击 Next 后的操作界面

⑤ 然后继续单击 Next，选择 Full 安装类型，如图 3-25 所示。

⑥ 继续单击 Next，设置安装目录，如图 3-26 所示。

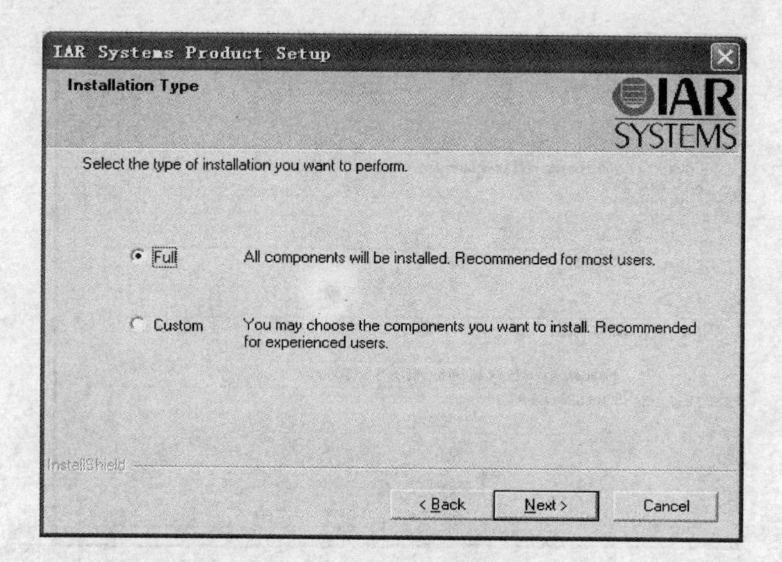

图 3-25 选择 Full 安装类型

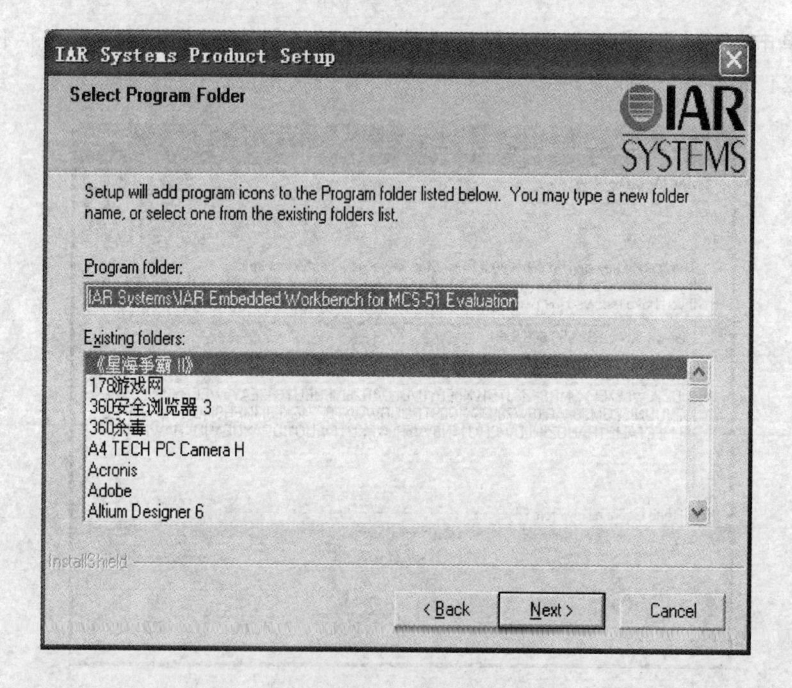

图 3-26 设置安装目录

⑦ 接着单击 Next，开始安装软件，如图 3-27 所示。

安装进度结束，出现如图 3-28 所示窗口，单击 Finish，成功安装软件，安装过程结束。

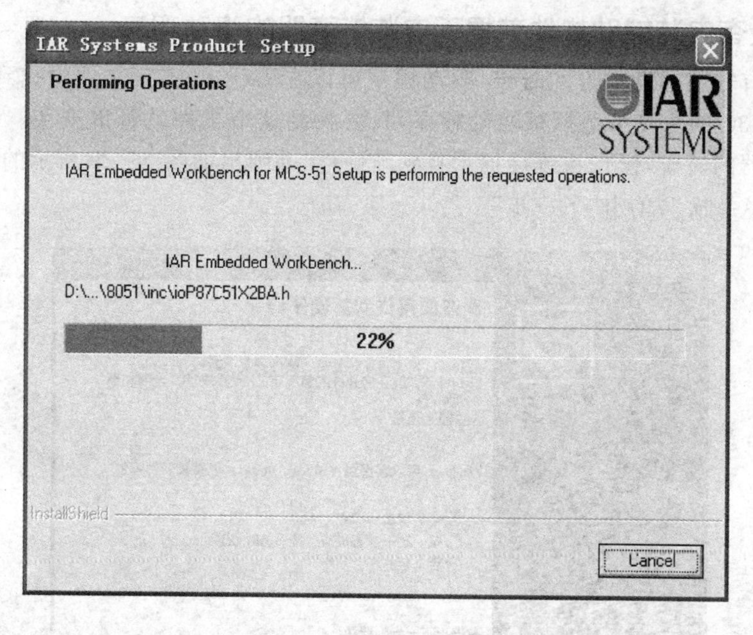

图 3-27　软件安装进度

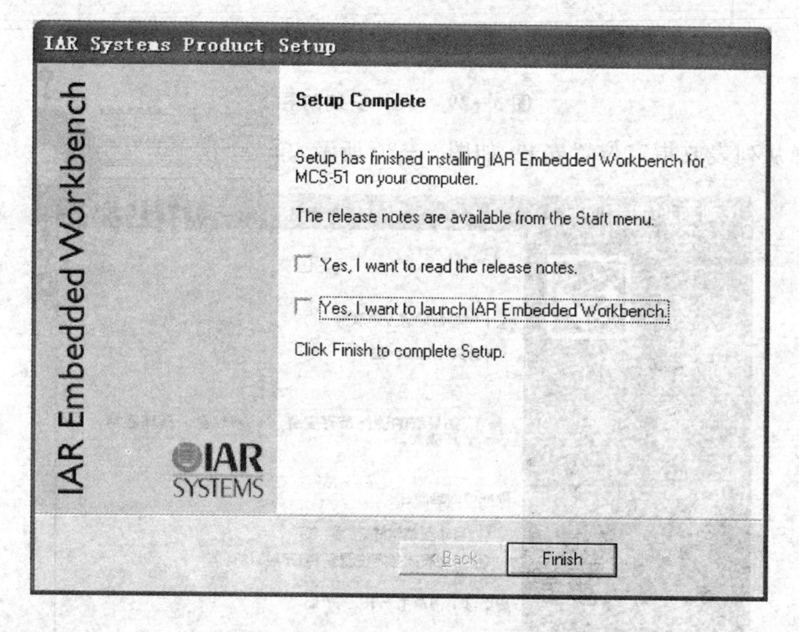

图 3-28　点 Finish 安装结束

3.2.2　仿真器驱动程序安装

ZigBee节点调试时，需要安装一些必要的驱动程序，比如仿真器的驱动程序、USB转串口芯片驱动程序等。

1. 没有安装辅助软件前提下安装仿真器的驱动程序

在没有安装辅助软件的时候，驱动程序可以在IAR的安装文件中找到，IAR自带了CC2430的仿真下载调试驱动程序，只要找到这个文件就可以安装。在第一次使用仿真器的时候，操作系统会提示找到新硬件，并弹出如图3-29所示的窗口。选择"是，仅这一次"，单击"下一步"。

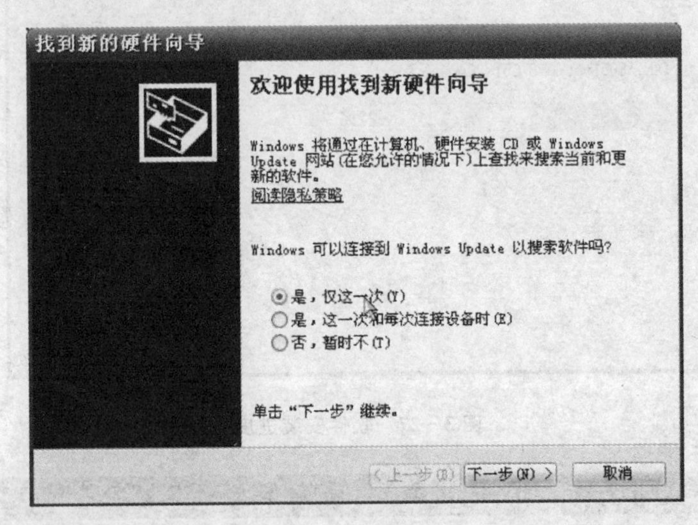

图3-29　硬件安装向导

选择从列表或指定位置安装，如图3-30所示，单击"下一步"。

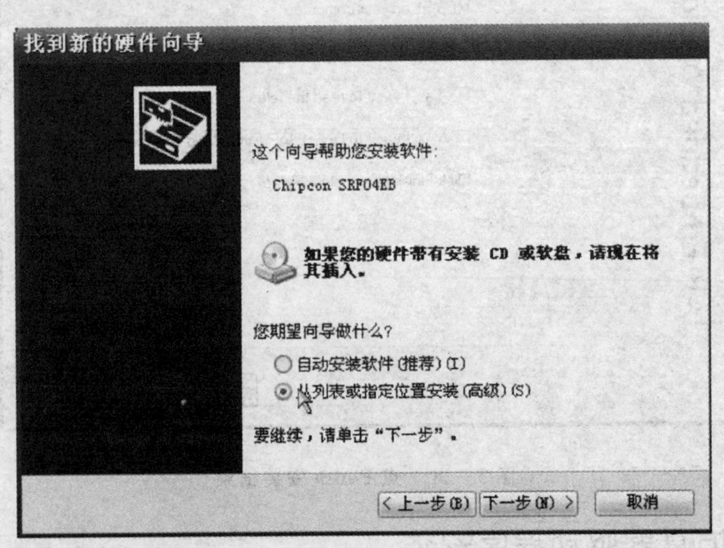

图3-30　选择从列表安装

进入选择搜索和安装选项，选择“在这些位置上搜索最佳驱动程序”，并选中“在搜索中包括这个位置”，如图3-31所示，单击“浏览”，进入驱动文件路径。

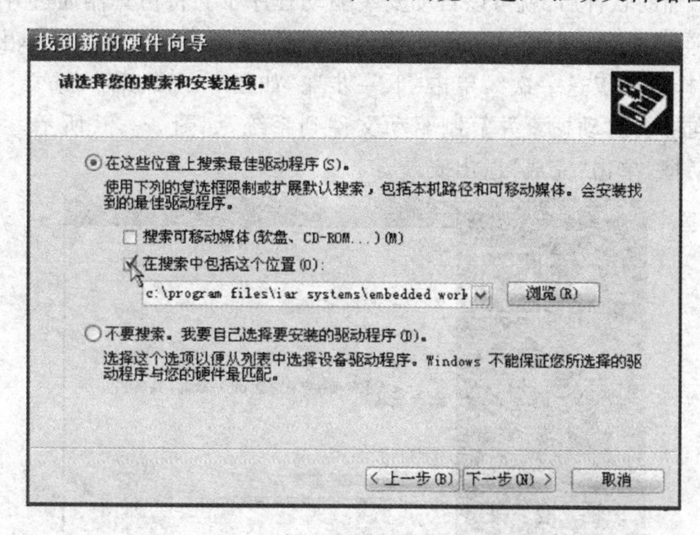

图3-31 选择搜索和安装选项

在IAR的安装路径中找到chipcon文件夹(路径为C:\Program Files\IAR Systems\Embedded Workbench 4.05 Evaluation version\8051\drivers\chipcon)，如图3-32所示，单击“确定”，再单击图3-31中的“下一步”，然后按系统提示直至完成安装，如图3-33所示，单击“完成”。

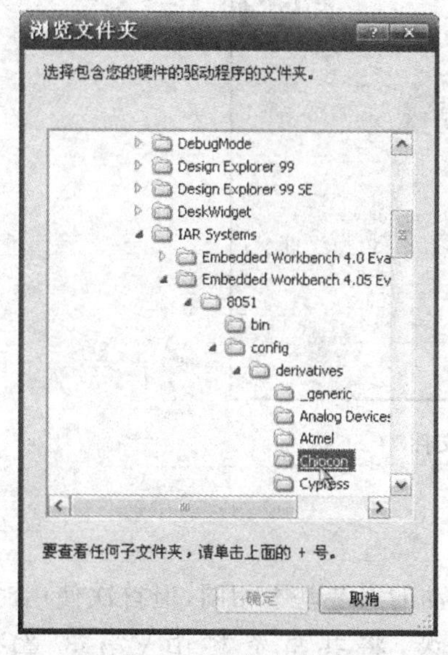

图3-32 选择安装路径

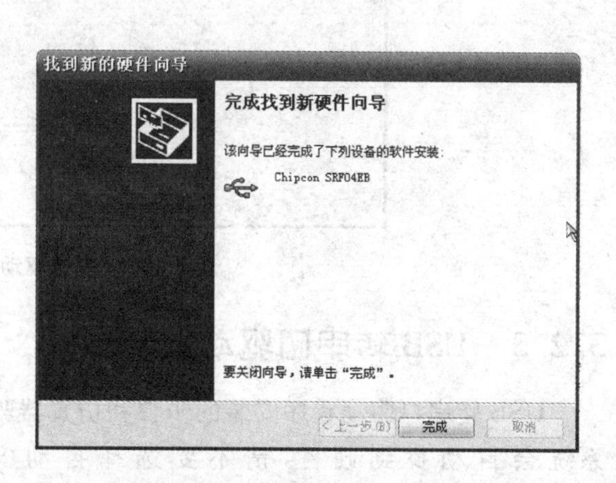

图3-33 硬件驱动安装完成

2. 安装辅助软件前提下安装仿真器的驱动程序

当安装了辅助软件后，就可以自动安装驱动程序了。将仿真器通过开发系统附带的 USB 电缆连接到 PC 机，在 Windows XP 系统下，系统找到新硬件后弹出如图 3－29 所示窗口，选择"是，仅这一次"，单击"下一步"。如图 3－34 所示，选择"自动安装软件(推荐)"，向导会自动搜索并复制驱动文件到系统，如图 3－35 所示。安装完成后提示完成对话框，单击"完成"退出安装。

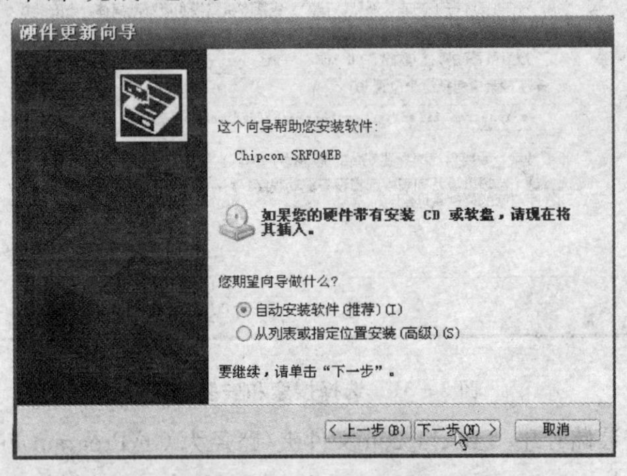

图 3－34　自动安装

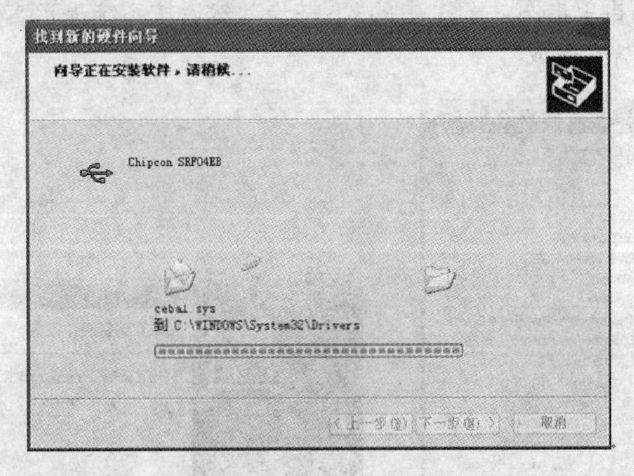

图 3－35　安装驱动文件

3.2.3　USB 转串口驱动安装

USB 转串口驱动程序安装的步骤和仿真器驱动的安装基本相同，但首次使用时系统会自动找到硬件，请不要选择自动安装，将共享资料中\第 3 章\ft232usbdriver2.0 文件夹里的驱动程序复制到硬盘中，然后找到驱动程序位置，安装，如图 3－36 所示。

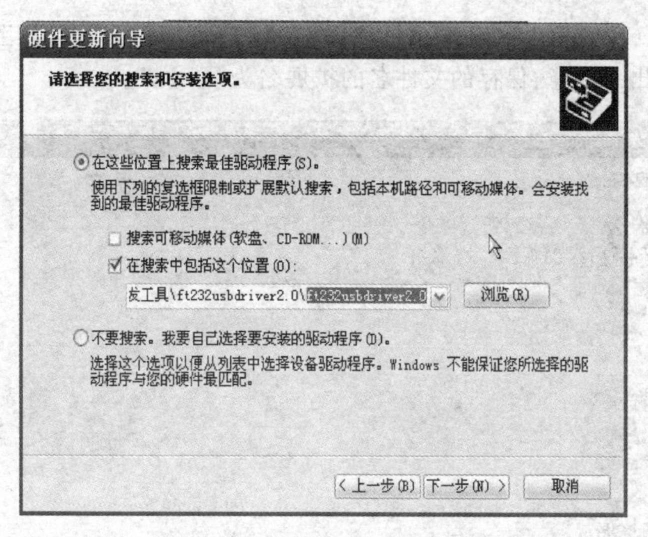

图3-36　USB 转串口驱动安装

3.2.4　IAR 操作指南

在学习 IAR 操作之前，大家需要明白在 IAR 中工程和 workspace 的关系，新建工程是属于新建 workspace 的，也就是说新建 workspace 后再在其下新建工程，保存的时候除了要保存工程外，还得保存 workspace。

1. 新建一个工程

首先，打开已安装的 IAR Embedded Workbench，弹出如图3-37所示窗口。

选择 Project→Creat New Project 菜单项，弹出如图3-38所示窗口。选择 Empty project 默认配置，单击 OK 弹出保存对话框，输入项目的文件名 project，选择保存路径为 project 文件夹下，单击"保存"按钮。注意:保存的文件名的扩展名为".ewp"。

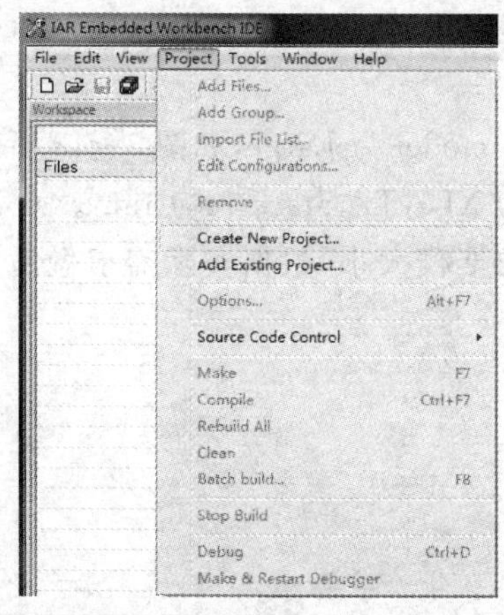

图3-37　新建一个工程

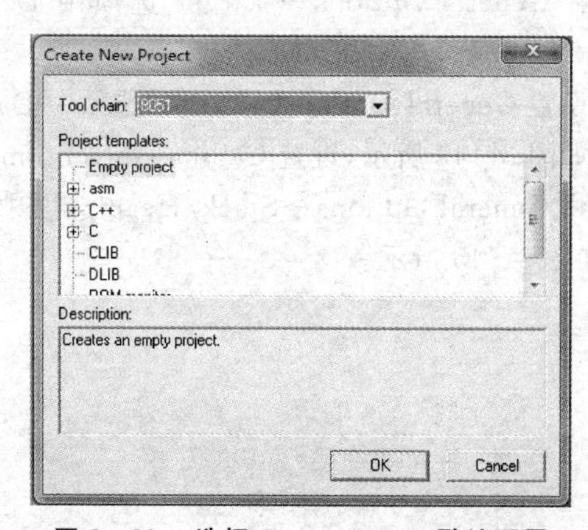

图3-38　选择 Empty project 默认配置

选择 File→Save workspace 菜单项，输入 workspace 文件名，如图 3-39 所示，单击“保存”退出。注意：保存的文件名的扩展名为“.eww”。

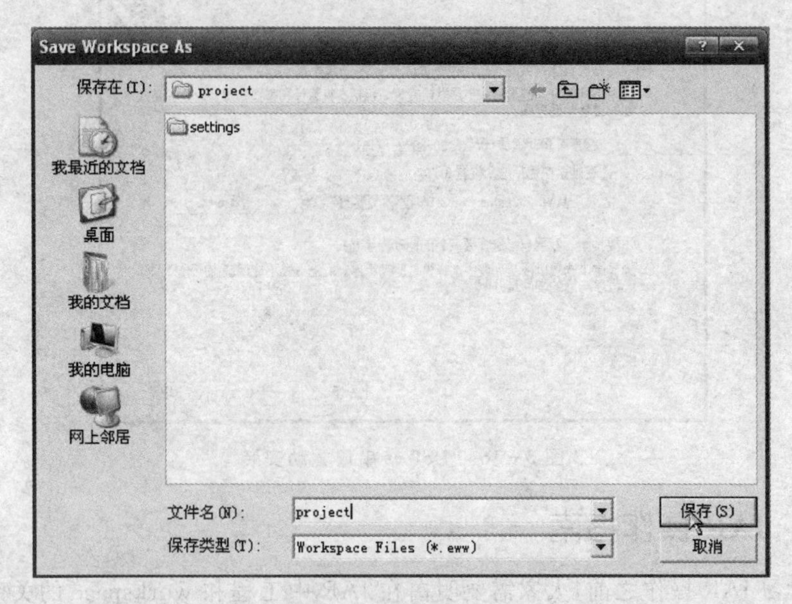

图 3-39　保存 workspace 文件

这样，我们就建立了一个 IAR 的工程文件，接下来对这个工程进行配置。

2. 工程参数设置

工程选项页面中需要设置很多必要的参数，下面针对 CC2430 来配置这些参数。选择 Project→Options 打开工程选项，弹出如图 3-40 所示工程参数设置窗口。下面讲解在参数设置中，较常用且较重要的选项设置方法。

(1) General Options 设置

在 General Options→Target 选项中 Derivative 选择为 CC2430，如图 3-41 和图 3-42 所示。

设置 General Options→Target 选项中 Data model 为 Large，如图 3-43 所示。

如图 3-44 所示，设置 Calling convention 为 XDATA stack reentrant。

将 General Options→Stack/Heap 选项中的堆栈大小，根据实际需求做适当修改，如图 3-45 所示。

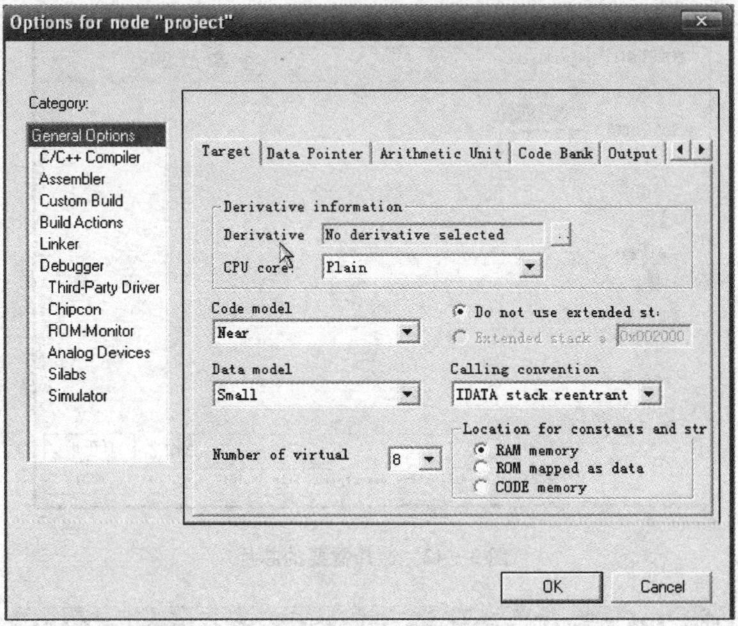

图 3-40　工程参数设置页面

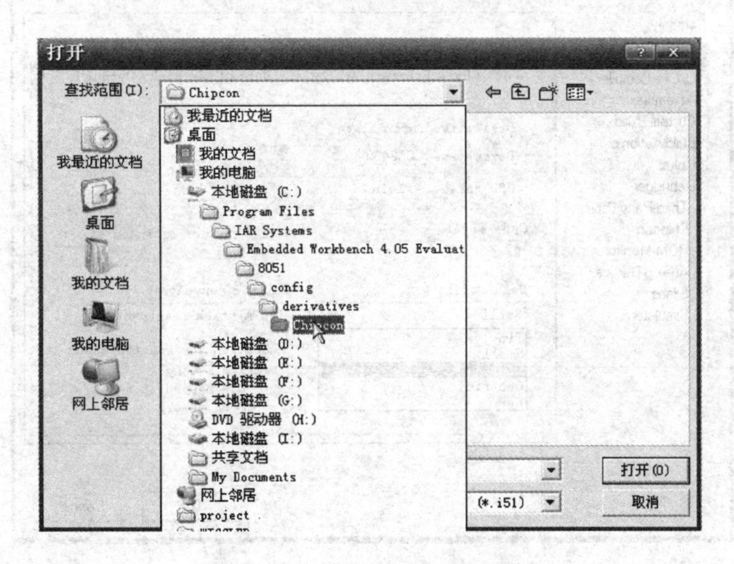

图 3-41　Chipcon 文件夹的位置

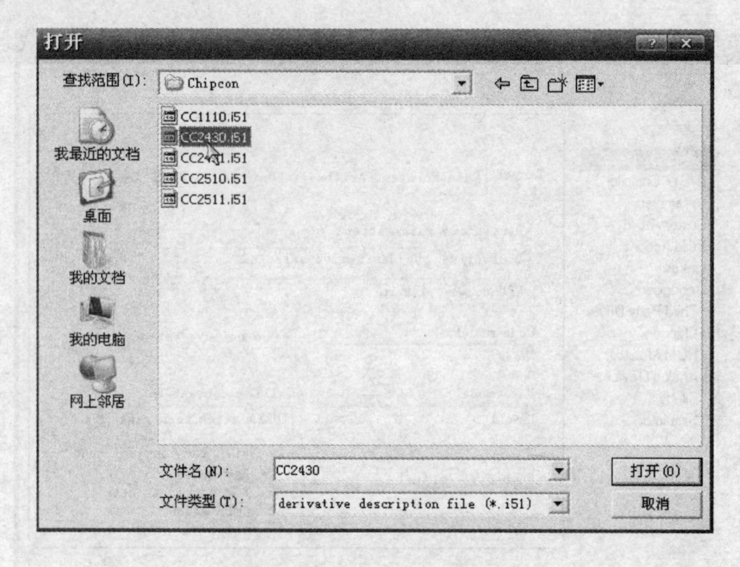

图3-42 选择需要的芯片

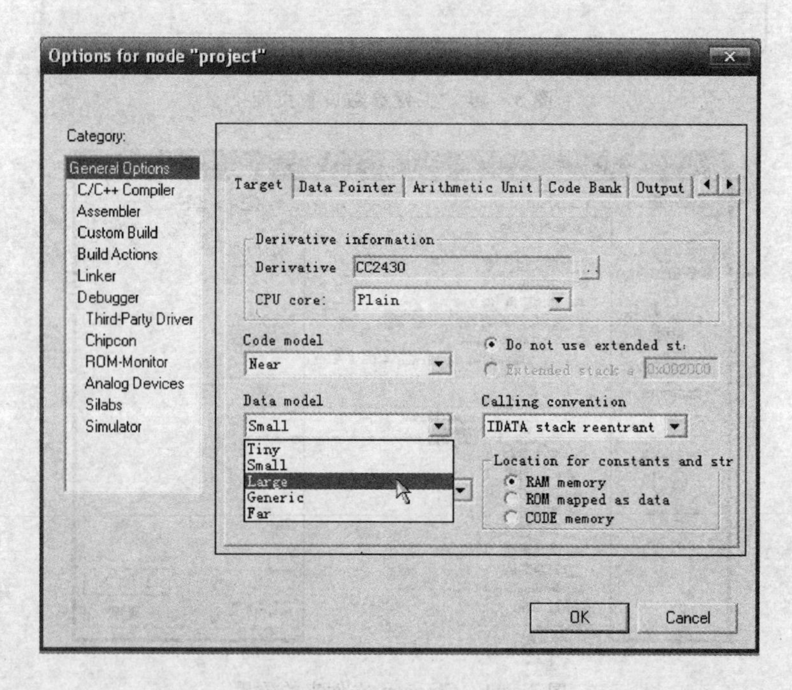

图3-43 设置Data model

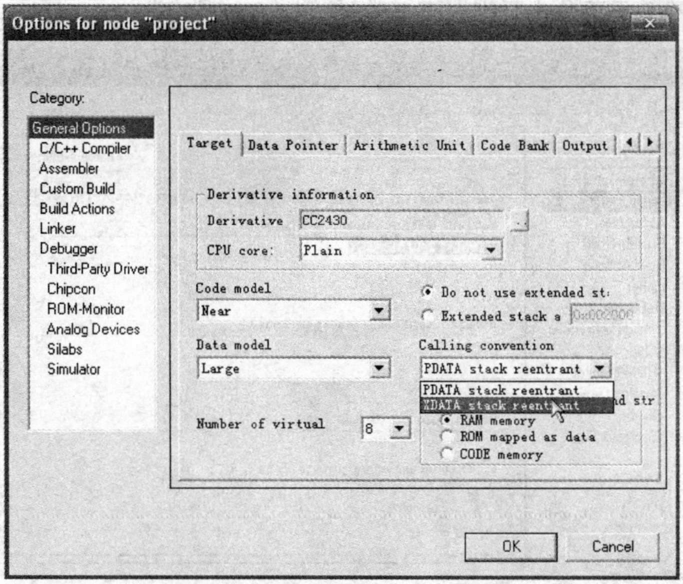

图 3-44 设置 Calling convention

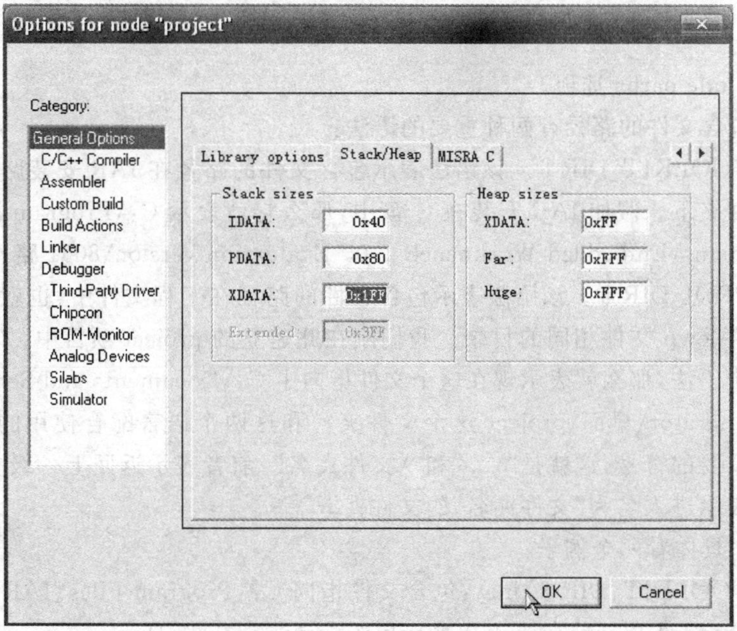

图 3-45 修改堆栈

(2) C/C++ Compiler 设置

在 C/C++ Compile→Preprocessor 选项中有两个很重要的选项，它们分别是 Include paths 和 Defined symbols。Include paths 表示在工程中包含文件的路径，

Defined symbols 表示在工程中的宏定义，如图 3-46 所示。

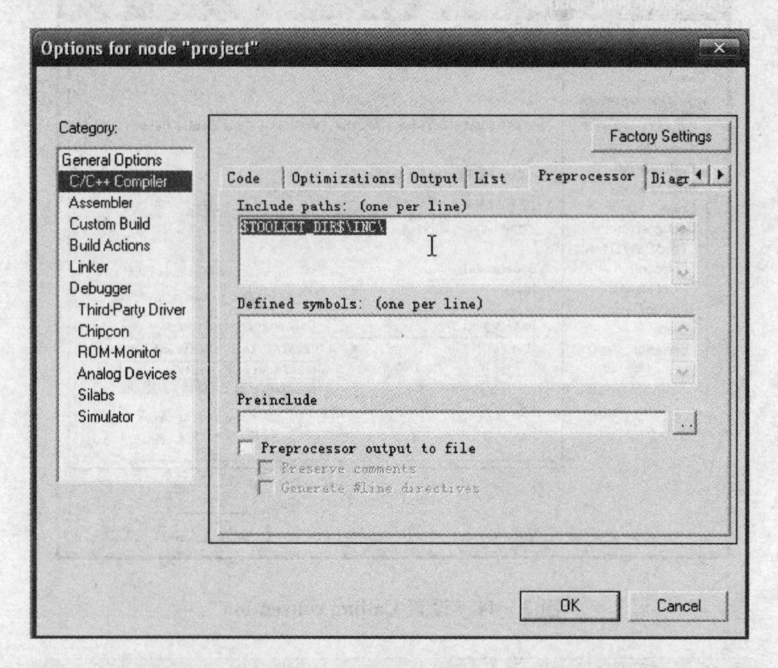

图 3-46 文件的路径和工程中的宏定义位置

① Include paths 选项。

定义包含文件的路径有两种重要的语法：

- $TOOLKIT_DIR$。该语法表示包含文件的路径在 IAR 安装路径的 8051 文件夹下。假如 IAR 安装在 C 盘中，那么它就表示 C:\Program Files\IAR Systems\Embedded Workbench 4.05 Evaluation version\8051 路径。
- $PROJ_DIR$。该语法表示包含文件的路径在工程文件中，也就是和 eww 文件、ewp 文件相同的目录。我们刚在此建立的 project 项目中，如果使用了这个语法，那么就表示现在这个文件指向了 C:\Documents and Settings\Administrator\桌面\project 这个文件夹。和这两个语言配合使用的还有两个很重要的符号，这就是“\..”和“\文件夹名”：前者表示返回上一级文件夹；后者表示进入名为“文件夹名”的文件夹。

我们来具体看两个例子：

- $TOOLKIT_DIR$\inc\：包含文件指向 C:\Program Files\IAR Systems\Embedded Workbench 4.05 Evaluation version\8051\inc。
- $PROJ_DIR$\..\Source：包含文件指向工程目录的上一级目录中的 Source 文件夹中。例如：假设我们的工程放在 D:\project\IAR 中，那么 $PROJ_DIR$\..\就将路径指向了 D:\project 中，再执行\Source，就表示将路径指向了 D:\project\Source 中。

下面通过上述语法设定一些必要的路径，如图3-47所示。由图设置可知，有一个包含在工程中的include文件夹(该文件夹需要自己在工程文件中创建)，文件夹中放置的是这个工程的h文件；inc中存放了CC2430的h文件；clib中有很多常用的h文件。

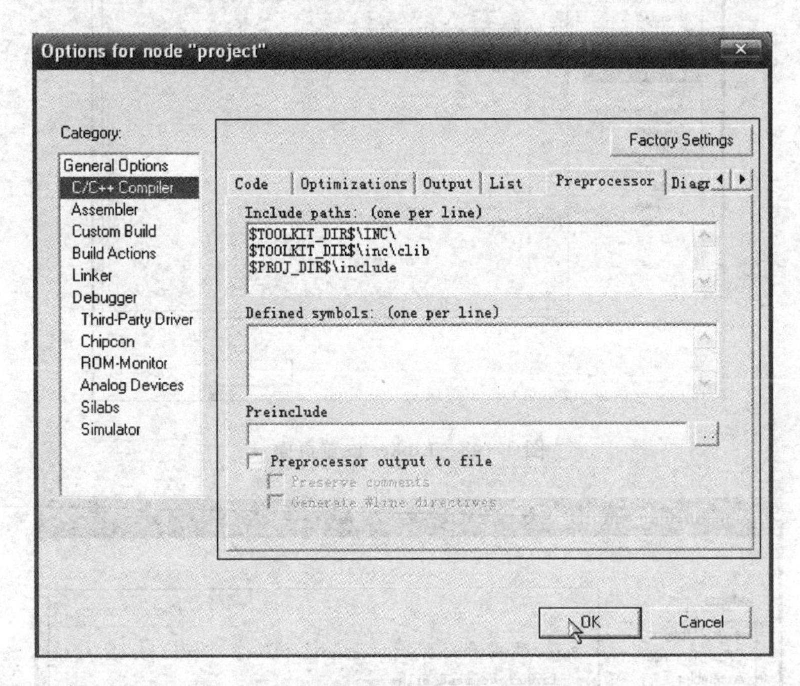

图3-47 路径设置

② Defined symbols选项。在宏定义文件的文本框中，是用于用户自定义的一些宏定义，它的功能和#define相似，在具体应用中多作为条件编译使用，此处不再赘述，在后面的应用中，会根据具体的使用讲解使用方法。

(3) linker设置

Linker→Extra Options中包含一些必要的外部选项，如图3-48所示，这里定义了各个设备的特殊功能选项，是一个用户自定义选项，在后面的应用中，会根据具体的使用讲解使用方法。

在Linker→Config选项中，Linker command file先选中Override default项，再选择lnk51ew_cc2430.xcl，如图3-49所示。

(4) Debugger设置

在Debugger→Setup中，Driver选择Chipcon，如图3-50所示。

当以上设置均完成后，再单击OK，则对于整个项目的基本设置就完成了，现在开始第一个项目开发。

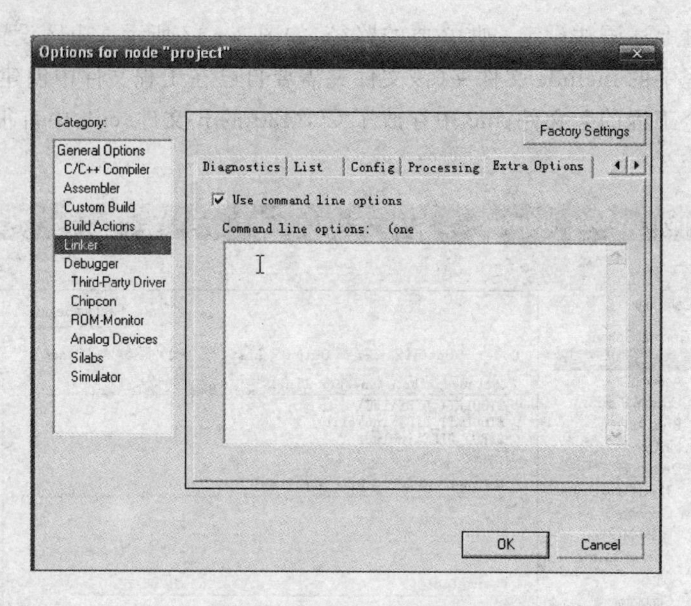

图 3-48　Linker 设置页面

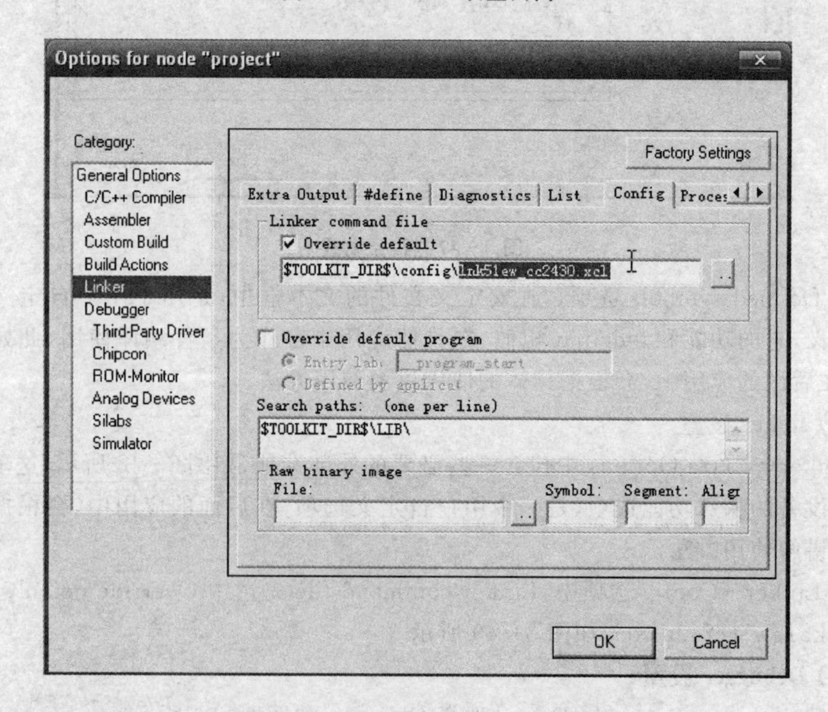

图 3-49　Linker command file 设置

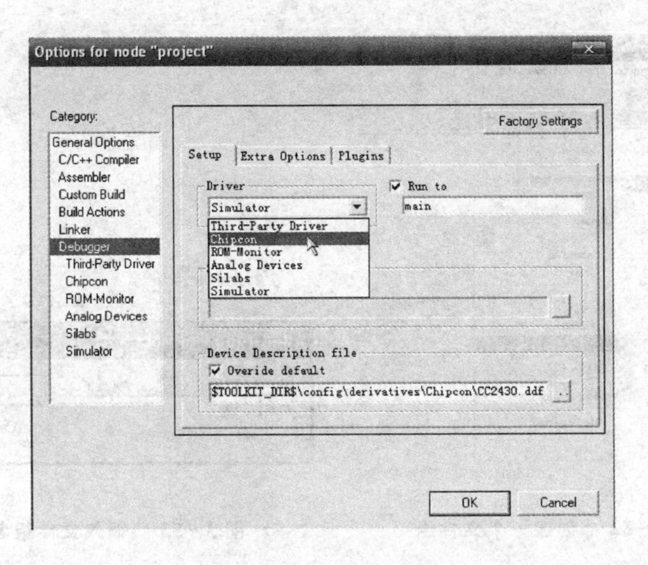

图 3-50　Driver 设置

3. 添加项目代码

首先选择 File→New→File，新建一个 C 文件。然后选择 File→Save，弹出如图 3-51 所示窗口，输入文件名，单击“保存”。如果是 C 文件请务必填写扩展名(.c)，否则会以文本文件存档。

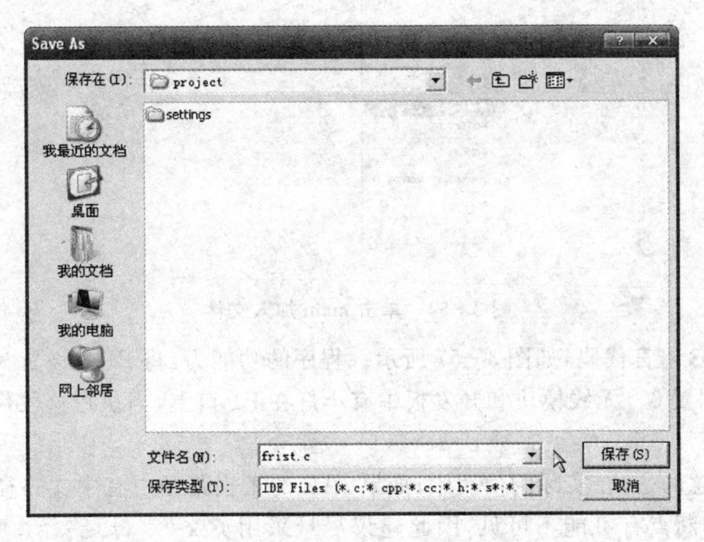

图 3-51　输入文件名

创建一个文件组，将新建的 C 文件添加到该文件组，打开文件界面即可以写入程序代码，如图 3-52～图 3-56 所示。

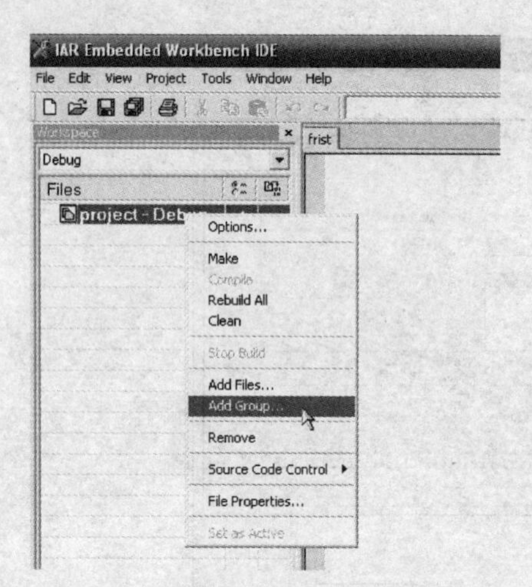

图3-52 创建一个文件组

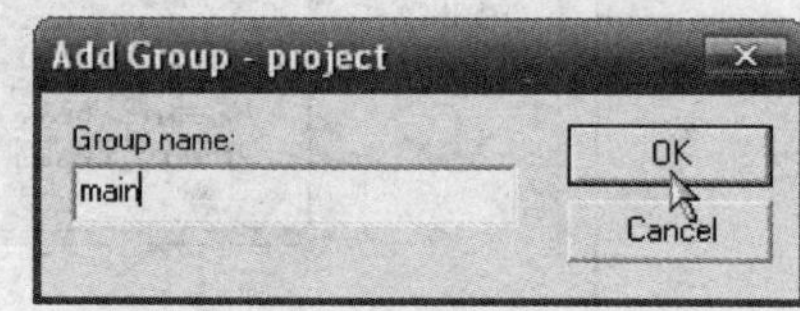

图3-53 输入文件组名

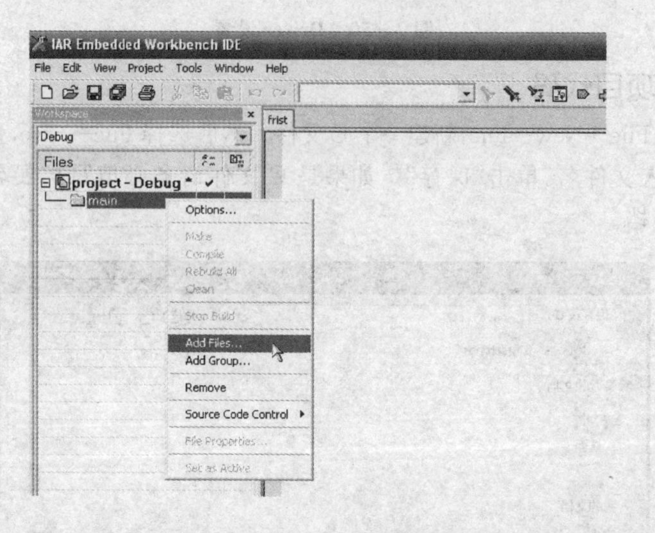

图3-54 单击main加入文件

写一段C语言代码，如图3-57所示。程序的功能为：将P1口设置为输出模式，将P1口数据置0。无线模块和开发板中有小灯在P1口上，当执行这段代码的时候，小灯会点亮。

需要注意的是，在实际的使用中，如果IAR的工程路径中有中文路径，在调试的时候，设置的断点有可能不可见，因此建议尽量采用英文（字母）路径。强烈建议读者：实验时应尽量将工程建立在磁盘根目录中，对于该实验，我们将工程复制到D盘根目录，然后打开工程执行下面的步骤。

通过Project→Make选项编译，如图3-58所示，也可以通过Rebuild All全部编译，用Make只会编译修改过的文件。

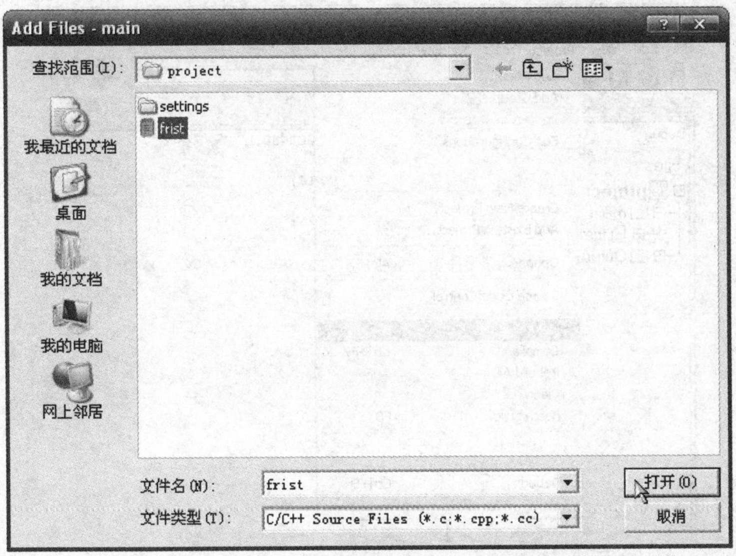

图 3-55　选择新建的 C 文件

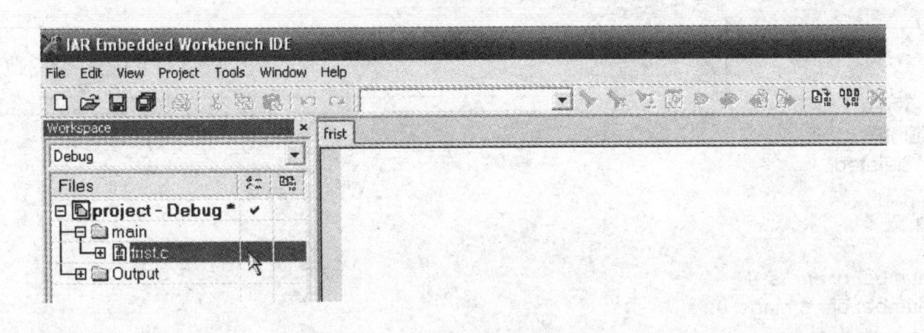

图 3-56　打开文件界面

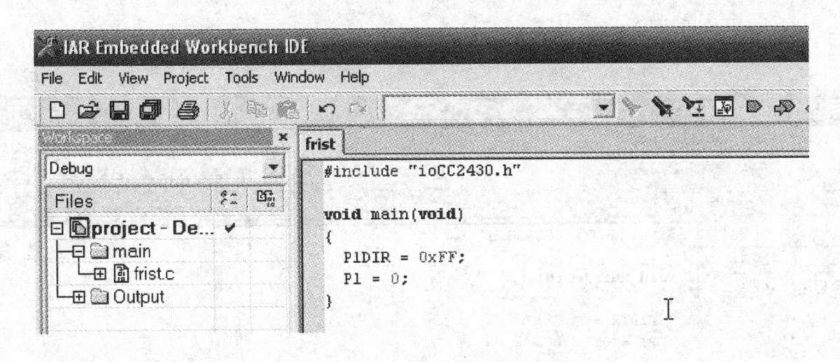

图 3-57　写入程序代码

编译后，只要没有错误就可以使用，如图 3-59 所示，一般的警告信息可以忽略。

在编译没有错误后，就可以下载程序了，选择 Project→Debug，如图 3-60 所示，下载程序后，软件进入在线仿真模式。

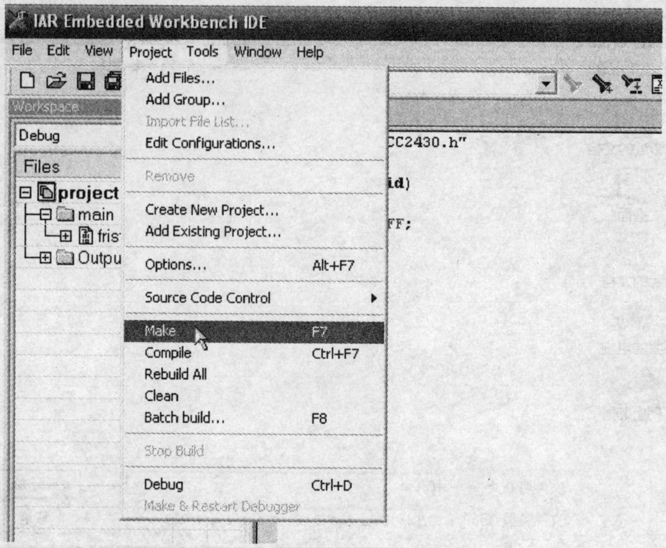

图 3-58 Make 编译界面

图 3-59 Make 编译后的错误和警告

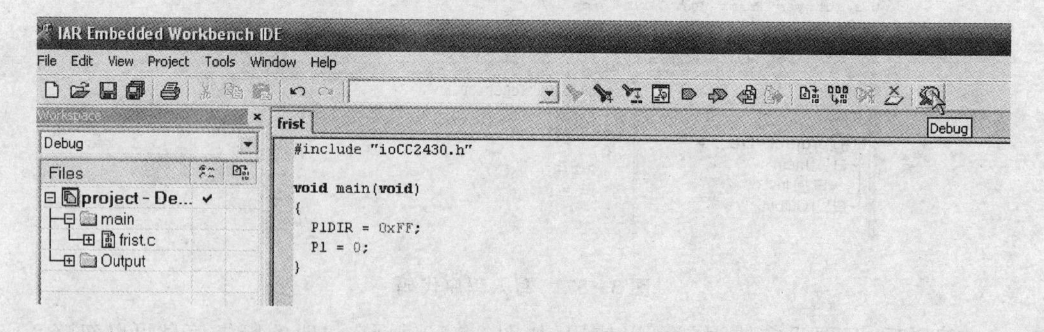

图 3-60 下载程序

在仿真模式中，可以对这个文件设置断点，断点的设置方法是：首先选择需要设置断点的行，如图 3-61 所示，然后右击选择 Toggle Breakpoint 设置断点。设置好断点以后，这行代码会变为红色，如图 3-62 所示，表示断点设置已经完成。

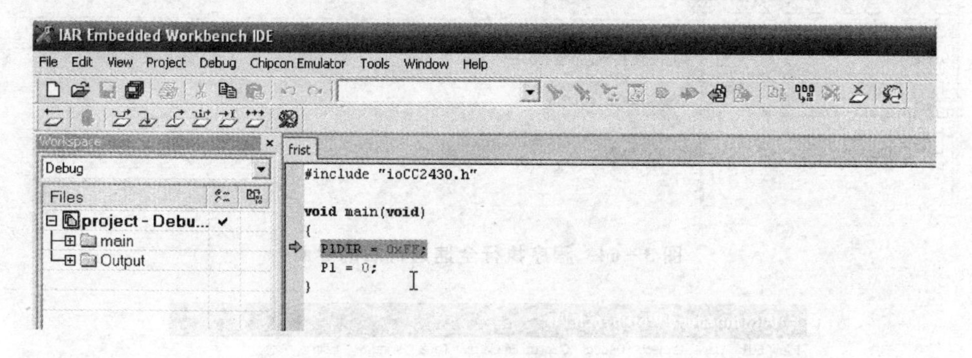

图 3-61　设置断点

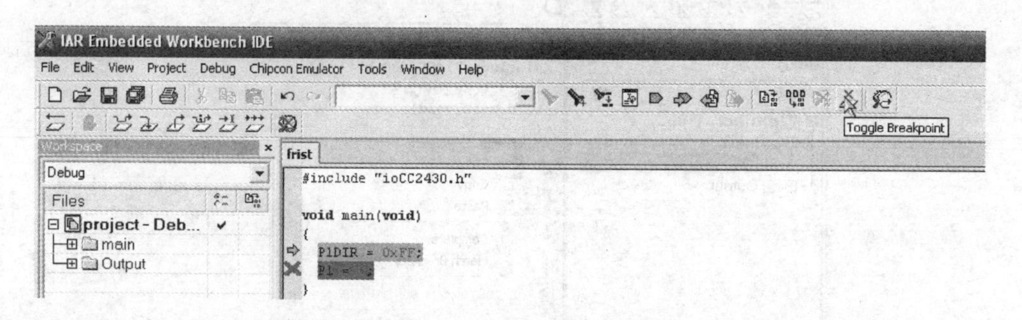

图 3-62　程序设置断点后的界面

然后执行全速运行，如图 3-63 所示。当执行到断点处会停止在断点处，如图 3-64 所示。

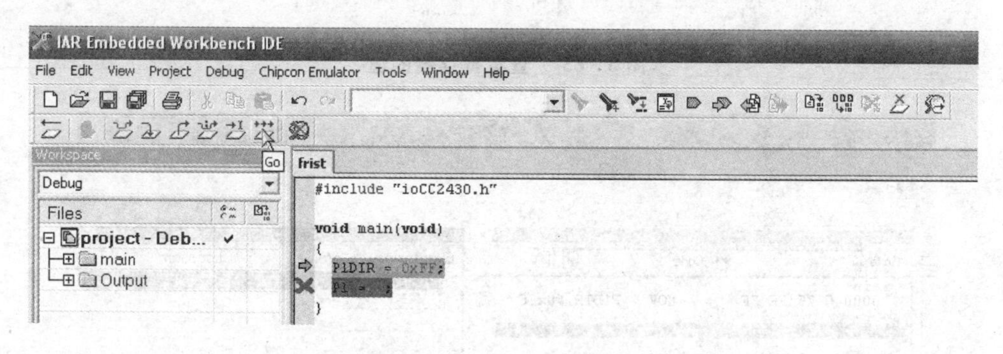

图 3-63　执行全速运行

然后双击 P1DIR，右击选择 Add to Watch 或者 Quick Watch，这里选择 Add to Watch，如图 3-65 所示，作用是查看这个寄存器中的值，如果是一个变量的话，就是查看一个变量的值，该值在 Watch 中可以看到，如图 3-66 所示。

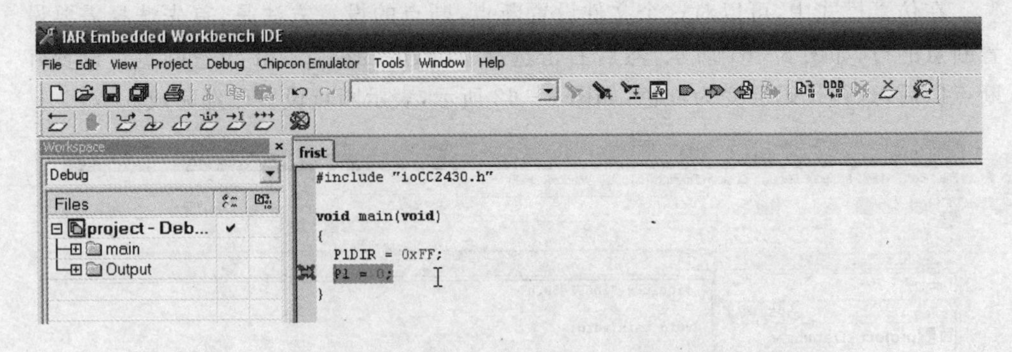

图 3-64　程序执行全速运行后的界面

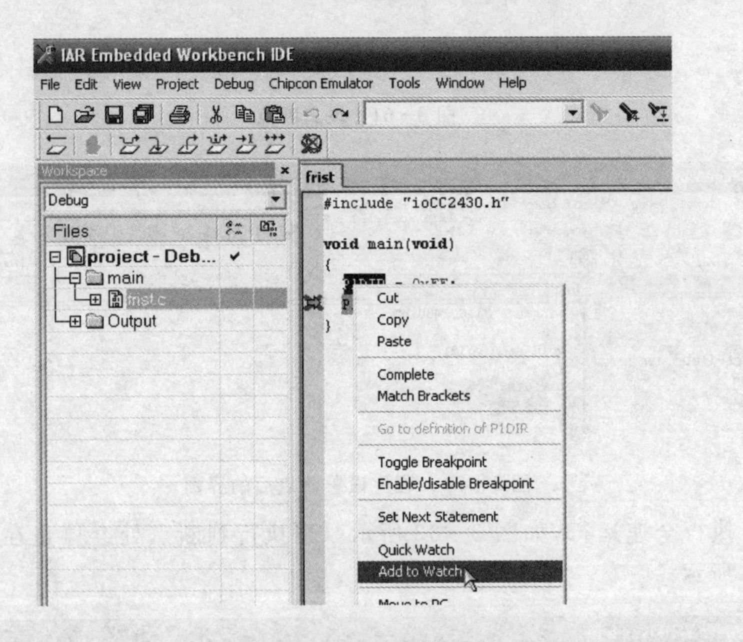

图 3-65　查看寄存器的值

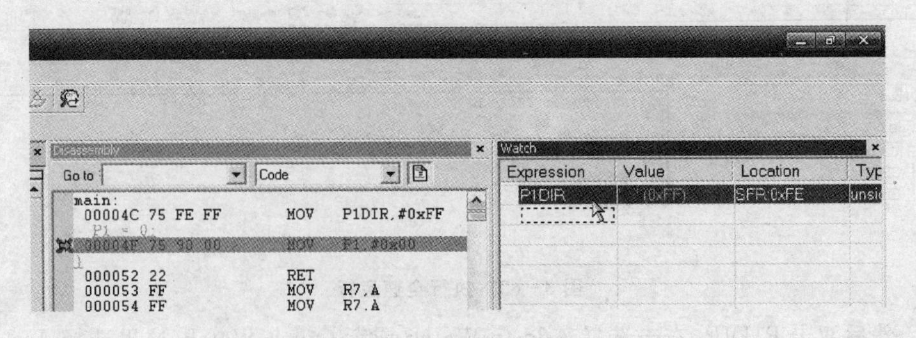

图 3-66　寄存器的值

3.2.5　辅助软件安装

1. Flash 下载软件安装

打开 Flash 下载软件安装文件 Setup_SmartRF04Progr_1.3.0.exe(读者可到网上自行下载或直接从本书共享资料复制)，进入安装界面，如图 3－67 所示，根据安装提示直到安装完成。详细过程与其他软件安装相同，此处不再赘述。

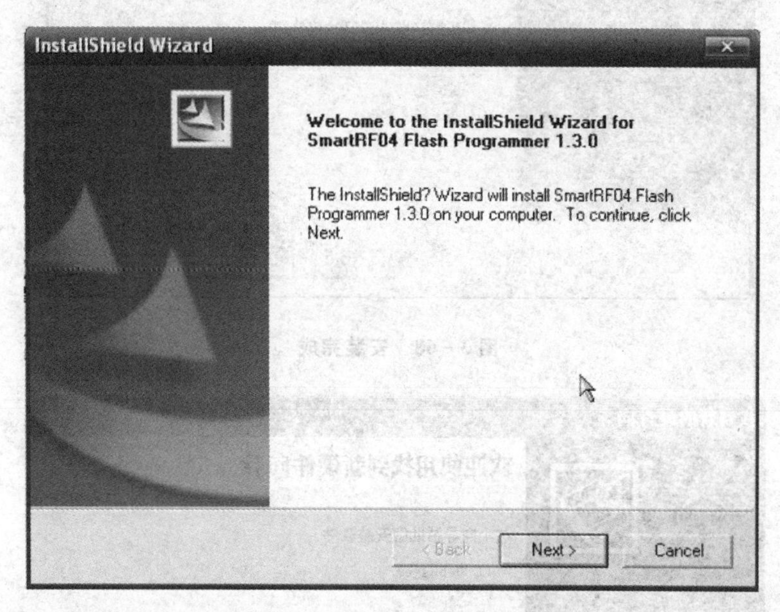

图 3－67　Flash 下载软件安装界面

2. 模块配置软件安装

打开模块配置软件安装文件 Setup_SmartRF_Studio_6_5_1.exe(读者可到网上自行下载或直接从本书共享资料复制)，进入安装界面，根据安装提示直到安装完成(详细过程与其他软件安装相同，此处不再赘述)，如图 3－68 所示。

3. 协议分析仪的安装

(1) 自动安装

如果是第一次连接 CC Packet Sniffer 到你的计算机上，计算机能够自动检测出驱动安装信息，如图 3－69 所示。

如果计算机已经正确安装了 SmartRF Studio 或者 SmartRF Flash Programmer，那么选择自动安装，单击“下一步”，稍等一会儿，会出现如图 3－70 所示界面。接着将会出现安装成功界面，表示安装完成。

这时就可以使用 CC Packet Sniffer 进行无线数据包监听捕获。

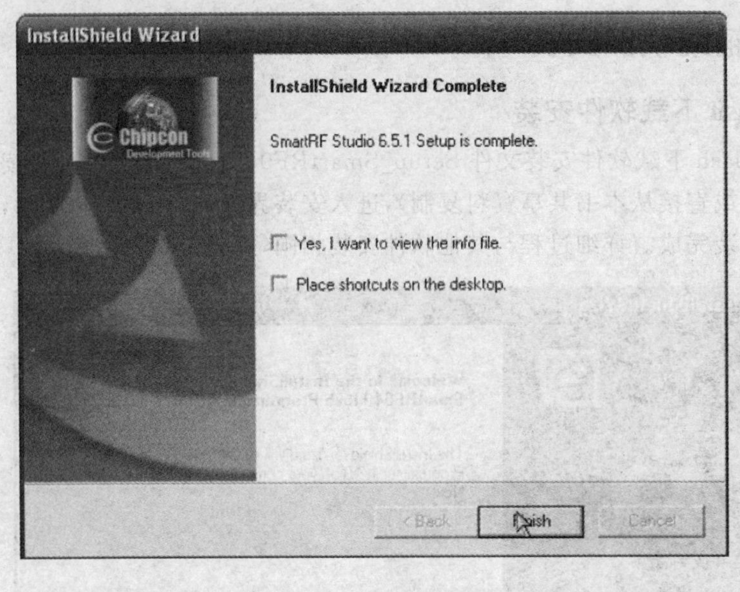

图 3-68　安装完成

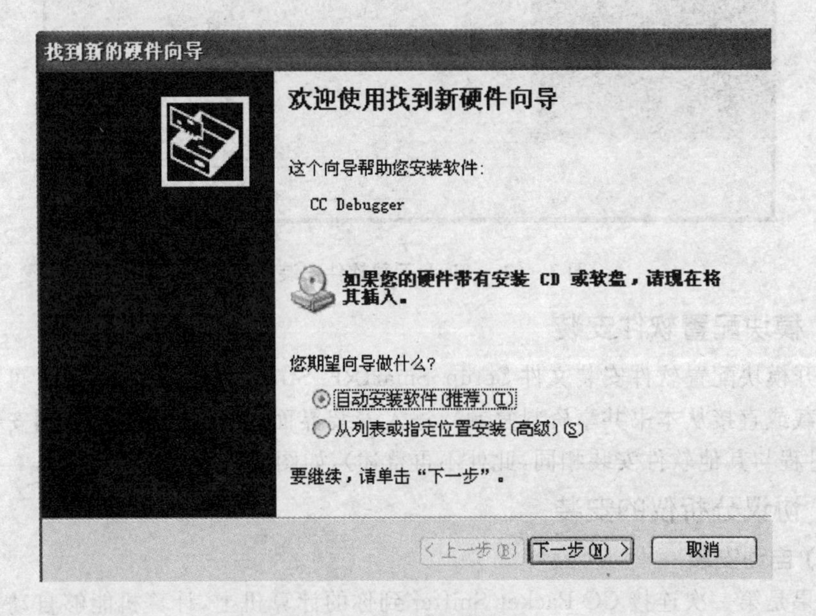

图 3-69　驱动安装信息

打开计算机的设备管理器，可以看到如图 3-71 所示界面，图中显示的 CC Debugger 图标，表明协议分析仪的驱动程序安装成功。

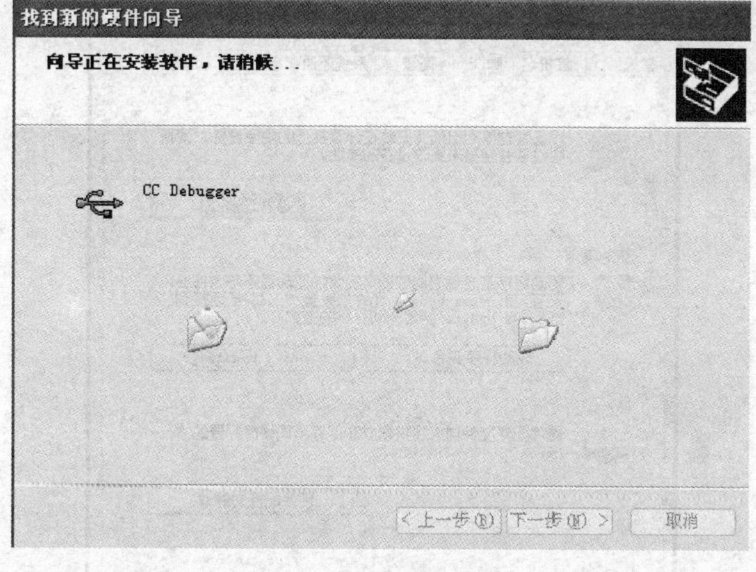

图3-70 向导自动安装

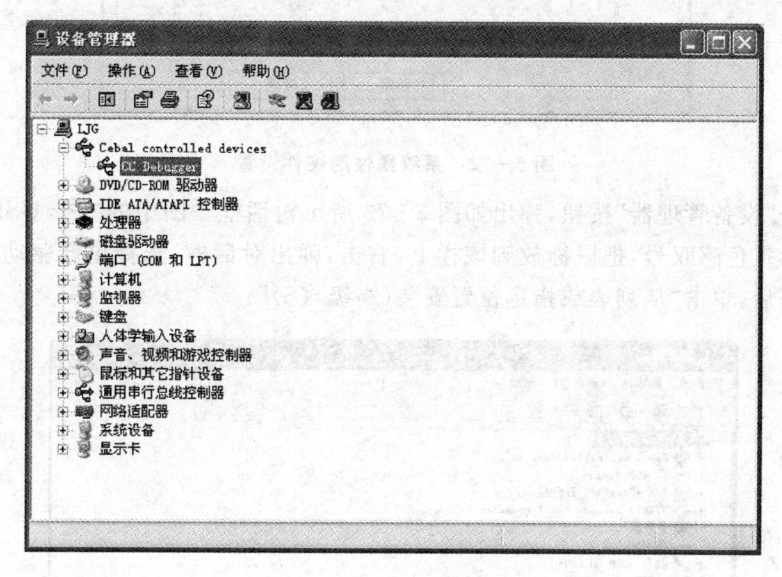

图3-71 设备管理器界面

(2) 手动安装

如果自动安装不成功，可以选择下面的安装方式。先查看是否安装了 SmartRF Studio 或者 SmartRF Flash Programmer，确保已经安装两个软件之一。

CC Packet Sniffer 驱动的路径为 C:\Program Files\Chipcon\Extras\Driver，手动安装的步骤为：

右击“我的电脑”选择“属性”，单击“硬件”选项卡，如图3-72所示。

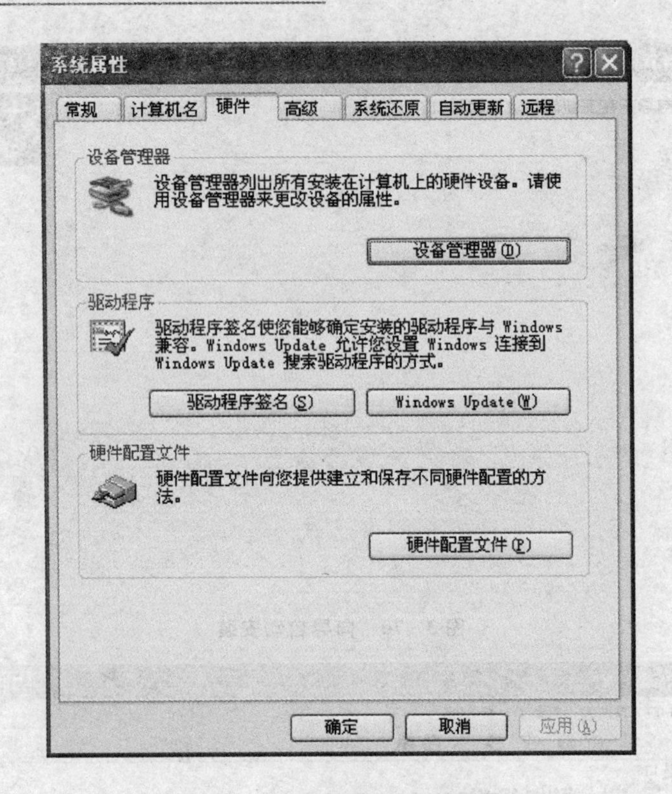

图 3－72　系统属性的硬件设置

单击"设备管理器"按钮，弹出如图 3－73 所示对话框。图中的一个 USB Device 一栏显示黄色感叹号，把鼠标放到该栏上，右击，弹出对话框，选择更新驱动程序，弹出对话框后，单击"从列表或指定位置安装(高级)(S)"。

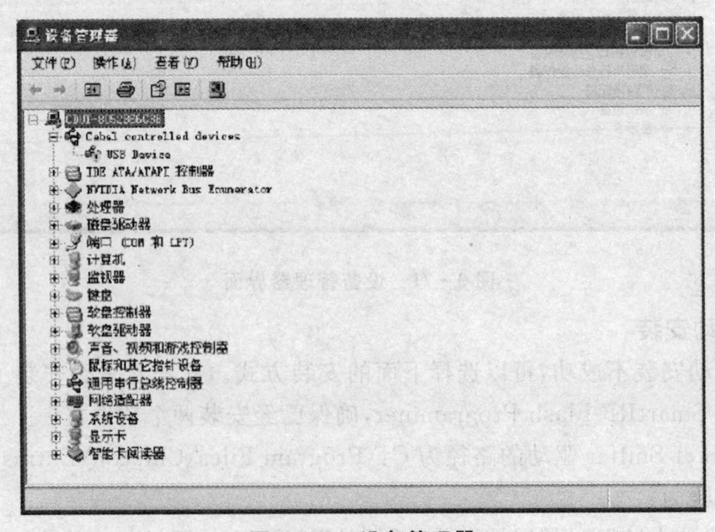

图 3－73　设备管理器

单击“下一步”，出现选择搜索和安装选项，对话框中选项如图3-74所示。

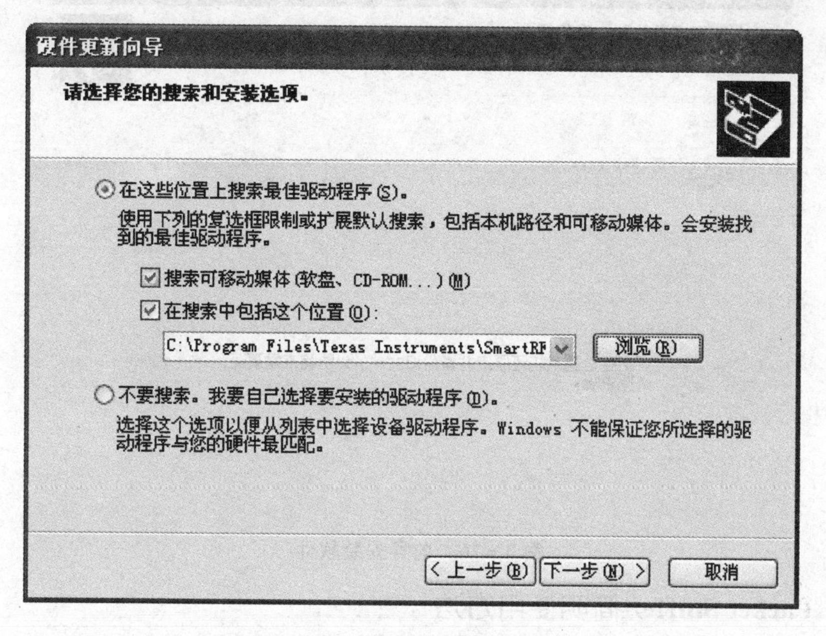

图3-74 选择搜索和安装选项

浏览的路径为C:\Program Files\Chipcon\Extras\Drivers，单击“下一步”，出现搜索对话框，如图3-75所示。

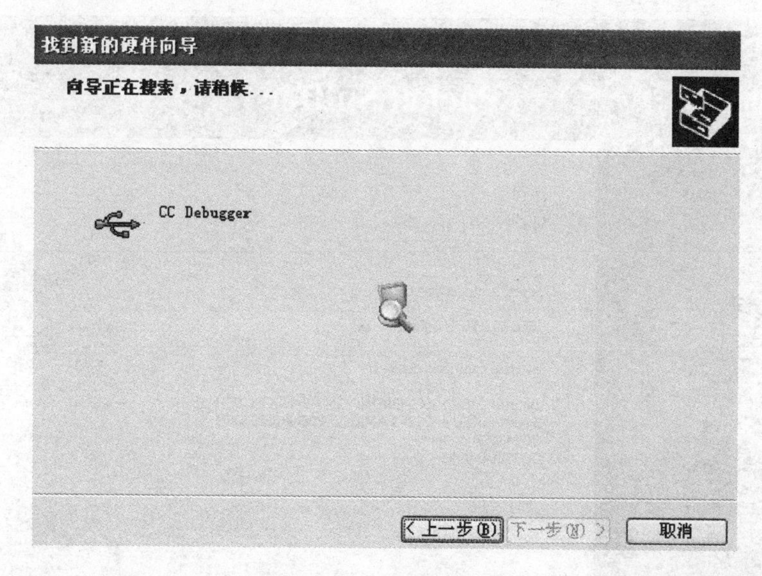

图3-75 向导搜索

向导搜索到驱动程序后，安装软件，安装过程如图3-76所示。安装完成后单击“完成”按钮，至此，就可以正常使用CC Packet Sniffer的各项功能了。

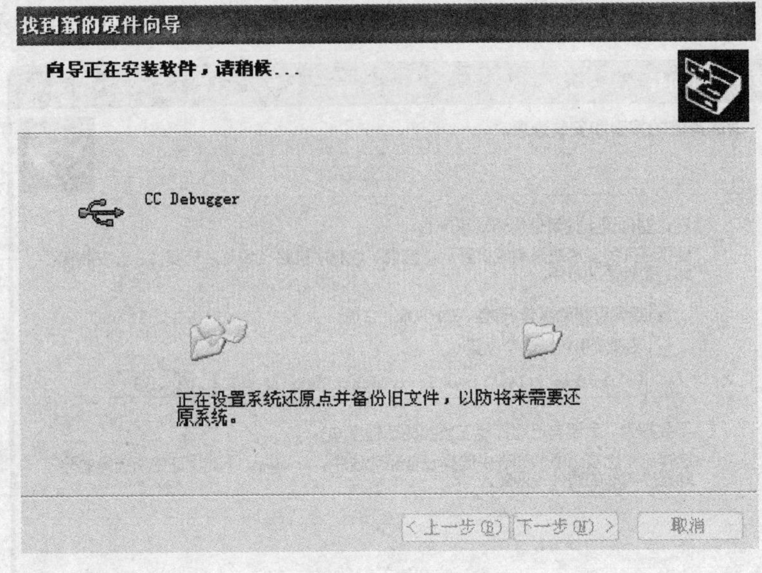

图 3-76 向导安装软件

4. Packet Sniffer 简明使用方法

确保正确安装 Packet Sniffer 软件后，双击桌面图标，出现如图 3-77 所示对话框，若使用的无线芯片为 CC2430，则选择 IEEE 802.15.4/ZigBee。

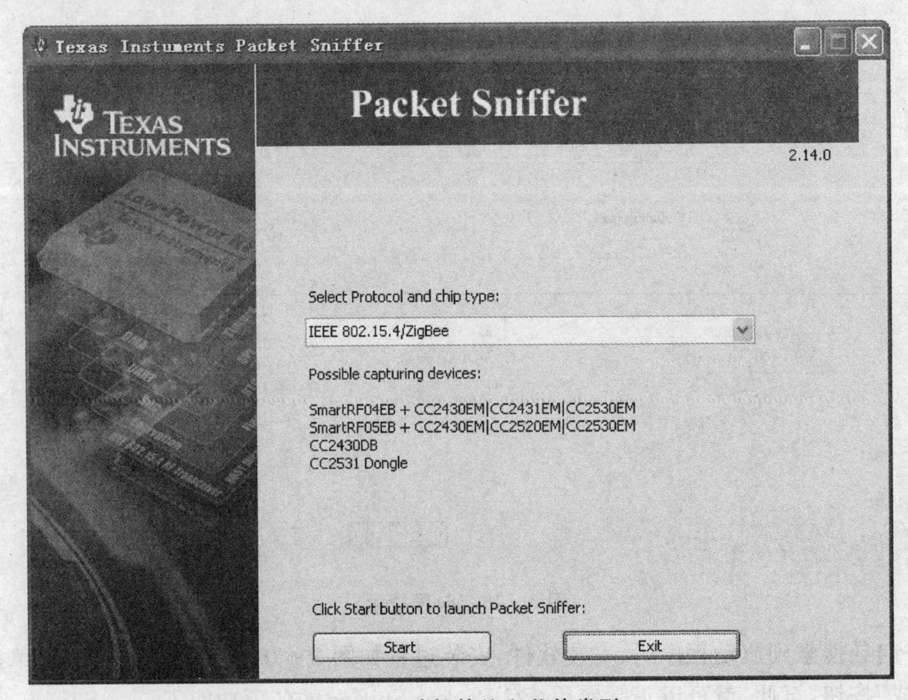

图 3-77 选择协议和芯片类型

单击 Start 按钮，出现如图 3－78 所示界面。

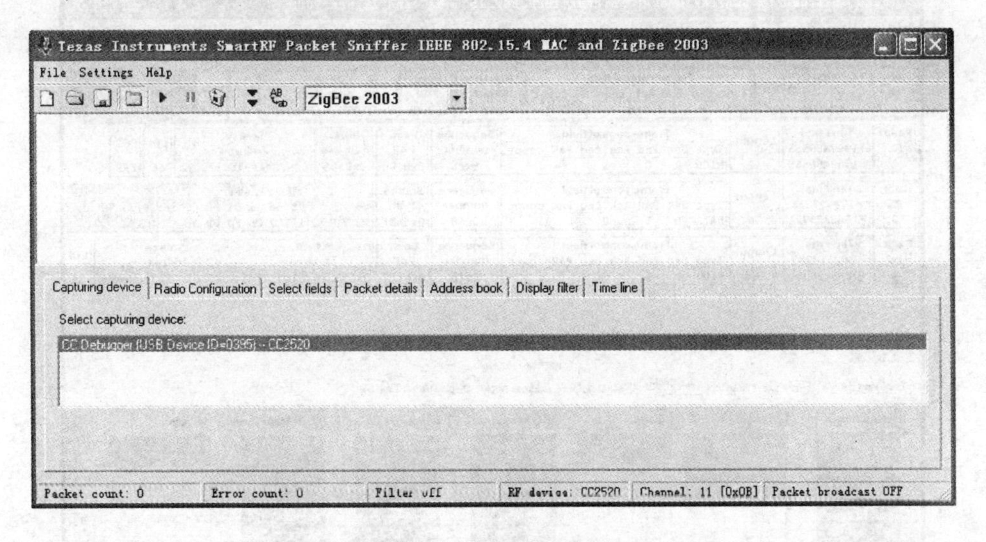

图 3－78 Packet Sniffer 界面

单击运行后，CC Packet Sniffer 就可以捕获监听空气中的数据包。采用射频模块 CC2430，Packet Sniffer 抓包如图 3－79 和图 3－80 所示。

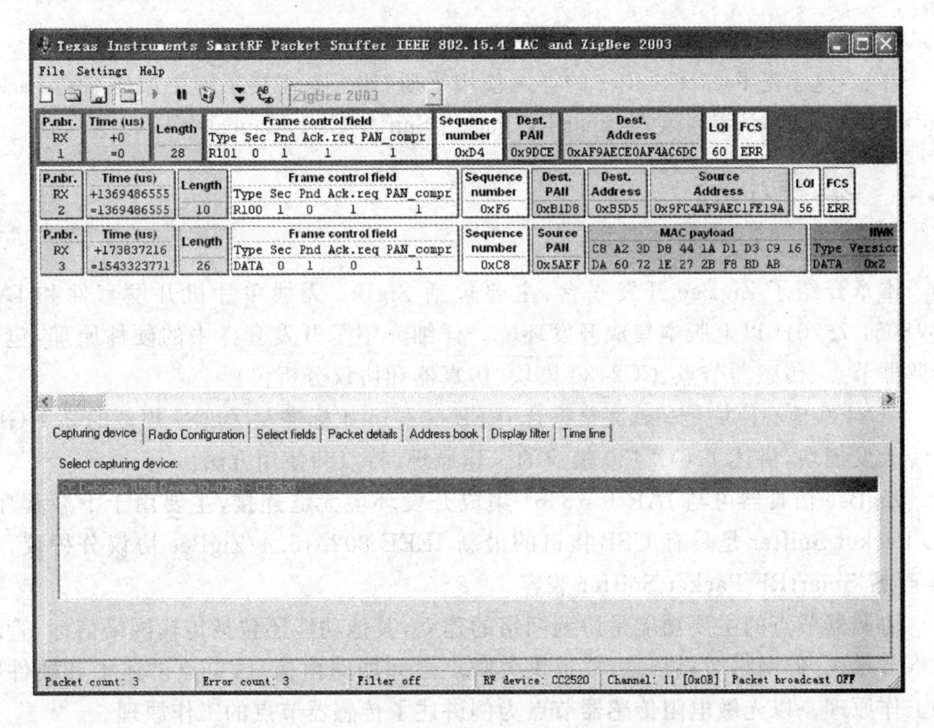

图 3－79 射频模块 CC2430 Packet Sniffer

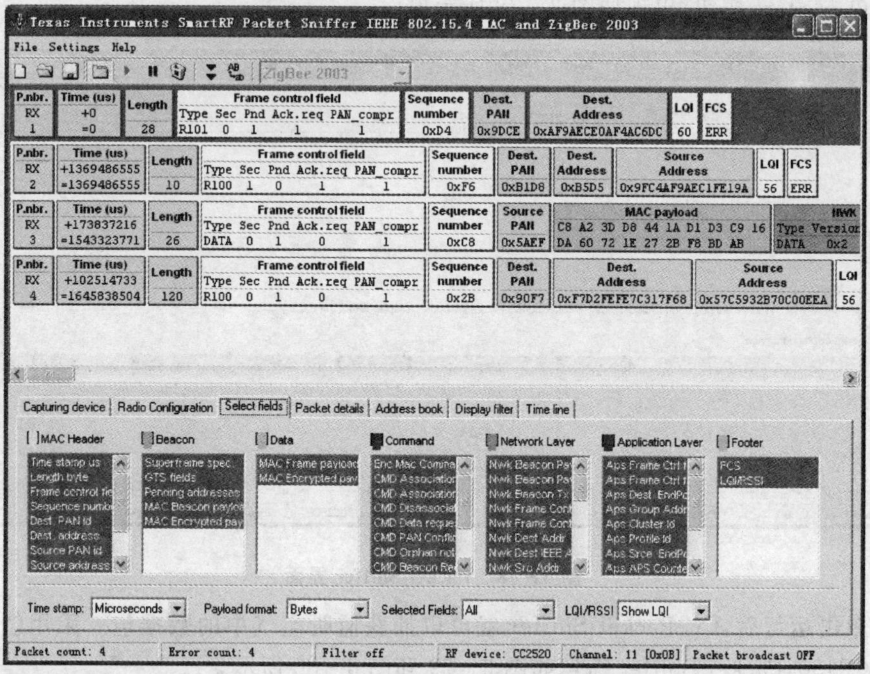

图 3-80 射频模块 CC2430 Packet Sniffer

注意:这不是 Packet Sniffer 的详细使用手册,如果有需要了解更加详细的 Packet Sniffer 使用方法,请参考文档 SmartRF Packet Sniffer User Manual.(Rev. A)。

3.3 本章小结

本章介绍了 ZigBee 开发平台,主要包括 ZigBee 无线单片机开发套件和 IAR EW8051 7.20H 以上版本集成开发环境。详细介绍了开发套件中的硬件原理,包括协调器节点、传感器节点、CC2430 模块、仿真器和协议分析仪。

CC2430 核心模块是一款完全符合 IEEE 802.15.4 标准及 ZigBee 规范的 2.4 GHz 无线收发模块,讲述了 CC2430 模块的工作原理、特点和使用方法。

ZigBee 仿真器可与 IAR for 8051 集成开发环境无缝连接,主要用于下载程序。CC Packet Sniffer 是具有 USB 接口的最新 IEEE 802.15.4/ZigBee 协议分析仪,与 TI 产品 SmartRF Packet Sniffer 兼容。

协调器节点的主要功能是协调网络的建立,其他功能还包括传输网络信标、管理网络节点、存储网络节点信息,并提供关联点之间的路由信息,重点讲述了其硬件电路工作原理。以光敏电阻传感器节点为例讲述了传感器节点的工作原理。

重点讲述了开发 CC2430 程序常用工具 IAR 及节点调试所用驱动程序的安装过程。另外还简述了辅助软件的安装方法。

CC2430 实验篇

第 4 章　ZigBee 核心 CC2430 芯片

第 5 章　CC2430 基础实验

第 4 章

ZigBee 核心 CC2430 芯片

CC2430 是 Chipcon 公司推出的用来实现嵌入式 ZigBee 应用的片上系统芯片。它支持 2.4 GHz IEEE 802.15.4/ZigBee 协议。根据芯片内置闪存容量的不同，提供给用户 3 个版本，即 CC2430 - F32/64/128，分别对应内置闪存 32/64/128 KB。

CC2430 的尺寸只有 7 mm×7 mm，采用 48 引脚的 QLP 封装。采用具有内嵌闪存的 0.18 μm CMOS 标准技术，实现了数字基带处理器、RF、模拟电路及系统存储器完全整合在同一个硅晶片上。

CC2431 芯片与 CC2430 相比，不同之处在于 CC2431 有定位跟踪引擎。除此之外二者完全相同。

CC2430/CC2431 与同类芯片相比，其最大优势就是在保证功能前提下，功耗最低。当微控制器内核运行在 32 MHz 时，Rx 为 27 mA，Tx 为 25 mA；掉电方式下，电流消耗只有 0.9 μA，外部中断或者实时钟(RTC)能唤醒系统；挂起方式下，电流消耗小于 0.6 μA，外部中断能唤醒系统。

4.1 CC2430 原理及特点

4.1.1 MCU 构成

CC2430 包含一个增强型工业标准的 8 位 8051 微控制器内核，运行时钟为 32 MHz，可满足协议栈、网络和应用软件的执行对 MCU 处理能力的要求。由于采用了滤除被浪费掉总线状态的方法，使得使用标准 8051 指令集的 CC2430 增强型 8051 内核，其性能是标准 8051 内核性能的 8 倍。CC2430 片上系统的功能模块结构如图 4 - 1 所示。

CC2430 的主要功能特点包括：

- 一个 DMA 控制器。
- 具有 8 KB 静态 RAM，其中的 4 KB 是超低功耗 SRAM。
- 32 KB、64 KB 或 128 KB 的片内 Flash 块，提供在电路可编程非易失性存储器。

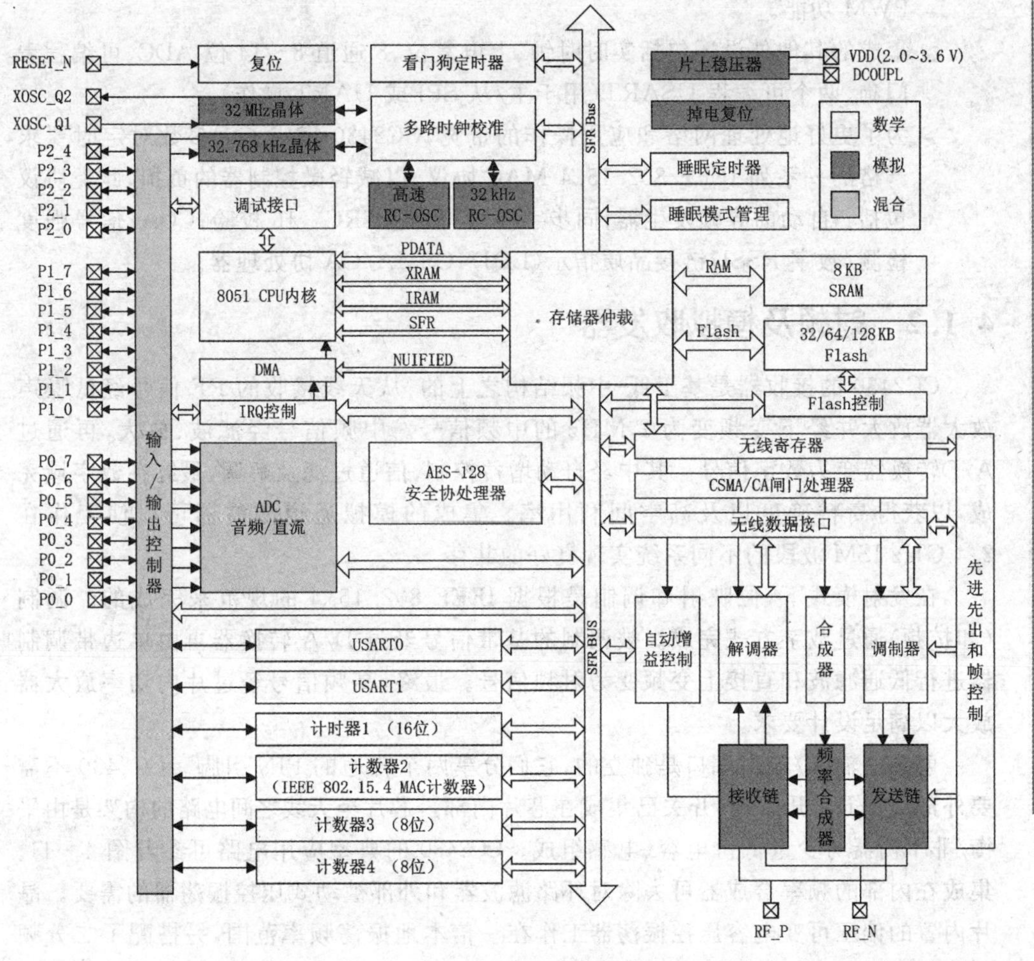

图4-1 CC2430片上系统的功能模块结构

- 集成4个振荡器用于系统时钟和定时操作：一个32 MHz晶体振荡器，一个16 MHz RC振荡器，一个可选的32.768 kHz晶体振荡器和一个可选的32.768 kHz RC振荡器。
- 集成AES协处理器，以支持IEEE 802.15.4 MAC安全所需的（128位关键字）AES的运行，以实现尽可能少地占用微控制器。
- 中断控制器为总共18个中断源，分4个中断优先级提供服务。
- 调试接口采用两线串行接口，该接口被用于在电路调试和外部Flash编程。
- I/O控制器的职责是21个一般I/O口的灵活分配和可靠控制。
- 4个定时器：一个16位MAC定时器，为IEEE802.15.4的CSMA-CA算法提供定时以及为IEEE 802.15.4的MAC层提供定时。一个一般的16位和两个8位定时器，支持典型的定时/计数功能，例如：输入捕捉、比较输出和

PWM 功能。

- 集成的其他外设还包括实时时钟、上电复位、8 通道 8～14 位 ADC、可编程看门狗、两个可编程 USART(用于主/从 SPI 或 UART 操作)。
- 为了更好地处理网络和应用操作的带宽，CC2430 集成了大多数对定时要求严格的一系列 IEEE 802.15.4 MAC 协议，以减轻微控制器的负担，此类协议包括：自动前导帧发生器；同步字插入/检测；CRC－16 校验；CCA；信号强度检测/数字 RSSI；链接品质指示(LQI)；CSMA/CA 协处理器。

4.1.2　射频及模拟收发器

CC2430 的接收器是基于低-中频结构之上的，从天线接收的 RF 信号经低噪声放大器放大并经下变频变为 2 MHz 的中频信号。中频信号经滤波、放大，再通过 A/D转换器变为数字信号。其中经自动增益控制、信道过滤及解调，最终在数字域完成，以获得高精确度以及高空间利用率。集成的模拟通道滤波器可以使工作在 2.4 GHz ISM 波段的不同系统实现良好的共存。

在发射模式下，位映射和调制是根据 IEEE 802.15.4 的规范来完成的。调制(和扩频)通过数字方式完成。被调制的基带信号经过 D/A 转换器再由单边带调制器进行低通滤波和直接上变频变为射频信号。最终，高频信号经过片内功率放大器放大以满足设计要求。

射频的输入/输出端口是独立的，它们分享两个普通的 PIN 引脚。CC2430 不需要外部 TX/RX 开关，其开关已集成在芯片内部。芯片至天线之间电路的构架是由平衡/非平衡器与少量低价电容、电感组成。CC2430 的典型应用电路可参看图 4－11。集成在内部的频率合成器可去除对环路滤波器和外部被动式压控振荡器的需要。晶片内置的偏压可变电容压控振荡器工作在一倍本地振荡频率范围，另搭配了二分频电路，以提供四相本地振荡信号给上、下变频综合混频器使用。

4.2　CC2430 内部资源

4.2.1　芯片内部资源

1. 核　心

CC2430 集成了增强工业标准的 8051 MCU 核心。该核心使用标准 8051 指令集。每个机器周期中的一个时钟周期与标准 8051 每个机器周期中的 12 个时钟周期相对应，因此其指令执行的速度比标准 8051 快。由于指令周期在可能的情况下包含了取指令操作所需的时间，故绝大多数单字节指令在一个时钟周期内完成。除了速度改进之外，CC2430 的 8051 核心还具有以下增强架构：

- 第二数据指针；
- 扩展了18个中断源。

CC2430核心的8051的目标代码与工业标准8051目标代码兼容。但是，由于与标准8051使用不同的指令定时，因此以往编写的标准8051目标代码的定时循环程序需要修改；此外，扩充的外部设备所使用的特殊功能寄存器(SFR)涉及的指令代码也有所不同。鉴于篇幅的限制，读者所熟悉的标准8051微控制器的寄存器、堆栈及其指针、指令集等在此不再赘述。

2. 复　位

CC2430有3个复位源：

- 强置输入引脚RESET_N为低电平；
- 上电复位；
- 看门狗复位。

复位后的初始状况为：

- I/O引脚设置为输入、上拉状态；
- CPU的程序计数器设置为0x0000，程序从这里开始运行；
- 所有外部设备的寄存器初始化到它们的复位值(参考有关寄存器的描述)；
- 看门狗禁止。

3. 存储器

8051 CPU有4个不同的存储空间：

- 代码(CODE)：16位只读存储空间，用于程序存储。
- 数据(DATA)：8位可存取存储空间，可以直接或间接被单个的CPU指令访问。该空间的低128字节可以直接或间接访问，而高128字节只能够间接访问。
- 外部数据(XDATA)：16位可存取存储空间，通常需要4～5个CPU指令周期来访问。
- 特殊功能寄存器(SFR)：7位可存取寄存器存储空间，可以被单个CPU指令访问。

CC2430芯片中采用的增强型8051的全部存储器(CC2430－F32、CC2430－F64、CC2430－F128)映射(外部数据(XDATA)、统一映射和非统一映射)如图4－2～图4－9所示。与标准8051存储器映射的不同之处为：

- 为了使得DMA控制器访问全部物理存储空间，全部物理存储器都映射到XDATA存储空间；
- 代码存储器空间可以选择，因此，全部物理存储器可以通过使用代码存储器空间的统一映射，映射到代码空间。

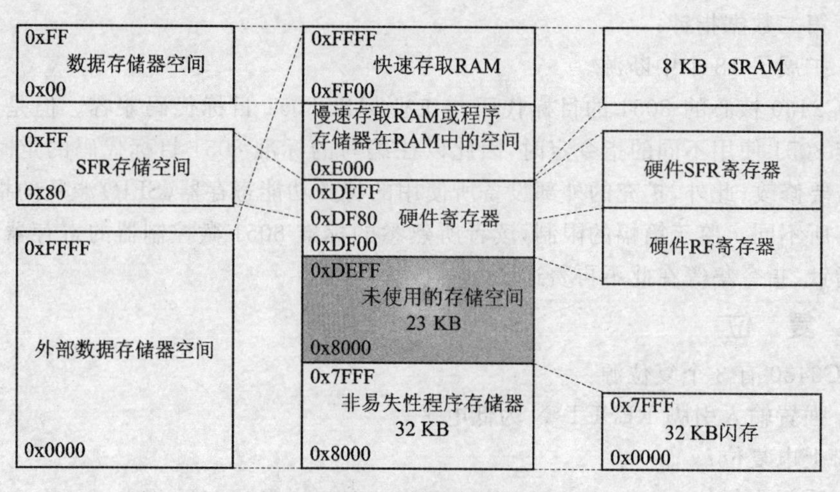

图 4－2　CC2430－F32 外部数据存储器(XDATA)空间

图 4－3　CC2430－F32 非统一映射代码存储器空间

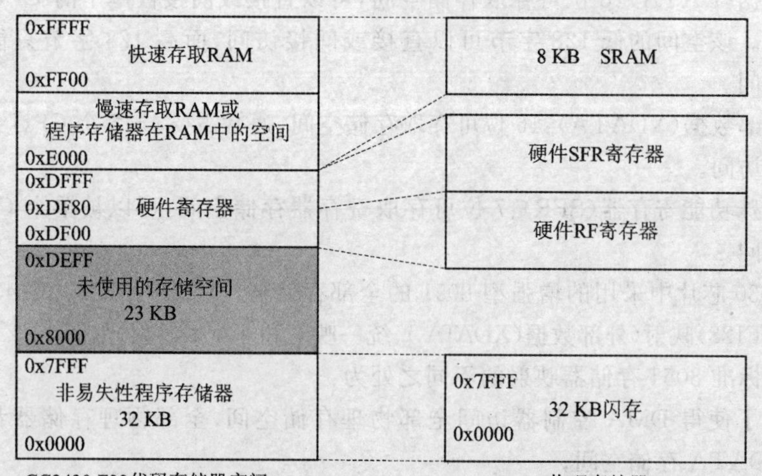

图 4－4　CC2430－F32 统一映射代码存储器空间

0xFF
数据存储器空间
0x00
0xFF
0xEEFF SFR存储空间
0x80
0xFFFF
外部数据存储器空间
0x0000
0xFFFF
快速存取RAM
0xFF00
慢速存取RAM或程序存储器在RAM中的空间
0xE000
0xDFFF
0xDF80 硬件寄存器
0xDF00
0xDEFF
非易失性程序存储器
55 KB
0x0000
8 KB SRAM
硬件SFR寄存器
硬件RF寄存器
64 KB闪存
0xFFFF
0xDEFF
低端55 KB
0x0000
8051存储器空间
CC2430-F64
外部数据存储器空间
物理存储器

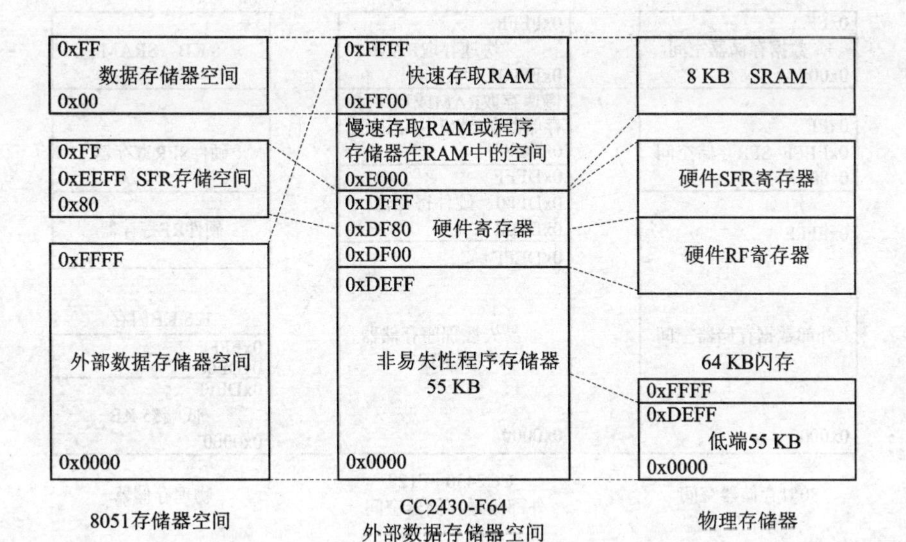

图 4-5 CC2430-F64 外部数据(XDATA)存储器空间

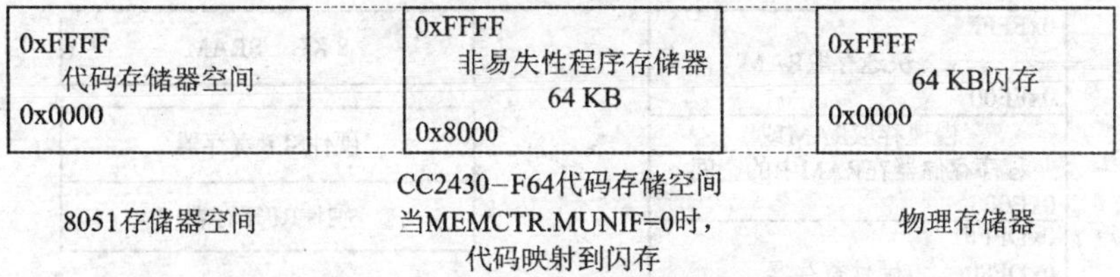

0xFFFF
代码存储器空间
0x0000
0xFFFF
非易失性程序存储器
64 KB
0x8000
0xFFFF
64 KB闪存
0x0000
8051存储器空间
CC2430-F64代码存储空间
当MEMCTR.MUNIF=0时，
代码映射到闪存
物理存储器

图 4-6 CC2430-F64 非统一映射存储器空间

0xFFFF
快速存取RAM
0xFF00
慢速存取RAM或
程序存储器在RAM中的空间
0xE000
0xDFFF
0xDF80 硬件寄存器
0xDF00
0xDEFF
非易失性程序存储器
55 KB
0x0000
8 KB SRAM
硬件SFR寄存器
硬件RF寄存器
64 KB闪存
0xDEFF
低端55 KB
0x0000
CC2430-F64代码存储器空间
物理存储器
当MENCTR.MUNIF=1时，代码映射到统一的存储器

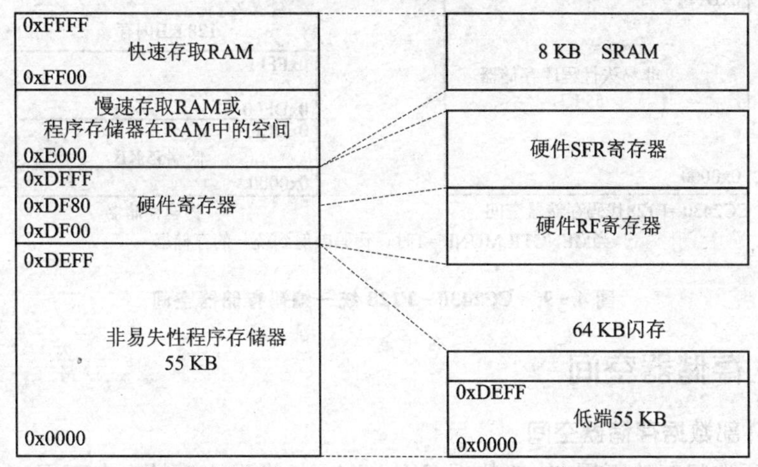

图 4-7 CC2430-F64 统一映射存储器空间

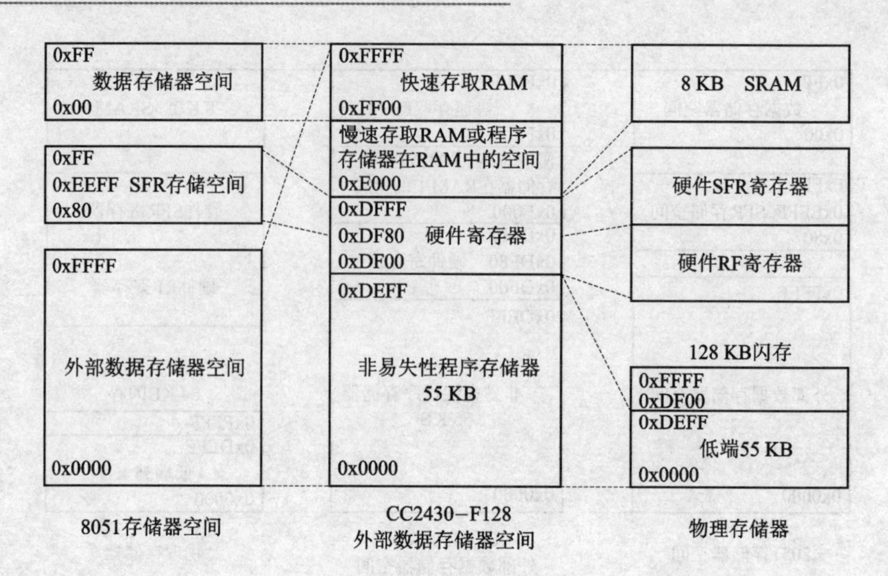

图 4-8 CC2430-F128 外部数据(XDATA)存储器空间

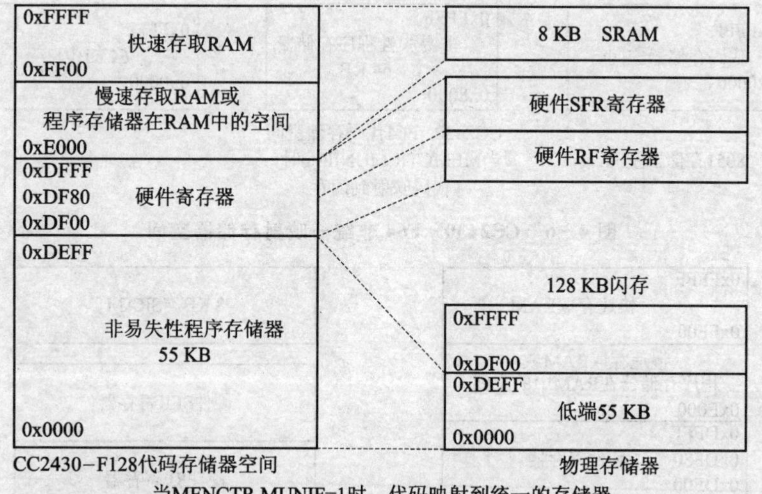

图 4-9 CC2430-F128 统一编码存储器空间

4.2.2 存储器空间

(1) 外部数据存储器空间

根据所选闪存的不同，外部数据(XDATA)存储器的映射略有不同。对于大于 32 KB 闪存的芯片，最低的 55 KB 闪存程序存储器映射到地址 0x0000～0xDEFF；而对于 32 KB 闪存的芯片，32 KB 闪存映射到地址 0x0000～0x7FFF。所有的芯片，其 8 KB SRAM 都映射到地址 0xE000～0xFFFF，而特殊功能寄存器的地址范围是

0xDF00～0xDFFF。这样就允许 DMA 控制器和 CPU 在一个统一的地址空间对所有物理存储器进行存取操作。

(2) 代码存储器空间

对于物理存储器空间,代码(CODE)存储器空间既可以使用统一映射,又可以使用非统一映射。代码存储器空间的统一映射类似外部存储器空间的统一映射。对于大于 32 KB 的闪存存储器,在采用统一映射时,其最低端的 55 KB 闪存映射到代码存储器空间。这与外部存储器空间的映射类似。8 KB SRAM 包括在代码地址空间之内,从而允许程序的运行可以超出 SRAM 的范围。

注意,为了在代码空间内使用统一存储器映射,特殊功能寄存器(SFR)的指定位 MEMCTR. MUNIF 必须置 1。闪存为 128 KB 的芯片(CC2430 - F128),对于代码存储器,就要使用分区的办法。由于物理存储器是 128 KB,大于 32 KB 的代码存储器空间需要通过闪存区的选择位映射到 4 个 32 KB 物理闪存区中的一个。闪存区的选择,由设置特殊功能寄存器的对应位(MEMCTR. FMAP)完成。注意,闪存区的选择仅当使用非统一映射代码存储器空间时才能够进行。当使用统一映射代码存储器空间映射时,代码存储器映射到位于 0x0000～0xDEFF 的 55 KB 闪存空间。

(3) 数据存储器空间

数据(DATA)存储器的 8 位地址,映射到 8 KB SRAM 的高端 256 字节。在这个范围中,也可以对地址范围为 0xFF00～0 xFFFF 的代码空间和外部数据空间进行存取。

(4) 特殊功能寄存器空间

特殊功能寄存器(SFR)可以对具有 128 个入口的硬件寄存器进行存取,也可以对地址范围为 0xDF80～0xDFFF 的 XDATA/DMA 进行存取。

4.2.3 数据指针

CC2430 有两个数据指针(DPTR0 和 DPTRl),主要用于代码和外部数据的存取。例如:

```
MOVC A,@A + DPTR
MOV A,@DPTR
```

数据指针选择位是第 0 位。在数据指针中,通过设置寄存器 DPS(0x92)就可以选择哪个指针在指令执行时有效。两个数据指针的宽度均为两个字节,存在于特殊功能寄存器之中。

4.2.4 外部数据存储器存取

CC2430 提供一个附加的特殊功能寄存器 MPAGE(0x93),详细描述如表 4 - 1 所列。该寄存器在执行指令“MOVX A. ,@Ri”和“MOVX@R,A”时使用。MPAGE

给出高 8 位的地址，而寄存器 Ri 给出低 8 位的地址。

表 4-1　MPAGE 选择存储器页

位	名　称	复　位	读/写	描　述
7:0	MPAGE[7:0]	0x00	R/W	存储器页，执行 MOVX 指令时地址的高位字节

CC2430 有一个内部系统时钟。该时钟的振荡源既可以用 16 MHz 高频 RC 振荡器，也可以采用 32 MHz 晶体振荡器。时钟的控制通过设置特殊功能寄存器的 CLKCON 字节来实现。系统时钟同时也可以提供给 8051 所有外部设备使用。

振荡器可以选择高精度的晶体振荡器，也可以选择低成本的 RC 振荡器。注意，运行 RF 收发器，必须使用高精度的晶体振荡器。

4.3　CC2430 外部接口

芯片 CC2430 的引脚如图 4-10 所示，CC2430 芯片采用 7 mm×7mm QLP 封装，共有 48 个引脚。全部引脚可分为 I/O 端口线引脚、电源线引脚和控制线引脚三类。

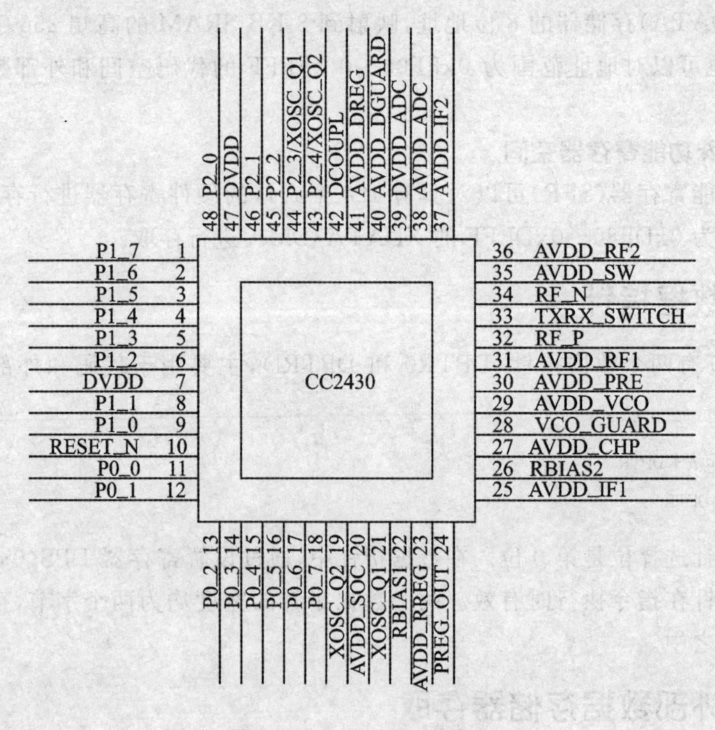

图 4-10　CC2430 引脚图

(1) I/O 端口线引脚功能

CC2430 有 21 个可编程的 I/O 口引脚，P0、P1 口是完全的 8 位口，P2 口只有 5 个可使用的位。通过软件设定一组 SFR 寄存器的位和字节，可使这些引脚作为通常的 I/O 口或作为连接 ADC、计时器或 USART 部件的外围设备 I/O 口使用。这些引脚都可以用作通用 I/O 端口，同时，通过独立编程还可以作为特殊功能的输入/输出，通过软件可以设置引脚的输入/输出状态。

温馨提示：不同单片机的 I/O 端口配置寄存器和配置方法不完全相同，在使用某种单片机后，一定要查看它的应用手册。

I/O 口的特性包括：

- 可设置为通常的 I/O 口，也可设置为外围 I/O 口使用。
- 在输入时有上拉和下拉能力。
- 全部 21 个数字 I/O 口引脚都具有响应外部的中断能力。如果需要外部设备，可对 I/O 口引脚产生中断，同时外部的中断事件也能被用来唤醒休眠模式。
- 21 个数字 I/O 口引脚的输出驱动能力不尽相同，用户连接时应根据实际需求进行选择。I/O 口引脚的输出驱动能力如下：

  1～6 脚(P1_2～ P1_7)　具有 4 mA 输出驱动能力。
  8～9 脚(P1_0～P1_1)　具有 20 mA 的驱动能力。
  11～18 脚(P0_0～P0_7)　具有 4 mA 输出驱动能力。
  43,44,45,46,48 脚(P2_4,P2_3,P2_2,P2_1,P2_0)　具有 4 mA 输出驱动能力。

CC2430 的 I/O 寄存器有：P0，P1，P2，PERCFG，P0SEL，P1SEL，P2SEL，P0DIR，P1DIR，P2DIR，P0INP，P1INP，P2INP，P0IFG，P1IFG，P2IFG，PICTL，P1IEN。

PERCFG 为外设控制寄存器，PXSEL(X 为 0,1,2)为端口功能选择寄存器，PXDIR(X 为 0,1,2)为端口用法寄存器，PXIN(X 为 0,1,2)为端口模式寄存器，PXIFG(X 为 0,1,2)为端口中断状态标志寄存器，PICTL 为端口中断控制，P1IEN 为端口 1(P1)中断使能寄存器。

(2) 电源线引脚功能

7 脚(DVDD)：为 I/O 提供 2.0～3.6 V 工作电压。
20 脚(AVDD_SOC)：为模拟电路提供 2.0～3.6 V 的电压。
23 脚(AVDD_RREG)：为模拟电路提供 2.0～3.6 V 的电压。
24 脚(RREG_OUT)：为 25,27～31,35～40 引脚端口提供 1.8 V 的稳定电压。
25 脚 (AVDD_IF1)：为接收器波段滤波器、模拟测试模块和 VGA 的第一部分电路提供 1.8 V 电压。
27 脚(AVDD_CHP)：为环状滤波器的第一部分电路和充电泵提供 1.8 V 电压。
28 脚(VCO_GUARD)：VCO 屏蔽电路的报警连接端口。
29 脚(AVDD_VCO)：为 VCO 和 PLL 环滤波器最后部分电路提供 1.8 V 电压。
30 脚(AVDD_PRE)：为预定标器、Div 2 和 LO 缓冲器提供 1.8 V 的电压。
31 脚(AVDD_RF1)：为 LNA、前置偏置电路和 PA 提供 1.8 V 的电压。

33 脚(TXRX_SWITCH):为 PA 提供调整电压。

35 脚(AVDD_SW):为 LNA/PA 交换电路提供 1.8 V 电压。

36 脚(AVDD_RF2):为接收和发射混频器提供 1.8 V 电压。

37 脚(AVDD_IF2):为低通滤波器和 VGA 的最后部分电路提供 1.8 V 电压。

38 脚(AVDD_ADC):为 ADC 和 DAC 的模拟电路部分提供 1.8 V 电压。

39 脚(DVDD_ADC):为 ADC 的数字电路部分提供 1.8 V 电压。

40 脚(AVDD_DGUARD):为隔离数字噪声电路连接电压。

41 脚(AVDD_DREG):向电压调节器核心提供 2.0～3.6 V 电压。

42 脚(DCOUPL):提供 1.8 V 的去耦电压,此电压不为外电路所使用。

47 脚(DVDD):为 I/O 端口提供 2.0～3.6 V 的电压。

(3) 控制线引脚功能

10 脚(RESET_N):复位引脚,低电平有效。

19 脚(XOSC_Q2):32 MHz 的晶振引脚 2。

21 脚(XOSC_Q1):32 MHz 的晶振引脚 1,或外部时钟输入引脚。

22 脚(RBIAS1):为参考电流提供精确的偏置电阻。

26 脚(RBIAS2):提供精确电阻,43 kΩ,±1%。

32 脚(RF_P):在 RX 期间向 LNA 输入正向射频信号,在 TX 期间接收来自 PA 的输入正向射频信号。

34 脚(RF_N):在 RX 期间向 LNA 输入负向射频信号,在 TX 期间接收来自 PA 的输入负向射频信号。

43 脚(P2_4/XOSC_Q2):32.768 kHz XOSC 的 2.3 端口。

44 脚(P2_4/XOSC_Q1):32.768 kHz XOSC 的 2.4 端口。

4.4 CC2430 的典型应用

4.4.1 硬件应用电路

CC2430 芯片需要很少的外围部件配合就能实现信号的收发功能。图 4-11 为 CC2430 芯片的一种典型应用电路。

电路使用一个非平衡天线(连接非平衡变压器可使天线性能更好)。电路中的非平衡变压器由电容 C341 和电感 L341、L321、L331 以及一个 PCB 微波传输线组成,整个结构满足 RF 输入/输出匹配电阻(50 Ω)的要求。内部 T/R 交换电路完成 LNA 和 PA 之间的交换。R221 和 R261 为偏置电阻,电阻 R221 主要用来为 32 MHz的晶振提供一个合适的工作电流。用 1 个 32 MHz 的石英谐振器(XTAL1)和 2 个电容(C191 和 C211)构成一个 32 MHz 的晶振电路。用 1 个 32.768 kHz 的石英谐振器(XTAL2)和 2 个电容(C441 和 C431)构成一个 32.768 kHz 的晶振电路。电压调节器为所有要求 1.8 V 电压的引脚和内部电源供电,C241 和 C421 电容是去耦合电容,完成电源滤波,以提高芯片工作的稳定性。

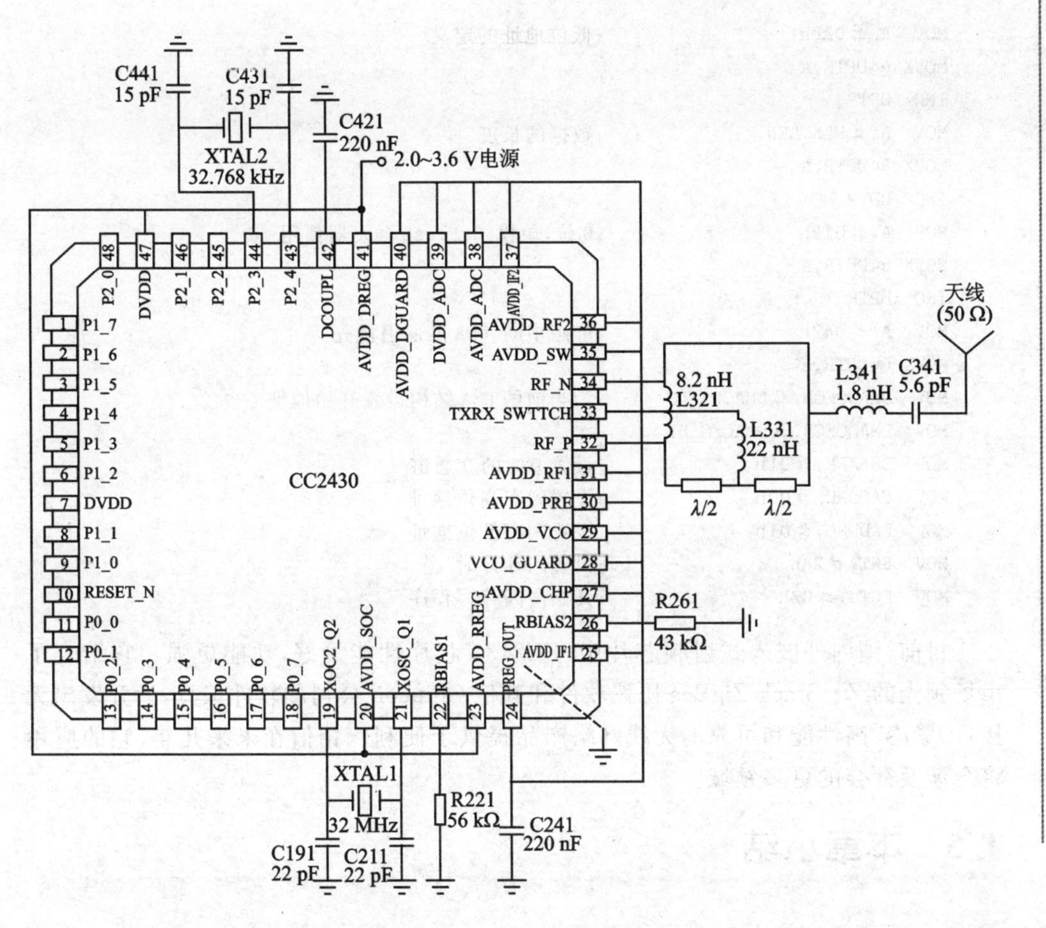

图 4-11 CC2430 芯片的典型应用电路

4.4.2 软件编程

对于编程而言，由于 CC2430 采用了 8051 内核，所以可以采用常规 51 单片机的编程方式进行。由于篇幅限制，下面仅给出在 32 MHz 系统时钟下，用 DMA 向闪存内部写入程序的部分源代码示例。

```
MOV   DPTR,#DMACFG             ;为 DMA 通道设定带有地址的数据指针,开始写入 DMA 结构
MOV   A,#SRC_HI                ;源数据的高位地址
MOVX  @DPTR,A
INC   DPTR
MOV   A.#SRC_LO                ;源数据的低位地址
MOVX  @DPTR,A
INC   DPTR
MOV   A,#0DFh                  ;高位地址的定义
MOVX  @DPTR.A
INC   DPTR
```

```
MOV   A.#0AFh                    ;低位地址的定义
MOVX  @DPTR,A
INC   DPTR
MOV   A,#BLK_LEN                 ;数据的长度
MOVX  @DPTR,A
INC   DPTR
MOV   A,#012h                    ;8位,单模式,Flash触发器使用
MOVX  @DPTR,A
INC   DPTR
MOV   A,#042h                    ;屏蔽中断,DMA高通道优先
MOVX  @DPTR,A
MOV   DMAOCFGL,#DMACFG_LO        ;为当前的DMA结构设置开始地址
MOV   DMAOCFGH,#DMACFG_HI
MOV   DMAARM,#01h                ;设置DMA的0通道
MOV   FADDRH.#00h                ;设置闪存高位地址
MOV   FADDRL,#01h                ;设置闪存低位地址
MOV   FWT,#2Ah                   ;设置闪存计时
MOV   FCTL,#02h                  ;开始向闪存写程序
```

目前,国内外嵌入式射频芯片中,CC2430芯片性能最好,功能更强。它结合了市场领先的Z-Stack ZigBee协议软件和其他Chipcon公司的软件工具,为开发出无接口、紧凑、高性能和可靠的无线网络产品提供了便利。相信在未来几年,它的应用将会涉及社会的更多领域。

4.5 本章小结

CC2430/CC2431是Chipcon公司推出的用来实现嵌入式ZigBee应用的片上系统。本章主要介绍了CC2430芯片的原理及特点、内部资源和外部接口。

CC2430集成了增强工业标准的8051 MCU核心,与工业标准8051目标代码兼容,但与标准8051使用不同的指令定时。CC2430有强置输入引脚RESET_N为低电平、上电复位和看门狗复位3个复位源。此外,本章还讲解了8051 CPU的代码、数据、外部数据、特殊功能寄存器4个不同的存储器空间,以及8051全部存储器(CC2430-F32、CC2430-F64、CC2430-F128)的映射和代码存储器的空间。

CC2430外部接口包括有21个可编程的I/O口引脚、20个电源线引脚和9个控制线引脚。I/O具备的重要特性:21个数字I/O引脚;可以配置为通用I/O或外部设备I/O;输入口具备上拉或下拉能力,全部21个数字I/O口引脚都具有响应外部中断的能力。如果需要外部设备,可对I/O口引脚产生中断,同时外部的中断事件也能被用来唤醒休眠模式。

介绍了CC2430典型应用电路,举例说明CC2430的软件编程,为ZigBee技术的初学者打下坚实的软件和硬件基础。

第5章 CC2430基础实验

5.1 控制LED闪烁

5.1.1 应用场景

对于控制LED闪烁的实验，它的用途很广泛，主要有以下几个方面：

① 可以通过设置灯闪烁的频率来模拟一个脉冲发生器，用以测试线性系统的瞬态响应；更复杂一点的可用作模拟信号来测试雷达、多路通信和其他脉冲数字系统的性能。

② 可以将它模拟为液面报警系统，使用一个压力传感器，当液面达到一定高度，会触动按键状态改变，从而使受其控制的LED灯状态发生改变，发出报警信号。

5.1.2 实验目的

对于刚入门的学习者，本节所述实验是必修内容。而对于熟悉嵌入式系统开发的工程师而言，此实验可直接跳过。本实验的主要目的为：

- 了解CC2430数字I/O口和通用输入/输出接口(GPIO)的编程方法；
- 完成简单的LED闪烁控制实验；
- 掌握工程及其文件的建立方法；
- 熟悉CC2430程序调试的方法；
- 掌握在核心源代码基础上完成扩展实验的方法。

5.1.3 实验原理

控制LED闪烁实验原理包括：

① CC2430的通用输入/输出接口(GPIO)操作。由于CC2430的21个数字I/O口引脚的可编程功能，可通过相应的寄存器配置为通用数字I/O和用于连接ADC、定时/计数器或者USART等片内外设的各种特殊功能I/O。这些I/O口的使用，可以通过一系列寄存器来配置。

② 各寄存器的功能状态查看。对于寄存器PxSEL(其中x为I/O口的标号，其值为0～2)，用来设置I/O口为8位通用I/O或者是外部设备特殊功能I/O。任何

一个I/O口在使用之前，必须首先对寄存器赋值，对于默认的情况，即每当复位之后，所有的I/O引脚都设置为通用I/O，而且所有通用I/O都设置为输入。在任何时候，要改变一个引脚口的方向，使用寄存器PxDIR即可。只要设置PxDIR中的指定位为1，其对应的引脚口就被设置为输出。当用作输入时，每个通用I/O口的引脚可以设置为上拉、下拉或三态模式。作为默认的情况，复位之后，所有的口均设置为上拉输入。要将输入口的某一位取消上拉或下拉，就要将PxINP中的对应位设置为1。

③ 为了驱动LED闪烁，需要将寄存器P1DIR赋值为0x03来定义P10、P11口为输出模式，用这两个口来分别控制红灯RLED和绿灯YLED，并设置I/O口的输出为"0"时灯亮，否则，灯灭。在亮灭之间插入一定的延时以确保肉眼能够看到闪烁效果，灯的闪烁频率可以通过延时时间来调节。其他寄存器在复位后都不影响该程序的正常执行，因此不必配置。驱动LED亮灭电路图如图5-1所示。

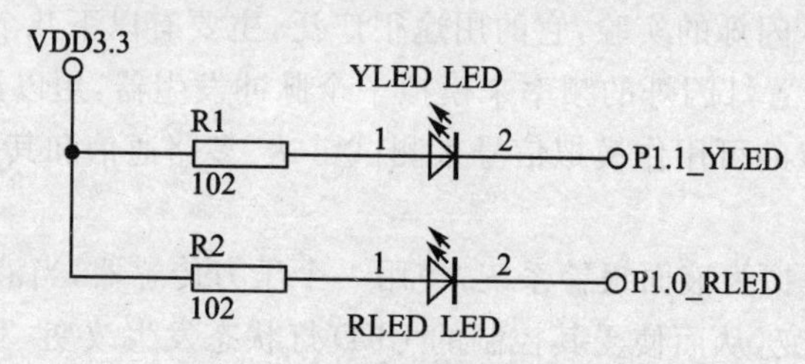

图5-1　驱动LED闪烁电路图

5.1.4　寄存器操作

控制LED灯闪烁实验编程时需要操作的常用寄存器主要包括：

- 寄存器PxSEL：对Px口进行功能选择，当PxSEL＝0时，表示Px的功能是GPIO。
- 寄存器PxDIR：对Px口方向进行设置，当PxDIR＝1时，表示Px是输出口。
- 寄存器PxINP：设置Px口的输入模式，它有上拉、下拉和三态三种模式，当PxINP＝1时，表示Px口是三态输入模式。
- Px寄存器：当PxSEL设置为0时，该寄存器为相应端口的数据寄存器。其中每一位分别对应各自的引脚。

实验中的寄存器操作包括P1和P1DIR，没有进行额外设置而是取其默认值的寄存器有P1SEL和P1INP。各寄存器的定义和操作如表5-1～表5-3所列。

表5-1　P1口数据寄存器

位　号	位　名	复位值	操作性	功能描述
7:0	P1[7:0]	0X00	可读/写	P1端口普通功能寄存器，可位寻址

表5-2　P1DIR(P1方向寄存器)

位　号	位　名	复位值	操作性	功能描述
7	DIRP1_7	0	可读/写	P1_7方向。0:输入,1:输出
6	DIRP1_6	0	可读/写	P1_6方向。0:输入,1:输出
5	DIRP1_5	0	可读/写	P1_5方向。0:输入,1:输出
4	DIRP1_4	0	可读/写	P1_4方向。0:输入,1:输出
3	DIRP1_3	0	可读/写	P1_3方向。0:输入,1:输出
2	DIRP1_2	0	可读/写	P1_2方向。0:输入,1:输出
1	DIRP1_1	0	可读/写	P1_1方向。0:输入,1:输出
0	DIRP1_0	0	可读/写	P1_0方向。0:输入,1:输出

表5-3　P1SEL(P1功能选择寄存器)

位　号	位　名	复位值	操作性	功能描述
7	SELP1_7	0	可读/写	P1_7功能。0:普通I/O口,1:外设功能
6	SELP1_6	0	可读/写	P1_6功能。0:普通I/O口,1:外设功能
5	SELP1_5	0	可读/写	P1_5功能。0:普通I/O口,1:外设功能
4	SELP1_4	0	可读/写	P1_4功能。0:普通I/O口,1:外设功能
3	SELP1_3	0	可读/写	P1_3功能。0:普通I/O口,1:外设功能
2	SELP1_2	0	可读/写	P1_2功能。0:普通I/O口,1:外设功能
1	SELP1_1	0	可读/写	P1_1功能。0:普通I/O口,1:外设功能
0	SELP1_0	0	可读/写	P1_0功能。0:普通I/O口,1:外设功能

5.1.5　实验步骤

1. 实验流程图

实验的流程图如图5-2所示,定义P10、P11口为输出,通过语句"P1DIR |=

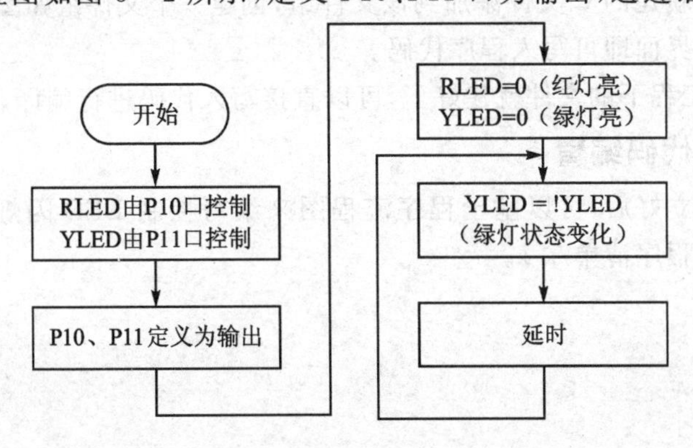

图5-2　控制LED灯闪烁流程图

0x03"实现,由于 P1DIR 寄存器是设置 P1 引脚口方向的,只要设置 P1DIR 中的指定位为 1,其对应的 P1 引脚口就被设置为输出了。

定义红绿灯的亮灭分别是通过为其赋值 0 或 1 来决定的。延时的长短可以修改延时函数的调用值来改变。当然还可以对程序作一些小的改动来实现不同的功能,大家可以多多尝试。

2. 工程文件的建立

通过 3.2.4 小节的学习已经知道怎样去新建一个工程,以及怎样对该工程进行参数设置。现在来学习怎样在工程下面新建一个 C 文件,具体操作步骤如下所述。

选择 File→New→File,或使用菜单栏快捷方式新建一个 C 文件。选择 File→Save,弹出如图 5-3 所示窗口,输入文件名,单击"保存"。值得注意的是,如果是 C 文件请务必加.c 后缀,否则会以文本文件存档。

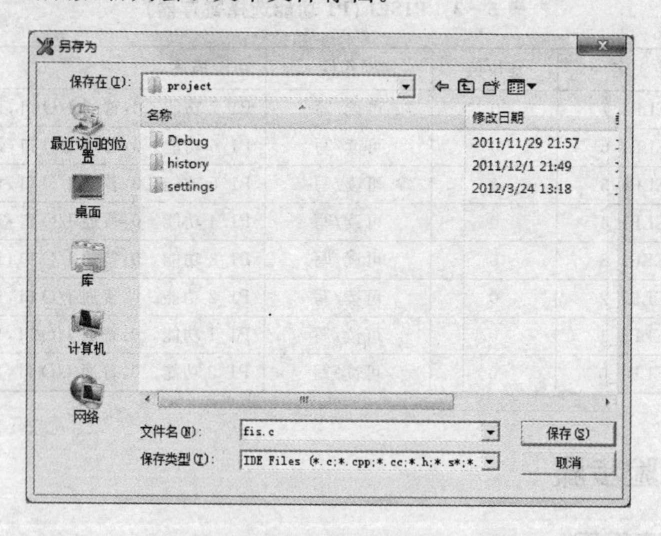

图 5-3 输入文件名

我们需要将新建的 C 文件添加到该文件组,创建一个文件组如图 5-4~图 5-8 所示。打开文件界面即可写入程序代码。

至此,一个工程下的文件就建好了,可以直接写入代码进行编译。

3. 程序源代码编辑

工程文件建立好后,可以基于程序流程图来编写控制 LED 闪烁实验的具体程序。程序代码见程序清单 5.1。

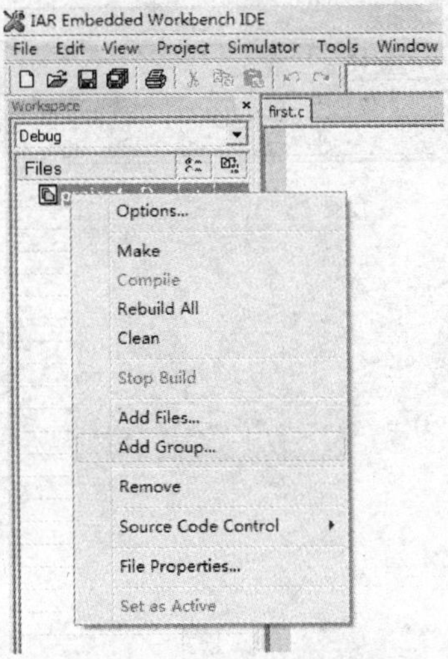

图 5-4　创建一个文件组

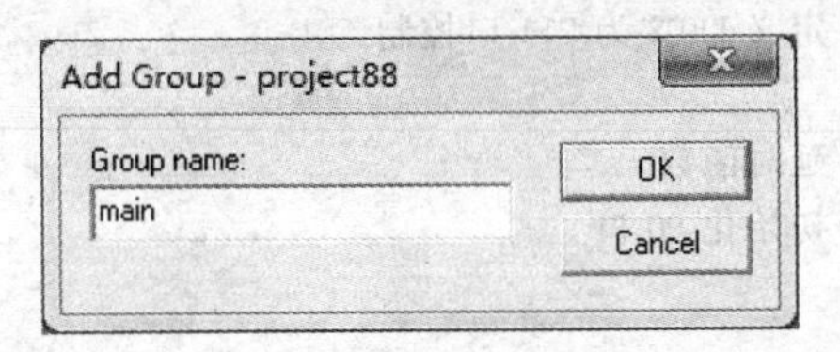

图 5-5　输入文件组名

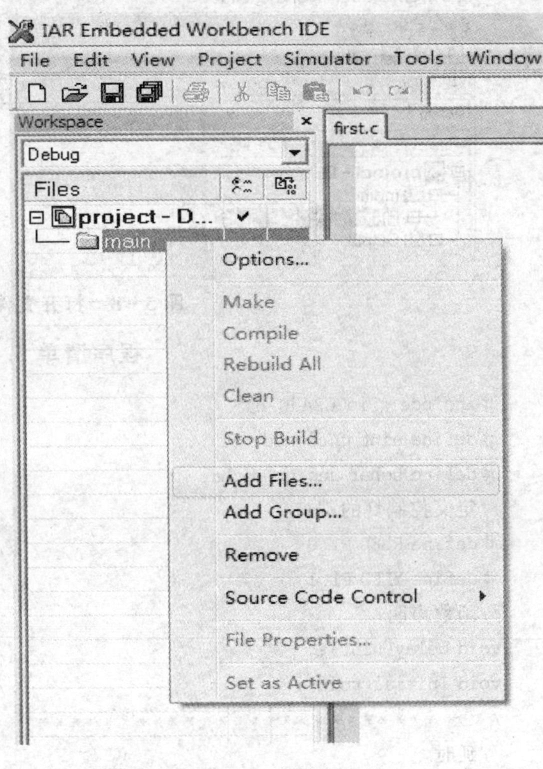

图 5-6　单击 main 加入文件

图 5-7　选择新建的 C 文件

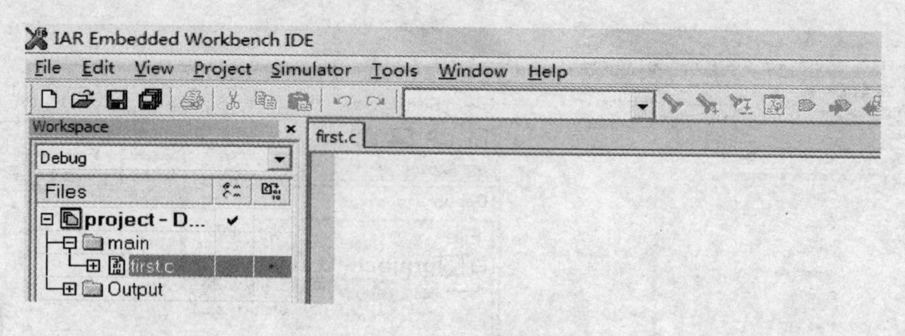

图 5-8　打开文件界面

程序清单 5.1

```
#include <ioCC2430.h>
#define uint unsigned int
#define uchar unsigned char
//定义控制灯的端口
#define RLED P1_0                          //定义 LED1 为 P10 口控制
#define YLED P1_1                          //定义 LED2 为 P11 口控制
//函数声明
void Delay(uint);                          //延时函数
void Initial(void);                        //初始化 P0 口
/******************************
//延时
******************************/
void Delay(uint n)
{
    uint tt;
    for(tt = 0;tt<n;tt++);
    for(tt = 0;tt<n;tt++);
    for(tt = 0;tt<n;tt++);
    for(tt = 0;tt<n;tt++);
    for(tt = 0;tt<n;tt++);
}
/******************************
//初始化程序
******************************/
void Initial(void)
{
    P1DIR |= 0x03;                         //P10、P11 定义为输出口

        RLED = 1;
    YLED = 1;                              //LED
}
```

```
/******************************
//主函数
******************************/
void main(void)
{
    Initial();                          //调用初始化函数
    RLED = 0;                           //LED1
    YLED = 0;                           //LED2
    while(1)
    {
        YLED = ! YLED;                  //控制绿灯闪烁
        Delay(10000);                   //闪烁频率设置
    }
}
```

4. 编译及调试

注意：下面的操作与 3.2.4 小节部分操作类似，为让读者真正明白操作的详细步骤，类似内容重复讲述。

在实际的使用中，如果 IAR 的工程路径有中文路径，有可能在调试的时候，设置断点时会不可见，所以将建立的工程复制到磁盘根目录中，这里我们将工程新建在 E 盘根目录下。然后打开工程执行下面的步骤，如图 5－9 所示。

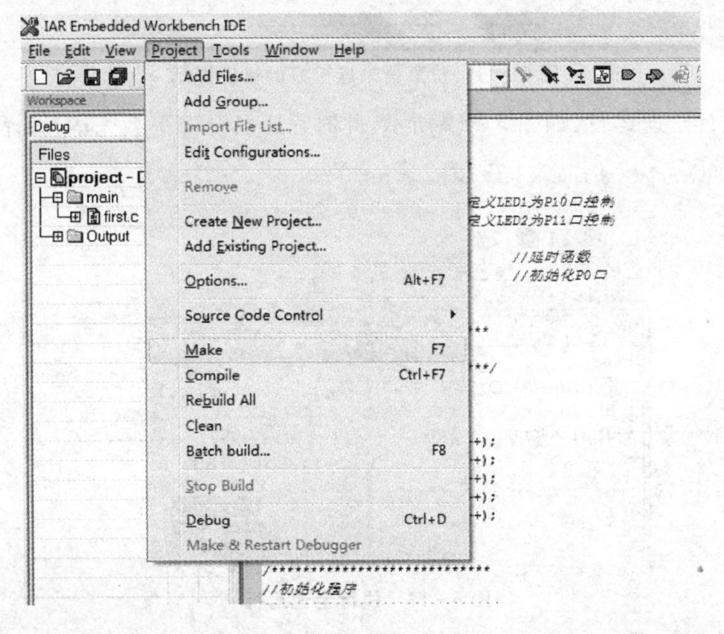

图 5－9　Make 编译界面

通过 Make 编译，如图 5－10 所示，也可以通过 Rebuild All 全部编译，用 Make 只会编译修改过的文件。

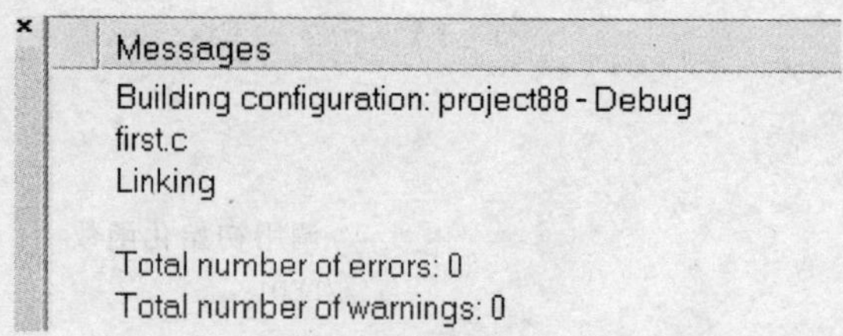

图 5－10　Make 编译后的错误和警告

编译后，如图 5－10 所示，只要没有错误就可以使用了，一般“警告”可以忽略。

在编译没有错误后，就可以下载程序了，选择 Project→Debug 菜单项下载程序，之后软件进入在线仿真模式。

温馨提示：此时一定要保证仿真器连接好，否则会提示如图 5－11 所示错误。

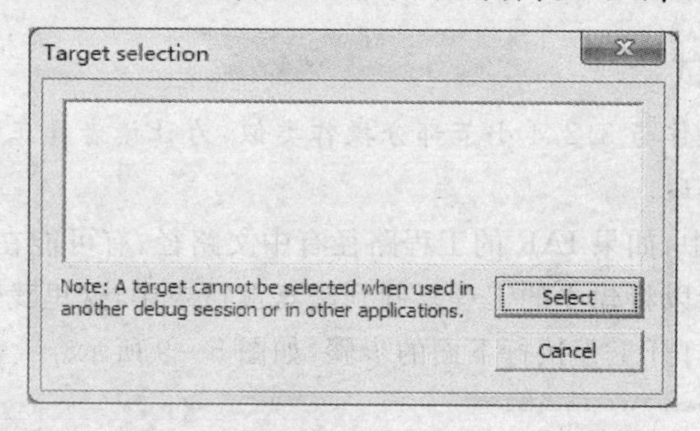

图 5－11　仿真器未连接好的错误提示

然后执行全速运行，如图 5－12 所示，此时程序已全部下载完毕，编译调试完成。

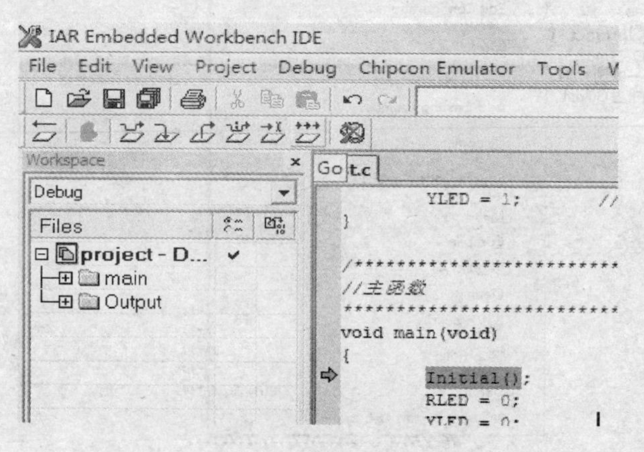

图 5－12　执行全速运行

当然对于程序的编写总不可能一帆风顺，总会有一个查错纠错的过程，对于软件提示的错误，我们可以运用设置断点或单步执行两种方式再通过查看寄存器的状态来查找错误。

① 设置断点方式：在仿真模式中，断点的设置方法是首先选择需要设置断点的行，如图 5－13 所示，然后右击选择 Toggle Breakpoint 设置断点。

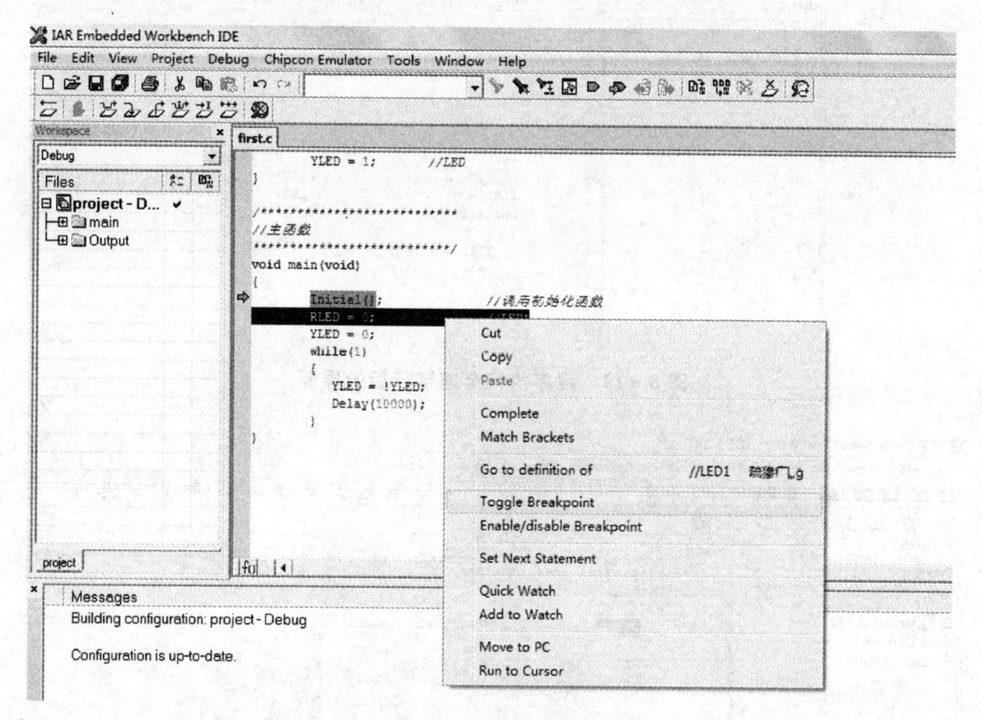

图 5－13　设置断点

设置好以后，这行代码会变为红色，这样就表示断点设置已经完成。

然后执行全速运行，当执行到断点处会停止在断点处，如图 5－14 所示。

然后双击 P1DIR，右击选择 Add to Watch 或者 Quick Watch，这里选择 Add to Watch，如图 5－15 所示。

这个步骤的作用是查看这个寄存器中的值，如果是一个变量的话，就是查看一个变量的值，该值在 Watch 中可以看到，如图 5－16 所示，此时 Location 中的值 0xFE 表示红灯 RLED 的值为“1”，绿灯 YLED 的值为“0”。

② 单步执行方式：通过查看每步程序执行后各寄存器的值，可以查找出编写程序时的一些错误，并且可以加深对微机接口的理解。

当然，还可以在仿真模式下执行单步运行，如图 5－17 所示。

每执行一步，运行状态标志往下移一步，可通过查看寄存器的状态来查错纠错。

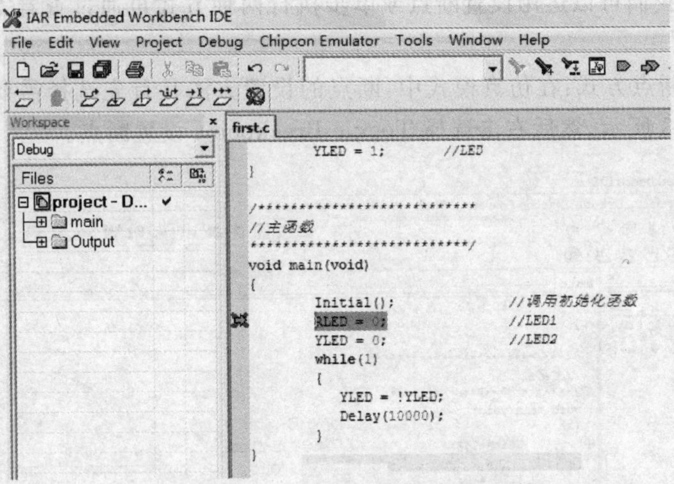

IAR Embedded Workbench IDE
File Edit View Project Debug Chipcon Emulator Tools Window Help
Workspace
Debug
Files
project - D...
main
Output
first.c
YLED = 1; //LED
}
/******************************
//主函数
******************************/
void main(void)
{
Initial(); //调用初始化函数
RLED = 0; //LED1
YLED = 0; //LED2
while(1)
{
YLED = !YLED;
Delay(10000);
}
}

图 5-14　程序执行全速运行后的界面

IAR Embedded Workbench IDE
File Edit View Project Debug Chipcon Emulator Tools Window Help
Workspace
Debug
Files
project - D...
main
Output
project
first.c
********************************/
void Initial(void)
{
//主函数
void main(
Cut
Copy
Paste
Complete
Match Brackets
Go to definition of P1DIR
Toggle Breakpoint
Enable/disable Breakpoint
Set Next Statement
Quick Watch
Add to Watch
Move to PC
Run to Cursor
Messages

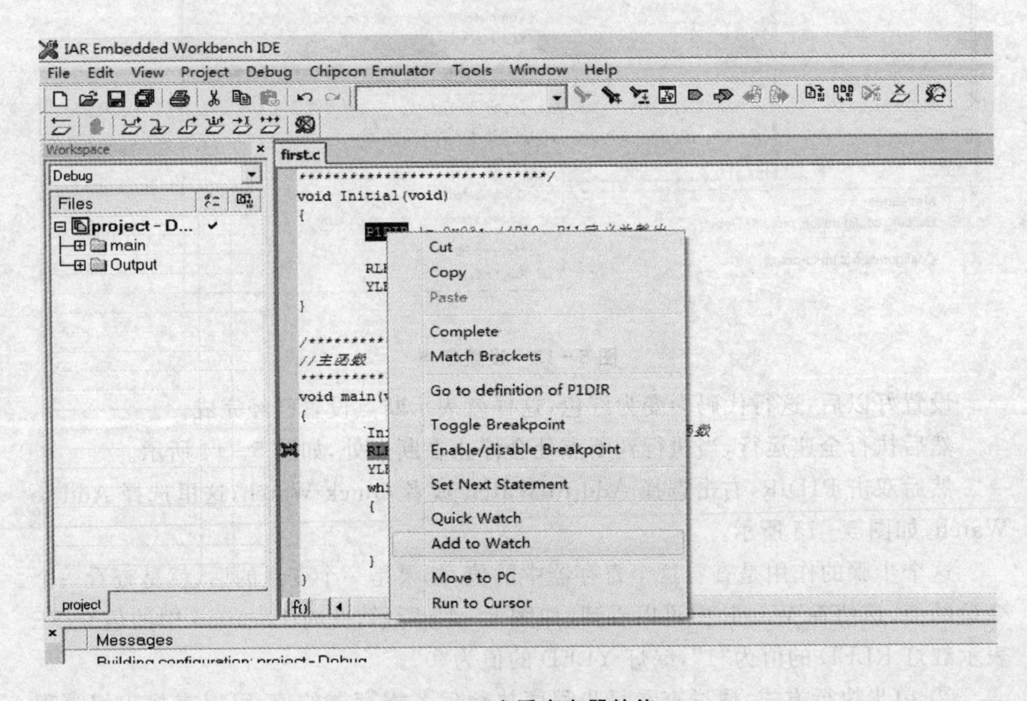

图 5-15　查看寄存器的值

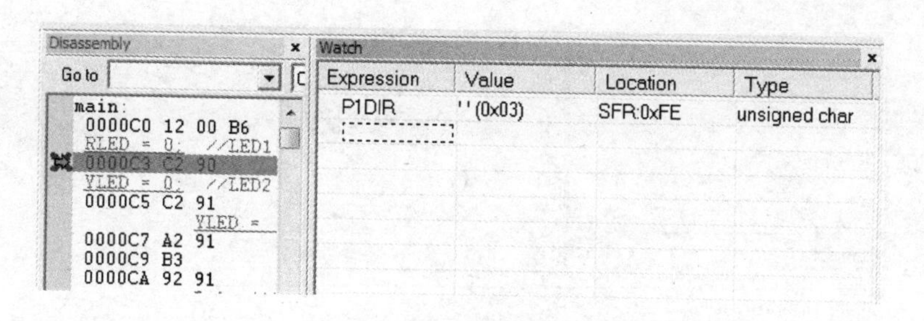

图 5－16　寄存器的值

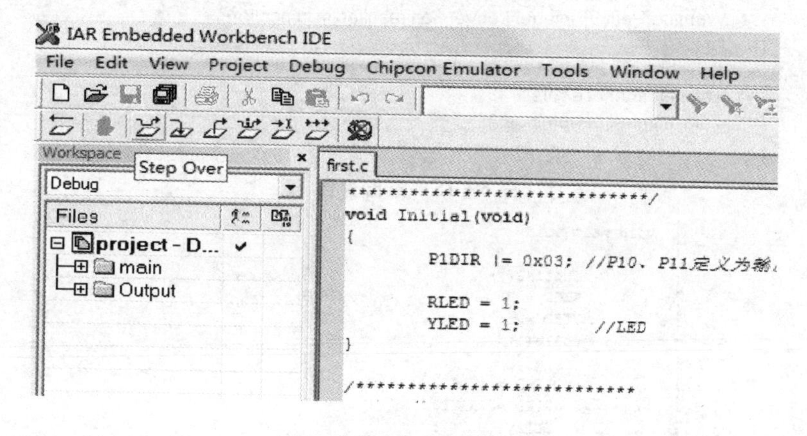

图 5－17　执行单步运行

5.1.6　实验结果

通过编译调试完成后，运行程序，可观察到电路板上红灯 YLED 一直亮，而绿灯 YLED 按照特定频率闪烁。可以通过改变主程序中调用函数 Delay(10000)括号中的数值来改变绿灯闪烁的频率，数值越大，闪烁频率越低。这里需要注意的是，由于该数值存放在一个 16 字节的寄存器中，所以它最大只能取 FFFFH，即十进制中的 65 535，否则就会出现如图 5－18 所示的溢出警告。若仍需延长灯闪烁时间，可在延时函数里多写入几个 for 循环，读者可尝试自行修改。

对于该实验还可以做出一些扩展，通过对程序作一些小的修改，可以通过观察 LED 灯的不同状态来实现不同的功能。例如，把主程序部分改为图 5－19 所示内容，即改变绿灯的初始状态，使红灯和绿灯的初始状态相反，再让红灯和绿灯的状态同时翻转，则会出现红绿灯交替闪烁的情况，红绿灯状态如图 5－20 所示（彩色图见共享资料）。

这部分可由读者自由发挥，调试出不同的实验现象，这对刚入门的学习者是很有必要的。

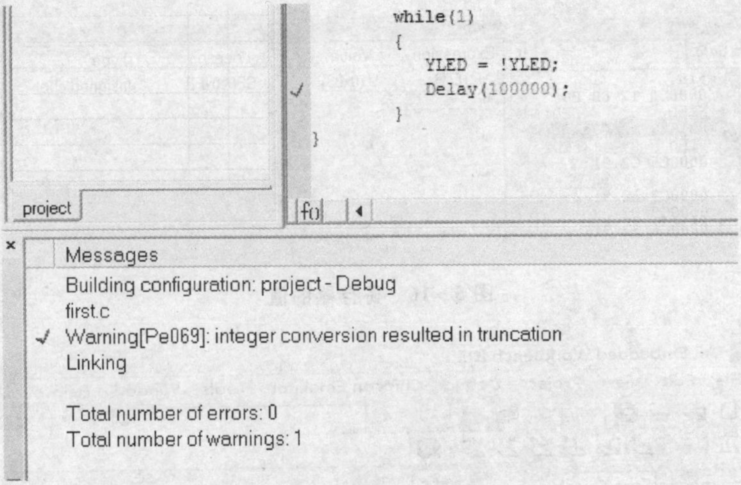

```
while(1)
{
    YLED = !YLED;
    Delay(100000);
}
}
```

project

f()

Messages

Building configuration: project - Debug
first.c
Warning[Pe069]: integer conversion resulted in truncation
Linking

Total number of errors: 0
Total number of warnings: 1

图 5-18 溢出警告

```
void main(void)
{
    Initial();          //调用初始化函数
    RLED = 0;           //LED1
    YLED = 1;           //LED2
    while(1)
    {
        YLED = !YLED;
        RLED = !RLED;
        Delay(10000);
    }
}
```

图 5-19 红绿灯交替闪烁主程序

图 5-20 红绿灯交替闪烁结果图

图5-20 红绿灯交替闪烁结果图(续)

5.1.7 扩展实验

前面所做的是关于LED灯自动闪烁的实验,对于灯闪烁的频率是通过程序控制的。下面来学习一下关于按键控制开关的实验,是在原先的基础上所做的扩展,用两个按键来分别控制其对应灯的亮灭。这里用到了两个拨码开关K1和K2,分别对应P12和P13,用其来分别控制红灯和绿灯,并且是在按键松开后才将对应的状态改变。实验流程如图5-21所示。

根据流程图编写程序代码,程序代码如程序清单5.2所示。

程序清单5.2

```
#include <ioCC2430.h>
#define uint unsigned int
#define uchar unsigned char
#define ON 0                          //LED状态
#define OFF 1

#define RLED P1_0                     //定义控制灯的端口
#define YLED P1_1                     //定义LED1为P10口控制
#define K1 P1_2                       //定义LED2为P11口控制
#define K2 P1_3                       //控制红灯

void Delay(uint);                     //函数声明
void Initial(void);                   //延时函数
void InitKey(void);                   //初始化P0口
```

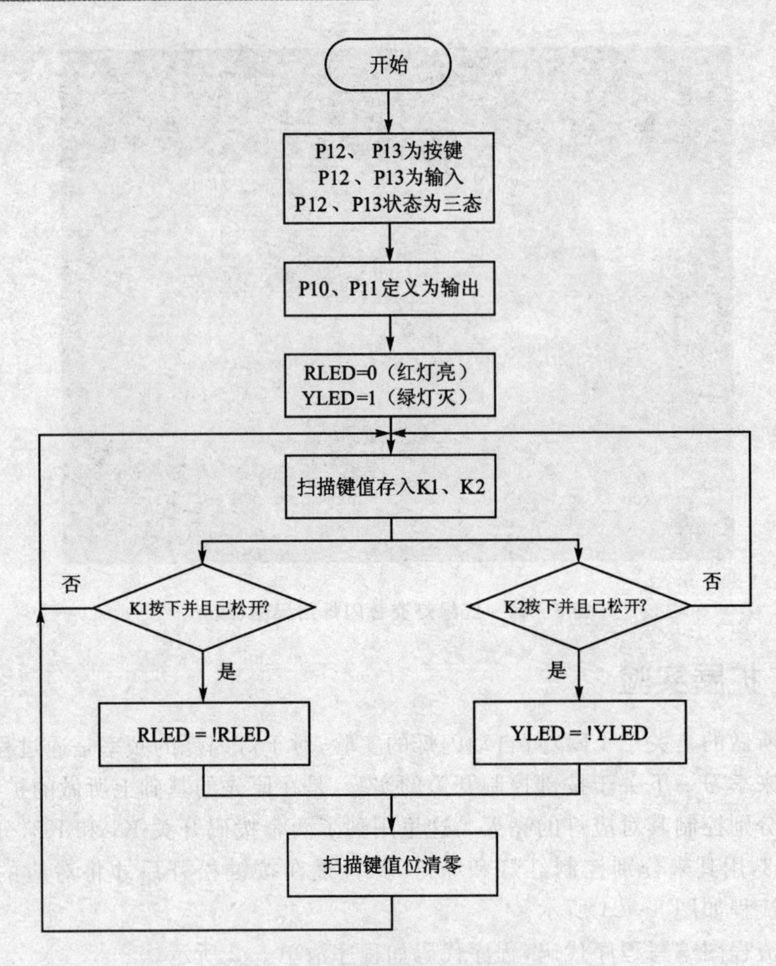

图 5－21　按键控制开关流程图


```
uchar KeyScan(void);
char i = 0;
uchar Keyvalue = 0 ;
/*******************************
//延时
*******************************/
void Delay(uint n)
{
    uint tt;
    for(tt = 0;tt<n;tt++);
    for(tt = 0;tt<n;tt++);
    for(tt = 0;tt<n;tt++);
    for(tt = 0;tt<n;tt++);
    for(tt = 0;tt<n;tt++);
```

```
}
/*****************************************
//按键初始化
*****************************************/
void InitKey(void)
{
  P1SEL &= ~0X0C;               //按键在 P12 P13
  P1DIR &= ~0X0C;               //P12 P13 输入
  P1INP |= 0x0c;                //三态
}
/******************************
//初始化程序
******************************/
void Initial(void)
{
    P1DIR |= 0x03;              //P10、P11 定义为输出
    RLED = 1;                   //关 LED
    YLED = 1;
}
/****************************************
//读键值
****************************************/
uchar KeyScan(void)
{
  if(K1 == 0)                   //低电平有效
  {
    Delay(100);                 //检测到按键
    if(K1 == 0)
    {
      while(! K1);              //直到松开按键
      return(1);
    }
  }
  if(K2 == 0)
  {
    Delay(100);
    if(K2 == 0)
    {
      while(! K2);
      return(2);
    }
  }
```

```
  return(0);
}
/*****************************
//主函数
*****************************/
void main(void)
{
    Initial();                          //调用初始化函数
    InitKey();
    RLED = ON;                          //LED1
    YLED = OFF;                         //LED2
    while(1)
    {
           Keyvalue = KeyScan();
           if(Keyvalue == 1)
           {
            RLED = ! RLED;              //红灯
            Keyvalue = 0;               //清除键值
           }
           if(Keyvalue == 2)
           {
             YLED = ! YLED;             //绿灯
             Keyvalue = 0;
           }
    }
}
```


当然，在读者充分理解编程思想以及熟练掌握软件应用后，可以进行更多的扩展实验，加深自己对 CC2430 的认识。

5.2 定时器实验

5.2.1 应用场景

定时器，顾名思义，是用来实现定时功能的。传统的定时器，要通过按键输入定时，随着技术发展，定时器应用也越来越广泛，各种智能化性能也开始逐步实现，定时器可以实现遥控定时、语音定时，也可以延时定时、循环定时等。市场上出现的定时器种类很多。常见定时器的应用场景包括：

➢ 家用电器，如洗衣机、电饭煲、热水器等操作时经常会用到定时操作；

➢ 基于 ARM 和 ZigBee 的智能家居系统中，要想实现家居的智能控制，定时器的使用十分广泛，如定时开启空调、加湿器等家用电器，为了节能，家居中的灯光增加延时控制等。

单片机中定时器的概念还比较原始，其实际就是对基于单片机运行的时钟周期进行简单计数，虽然简单，但仍是我们进行各种复杂定时的前提。

5.2.2 实验目的

① 掌握CC2430四个定时器的特点以及它们之间的区别；

② 采用定时器中断实现LED灯闪烁实验，观察实验现象；

③ 掌握CC2430定时器的配置、中断的产生和中断服务程序的使用方法，并能编写简单的相关程序；

④ 掌握在核心源代码基础上完成扩展实验的方法。

5.2.3 实验原理

CC2430芯片有四个定时器T1、T2、T3和T4。

T1为16位定时/计数器，支持输入采样、输出比较和PWM输出。T1有三个独立的输入采样/输出比较通道，每一个通道对应于一个I/O口。

T2为16位定时/计数器，支持输出比较和PWM输出，有两个输出比较通道，每一个通道对应于一个I/O口。

T3/T4为8位定时/计数器，支持输出比较和PWM输出，T3/T4有两个输出比较通道，每一个通道对应于一个I/O口。

注意：*5.2节的定时器讲解主要以T1为主展开。*

5.2.4 寄存器操作

定时器实验中用到的寄存器有T1CTL和P1DIR，其中P1DIR参见5.1节实验。定时器的操作模式通过T1CTL（定时器1控制/状态寄存器）设置，如表5-4所列。

表5-4　T1CTL定时器1控制/状态寄存器

位	名称	复位	读/写	描述
7	CH2IF	0	R/W0	定时器1通道2中断标志。当通道2的中断条件发生变换时，此标志将被置1；软件置1无效
6	CH1IF	0	R/W0	定时器1通道1中断标志。当通道1的中断条件发生变换时，此标志将被置1；软件置1无效
5	CH0IF	0	R/W0	定时器1通道0中断标志。当通道1的终端条件发生变换时，此标志将被置1；软件置1无效

续表 5-4

位	名　称	复　位	读/写	描　述
4	OVFIF	0	R/W0	计数溢出中断定时器标志。 计数达到溢出值(free-running 模式或 modulo 模式)或达(up-down 模式)时置 1;软件置 1 无效
3:2	DIV[1:0]	00	R/W	预置分频值。产生有效的时钟沿来更新计数值 00　信号频率/1　　10　信号频率/32 01　信号频率/8　　11　信号频率/128
1:0	MODE[1:0]	00	R/W	定时器 1 模式选择。 00　保留 01　free-running 模式,从 0x0000 到 0xFFFF 重复计数 10　modulo 模式,从 0x0000 到 T1CC0 重复计数 11　up-down 模式,从 0x0000 到 T1CC0,再从 T1CC0 到 0x0000

定时器的操作模式包括 free-running、modulo 和 up-down 模式。三种模式的具体情况为:

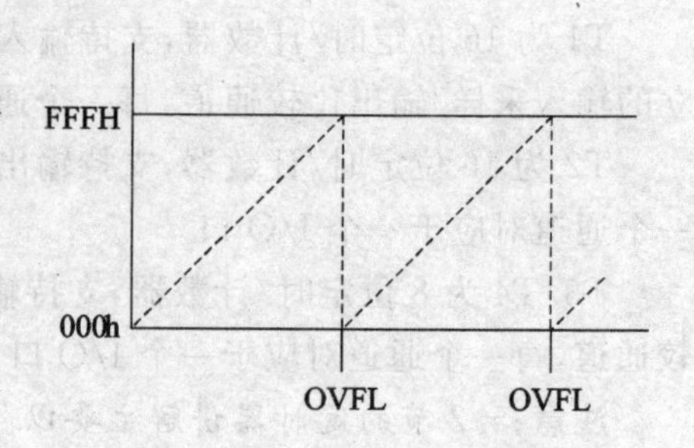

图 5-22　free-running 模式

- free-running 模式,如图 5-22 所示。计数器从 0x0000 开始计数,当计数值达到 0xFFFF 时溢出。此时 IRCON.T1IF 和 T1CTL.OVFIF 被置为 1;如果 TIMIF.OVFIF 和 IEN1.T1EN 也被置为 1,就会产生中断请求。计数器复位为 0x0000,重新开始计数。
- modulo 模式,如图 5-23 所示。计数器从 0x0000 开始计数,当计数值达到最大值 T1CC0 时溢出,此时 IRCON.T1IF 和 T1CTL.OVFIF 被置为 1;如果 TIMIF.OVFIF 和 IEN1.T1EN 也被置为 1,就会产生中断请求。计数器复位为 0x0000,重新开始计数。
- up-down 模式,如图 5-24 所示。计数器从 0x0000 开始计数,当计数值达到最大值 T1CC0 时,计数值开始递减至 0x0000。此时 IRCON.T1IF 和 T1CTL.OVFIF 被置为 1;如果 TIMIF.OVFIF 和 IEN1.T1EN 也被置为 1,就会产生中断请求,计数器重新开始计数。

定时器的通道模式有输入采样和输出比较两种。两种模式的具体情况为:

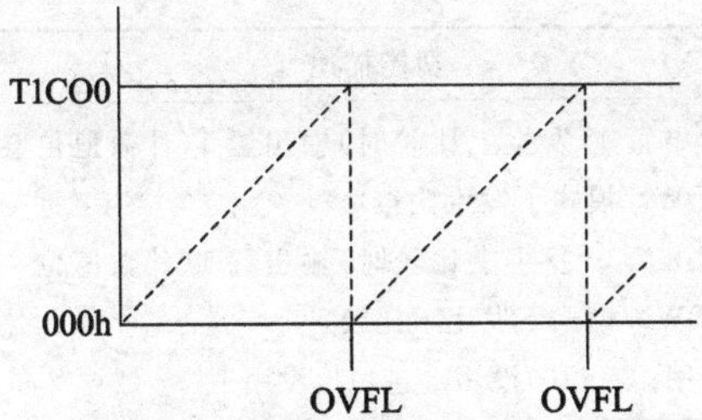

T1CO0

000h

OVFL OVFL

图 5-23 modulo 模式

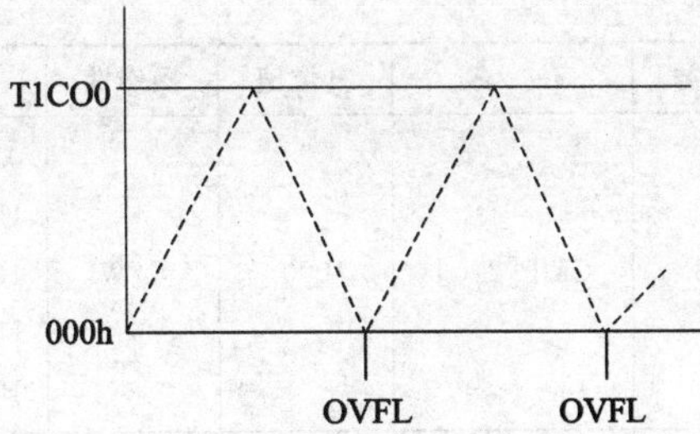

T1CO0

000h

OVFL OVFL

图 5-24 up-down 模式

- 输入采样模式。将输入采样信道所对应的 I/O 引脚配置为输入状态。定时器启动后,来自该输入引脚的沿信号(上升沿、下降沿)将触发当前计数值存储到相应的采集寄存器中,因此可以在某一外部事件发生时采集到当前时间。
- 输出比较模式。将输出比较信道所对应的 I/O 引脚配置为输出状态。当计时器数值等于通道比较寄存器中的值 T1CCnH:T1CCnL 时,输出引脚的电平会发生一定变化,这一变化视 T1CCTLn.CMP 所设置的输出比较模式而定,包括置 1、复位为 0 和电平跳变。T1CC0H 寄存器如表 5-5 所列。

表 5-5 T1CC0H(T1 通道 0 捕获值/比较值高字节寄存器)

位 号	位 名	复位值	操作性	功能描述
7	TICC0[15:8]	0X00	R/W	T1 通道 0 捕获值/比较值高字节

定时器的通道模式通过 T1CCTL0(通道采样/比较控制寄存器)设置,具体设置如表 5-6 所列。

通过不同的操作模式和通道模式的配合使用,可以实现 PWM 波的输出。具体操作可参考 CC2430 数据手册。

表 5-6 T1CCTL0 定时器 1 的 0 通道采集/比较控制寄存器

位 号	位 名	复位值	操作性	功能描述
7	CPSEL	0	R/W	T1 通道 0 捕获设定。0,捕捉引脚输入;1,捕捉 RF 中断
6	IM	1	R/W	T1 通道 0 中断掩码。0,关中断;1,开中断
5:3	CMP[2:0]	000	R/W	T1 通道 0 模式比较输出选择,指定计数值过 T3CCO 时的发生事件。 000,输出置 1(发生比较时) 010,输出翻转

续表 5-6

位号	位名	复位值	操作性	功能描述
5:3	CMP[2:0]	000	R/W	011,输出置1(发生上比较时)输出置1(计数值位0或UP/DOWN模式下发生比较) 100,输出清0(发生上比较时)输出置1(计数值位0或UP/DOWN模式下发生下比较) 101,没用 110,没用 111,没用
2	MODE	0	R/W	T1通道0模式选择。0,捕获;1,比较
1	CPM[1:0]	00	R/W	T1通道0捕获模式选择。 00,没有捕获 10,下降沿捕获 01,上升沿捕获 11,边沿捕获

5.2.5 定时器中断

定时器被分配了一个中断向量,中断请求既可在计数时产生,也可由输入采样、输出比较事件触发。在定时器1中断允许的情况下,如果中断标志(T1CCTL0.IM、T1CCTL1.IM、T1CCTL2.IM或TIMIF.OVFIF)被置1,就会产生中断请求。中断标志要用软件清除。

定时器中断配置的基本步骤为:

① 初始化所有相关寄存器:T1CTL(定时器1控制/状态寄存器)、T1CCTL0(定时器1的0通道采样/比较控制器存器)、T1CCTL1(1通道采样/比较控制寄存器)、T1CCTL2(2通道采样/比较控制寄存器)、TIMIF(中断标志寄存器见表5-7)。

② 设置定时器时钟周期。

③ 定时器中断允许。

④ 启动定时器。

表 5-7 TIMI中断标志寄存器

位	名称	复位	读/写	描述
7	—	0	R0	保留
6	OVFIF	1	R/W0	定时器1溢出中断标志
5	T4CH1IF	0	R/W0	定时器4通道1中断标志。0,无中断未决;1,中断未决
4	T4CH0IF	0	R/W0	定时器4通道0中断标志。0,无中断未决;1,中断未决
3	T4OVFIF	0	R/W0	定时器4溢出中断标志。0,无中断未决;1,中断未决
2	T3CH1IF	0	R/W0	定时器3通道1中断标志。0,无中断未决;1,中断未决
1	T3CH0IF	0	R/W0	定时器3通道0中断标志。0,无中断未决;1,中断未决
0	T3OVFIF	0	R/W0	定时器3溢出中断标志。0,无中断未决;1,中断未决

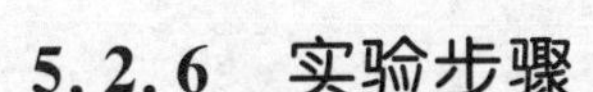

5.2.6 实验步骤

1. 实验流程图

定时器的实验流程较简单，此实验的核心是定时器参数的设置，程序流程如图5-25所示。

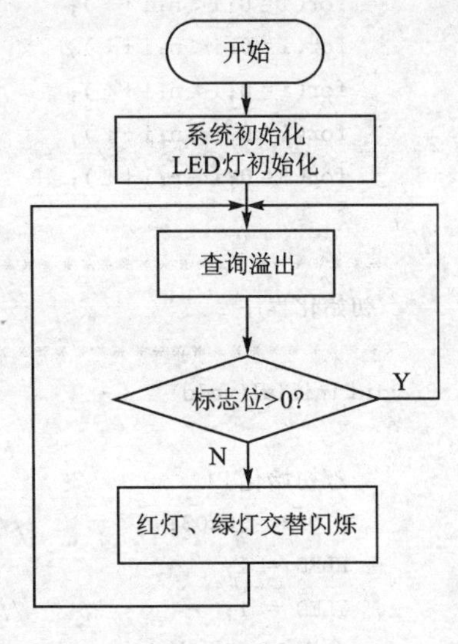

图5-25 定时器实验流程图

2. 工程文件建立

工程文件的建立过程与控制LED灯闪烁实验中的工程文件的建立(参见5.1.5小节)相同，在这里不再赘述。

3. 源代码编辑

工程文件建立好后，可以基于程序流程图来编写定时器中断实验的程序源代码。程序源代码如程序清单5.3所示。

T1的使用主要是用定时器1来改变小灯的状态，T1每溢出一次，两个小灯闪烁一次，并且在停止闪烁后，小灯状态跳转。

实验用到P1、P1DIR、P1SEL和T1CTL四个寄存器。T1CTL寄存器为T1控制状态寄存器，主要的作用是进行T1状态参数的设置。

定时器1的工作原理：本实验中定时器1工作在自由运行方式下，定时器1开始工作后从0x0000开始做加1计算，一直到0xFFFF。0xFFFF再加1则溢出，发生溢出中断。此时，定时器将发出一个溢出中断请求并将IRCON的D1位置1。此后，定时器自动重新计数，再次从0x0000计数到0xFFFF。

程序清单5.3

```
#include <ioCC2430.h>
#define uint unsigned int
#define uchar unsigned char
#define RLED P1_0
#define YLED P1_1
uint counter = 0;                //统计溢出次数
uint TempFlag;                   //用来标志是否要闪烁
void Initial(void);
void Delay(uint);
/******************************
//普通延时程序
******************************/
void Delay(uint n)
```

```
{
    uint i;
    for(i = 0;i<n;i++);
    for(i = 0;i<n;i++);
    for(i = 0;i<n;i++);
    for(i = 0;i<n;i++);
    for(i = 0;i<n;i++);
}
/********************************
//初始化程序
********************************/
void Initial(void)
{
    //初始化P1
    P1DIR = 0x03;            //P10 P11为输出
    RLED = 1;
    YLED = 1;                //灭LED
    //用T1来做实验
    T1CTL = 0x0d;            //中断无效,128分频;自动重装模式(0x0000->0xffff);
}
/********************************
//主函数
********************************/
void main()
{
    Initial();               //调用初始化函数
    RLED = 0;                //点亮红色LED
    while(1)                 //查询溢出
    {
            if(IRCON > 0)
            {
              IRCON = 0;       //清溢出标志
                TempFlag = ! TempFlag;
            }
        if(TempFlag)
        {
                YLED = RLED;
                RLED = ! RLED;
                Delay(6000);
        }
    }
}
```

4. 编译及调试

编译及调试具体步骤同5.1.5小节。

5.2.7 实验结果

程序的编译调试方法与控制LED灯闪烁实验中的编译调试相同，如操作正确，则会观察到初始状态红灯和绿灯自动交互闪烁。

5.2.8 扩展实验

前面所做的是关于定时器T1控制LED灯闪烁的实验，下面来完成定时器T2和T3控制LED灯的实验，使读者掌握T1、T2和T3定时器操作的区别。

1. 定时器T2实验

T2的使用主要是用定时器2的中断来改变小灯的状态，T2每发生一次中断小灯改变状态一次。程序代码如程序清单5.4所示。

实验用到P1、P1DIR、P1SEL、T2CNF、T2PEROF2、T2CAPLPL和T2CAPLPH寄存器。其中P1、P1SEL、P1DIR的操作可参考5.1节。其中T2CNF是T2配置寄存器，T2PEROF2是T2溢出计数器2寄存器，T2CAPLPL是T2周期寄存器低字节，T2CAPLPH是T2周期寄存器高字节。另外还有一个IEN0是中断使能寄存器0。T2相关寄存器的定义及操作如表5-8～表5-11所列。

表5-8 T2配置寄存器T2CNF

位号	位名	复位值	操作性	功能描述
7	CMPIF	0	可读/写0	定时器2比较中断标志，当比较中断发生硬件置1，只能由软件清除，写1无效
6	PERIF	0	可读/写0	定时器2溢出中断标志，当一个周期事件发生时硬件置1，只能由软件清除，写1无效
5	OFCMPIF	0	可读/写0	T2溢出比较中断标志，当一个溢出比较事件发生时硬件置1，只能由软件清除，写1无效
4	—	0	读0	没用，读出为0
3	CMSEL	0	可读/写	T2比较目标设置。0，取T2计数值高8位[15:8]；1，取T2计数值低8位[7:0]
2	—	0	R/W	保留，设置为0
1	SYNC	1	R/W	同步使能。0，T2立即起、停；1，T2起、停和32.768 kHz时钟及计数新值同步
0	RUN	0	R/W	启动T2，通过读出该位可以知道T2的状态。0，停止T29(IDLE)；1，启动T2(RUN)

表 5-9 T2溢出计数器2寄存器T2PEROF2

位 号	位 名	复位值	操作性	功能描述
7	CMPIM	0	R/W	比较中断掩码。0,关中断;1,开中断
6	PERIM	0	R/W	溢出中断掩码。0,关中断;1,开中断
5	OFCMPIM	0	R/W	溢出计数比较中断掩码。0,关中断;1,开中断
4	—	0	R0	没有,读出为0
3:0	PEROF2[3:0]	0000	R/W	溢出计数捕获/溢出计数比较值,写值到这4位设置溢出计数比较值的19～16位,读这4位的值得到最后一次发生捕获事件时溢出计数值的19～16位

表 5-10 T2周期寄存器高字节T2CAPLPH

位 号	位 名	复位值	操作性	功能描述
7:0	CMPIM	0xff	R/W	捕获值/时间周期值高字节,写该寄存器设定T2周期时间15～8位,读该寄存器得到后一次发生捕获事件时溢出计数值的15～8位

表 5-11 T2周期寄存器低字节T2CAPLPL

位 号	位 名	复位值	操作性	功能描述
7:0	CMPHPH	0xff	R/W	捕获值/时间周期值低字节,写该寄存器设定T2周期时间7～0位,读该寄存器得到后一次发生捕获事件时溢出计数值的7～0位。

程序清单 5.4

```
#include <emot.h>
uint counter = 0;                       //统计溢出次数
uchar TempFlag;                         //用来标志是否要闪烁
void Delay(uint n);
/********************************
//初始化程序
********************************/
void Initial(void)
{
        LED_ENALBLE();
                                        //用T2来做实验
        SET_TIMER2_CAP_INT();           //开比较中断
    //      TIMER2_CMP_HIGH_BYTE();
```

```
        SET_TIMER2_CAP_COUNTER(0X00ff);
    //  SET_TIMER2_CAP_COUNTER(10000);
}
/*****************************
//主函数
*****************************/
void main()
{
    Initial();                          //调用初始化函数
    led1 = 0;                           //点这红色 LED
    led2 = 1;
    TIMER2_RUN();
    while(1)                            //等待中断
    {
                if(TempFlag)
                {
            //led2 = led1;
            led2 = ! led2;
                    TempFlag = 0;
                    //Delay(40000);
                //  TIMER2_STOP();
        }
    }
}
#pragma vector = T2_VECTOR
__interrupt void T2_ISR(void)
 {
    CLEAR_TIMER2_INT_FLAG();            //清 T2 中断标志
        if(counter<200)counter++;       //200 次中断 LED 闪烁一轮
        else
        {
          counter = 0;                  //计数清零
          TempFlag = 1;                 //改变闪烁标志
        }
 }
/*****************************
//普通延时程序
*****************************/
void Delay(uint n)
{
    uint i;
```

```
    for(i = 0;i<n;i ++ );
    for(i = 0;i<n;i ++ );
    for(i = 0;i<n;i ++ );
    for(i = 0;i<n;i ++ );
    for(i = 0;i<n;i ++ );
}
```

程序代码中头文件 emot. h 的定义如程序清单 5.5 所示。

程序清单 5.5

```
#ifndef EMOT_H
#define EMOT_H
#include <ioCC2430.h>
#define uint unsigned int
#define uchar unsigned char
/*******************************************************
//常用赋值宏
*******************************************************/
#define BYTE unsigned char
#define WORD unsigned int
#define UPPER_BYTE(a) ((BYTE) (((WORD)(a)) >> 8))
#define HIBYTE(a)      UPPER_BYTE(a)
#define LOWER_BYTE(a) ((BYTE) ( (WORD)(a))      )
#define LOBYTE(a)      LOWER_BYTE(a)
#define SET_WORD(regH, regL, word) \
  do{                                \
     (regH) = UPPER_BYTE((word)); \
     (regL) = LOWER_BYTE((word)); \
  }while(0)
/*******************************************
//初始化 T2 的配置程序
*******************************************/
#define TIMER2_CMP_HIGH_BYTE()  do{T2CNF &= ~0X08;}while(0)
#define TIMER2_CMP_LOW_BYTE()  do{T2CNF| = 0x08;}while(0)
#define TIMER2_RUN()  T2CNF| = 0X01
#define TIMER2_STOP() do{T2CNF& = 0XFE;}while(0)
#define SET_TIMER2_COUNTER(val) SET_WORD(T2TLD,T2THD,val)
//清中断标志
#define CLEAR_TIMER2_INT_FLAG() \
  do{                          \
    T2CNF &= ~0XC0;            \
    T2IF = 0;                  \
```

```
    }while(0)
//设 T2 比较值
#define SET_T2_CMP_COUNTER(val)     \
  do{                               \
    T2CMP = 0x00;                   \
    T2CMP |= (char)val;             \
    }while(0)
//开比较中断
#define SET_TIMER2_CMP_INT()        \
  do{                               \
    EA = 1;                         \
    T2IE = 1;                       \
    T2PEROF2 |= 0x80;               \
    }while(0)
//溢出中断 -
#define SET_TIMER2_CAP_INT()        \
  do{                               \
    EA = 1;                         \
    T2IE = 1;                       \
    T2PEROF2 |= 0x40;               \
    }while(0)
//设定溢出值 -
#define SET_TIMER2_CAP_COUNTER(val) SET_WORD(T2CAPLPL,T2CAPHPH,val)
/****************************************************
*以上是 T2 的部分驱动
/****************************************************
//启用 LED
****************************************************/
#define LED_ENALBLE()           \
  do{                           \
    P1SEL &= ~0X03;             \
    P1DIR = 0x03;              \
    P1 |= 0X03;                 \
    }while(0)
#define led1 P1_0
#define led2 P1_1
/****************************************************
*使用模块上的 LED 灯
****************************************************/
#endif    //EMOT_H
```

2. 定时器T3实验

T3的使用主要是用定时器T3来改变小灯的状态，整个程序是把T3设置在自动重填模式里的TIMER3_SET_MODE(0)，当计数溢出的时候就进入T3的ISR程序里计数一次，中断200次后小灯状态就改变一下。T4与T3的程序基本上相同，如程序清单5.6所示。

实验用到P1、P1DIR、P1SEL、T3CTL、T3CCTL0、T3CC0、T3CCTL1和T3CC1寄存器。其中P1、P1DIR、P1SEL参见5.1节。T3CTL为T3控制寄存器，T3CCTL0为T3通道0捕获/比较控制寄存器，T3CC0为T3通道0捕获/比较值寄存器，T3CCTL1为T3通道1捕获/比较控制寄存器，T3CC1为为T3通道1捕获/比较值寄存器。T3相关寄存器的定义和操作如表5-12～表5-16所列。

表5-12　T3通道0捕获/比较值寄存器T3CC0

位　号	位　名	复位值	操作性	功能描述
7:0	VAL[7:0]	0x00	R/W	T3通道0比较/捕获值

表5-13　T3通道1捕获/比较值寄存器T3CC1

位　号	位　名	复位值	操作性	功能描述
7:0	VAL[7:0]	0x00	R/W	T3通道1比较/捕获值

表5-14　T3控制寄存器T3CTL

位　号	位　名	复位值	操作性	功能描述
7:5	DIV[2:0]	000	R/W	定时器时钟再分频数(对CLKCON.TICKSPD分频后再次分频) 000,不再分频　100,16分频 001,2分频　101,32分频 010,4分频　110,64分频 011,8分频　111,128分频
4	START	0	R/W	T3起停位。0,暂停计数;1,正常运行
3	OVFIM	1	R/W0	溢出中断掩码。0,关中断掩码;1,开中断掩码
2	CLR	0	R0/W1	清计数值,写1使T3CNT=0x00
1	MODE[1:0]	00	R/W	T3模式选择 00,自动重装 01,DOWN(从T3CC0到0x00计数一次) 10,模计数(反复从0x00到T3CC0计数) 11,UP/DOWN(反复从0x00到T3CC0再到0x00)

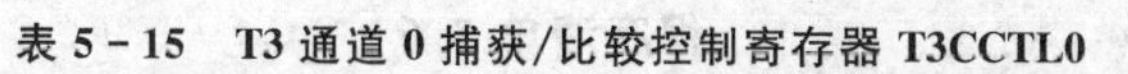

表5-15 T3通道0捕获/比较控制寄存器T3CCTL0

位 号	位 名	复位值	操作性	功能描述
7	—	0	R0	没用
6	IM	1	R/W	通道0中断掩码。0,关中断;1,开中断
5:3	CMP[7:0]	000	R/W	通道0比较输出模式选择,指定计数器值过T3CC0时的发生事件 000,输出置1(发生比较) 010,输出翻转 001,输出清0(发生比较时) 011,输出置1(发生上比较时) 输出清0(计数值为0或UP/DOWN模式下发生下比较) 100,输出清0(发生上比较时),输出置1(计数值为0或UP/DOWN模式下发生下比较) 101,输出置1(发生比较时),输出清0(计数值为0xff时) 110,输出清0(发生比较时),输出置1(计数值为0x00时) 111,没用
2	MODE	0	R/W	T3通道0模式选择。0,捕获;1,比较
1:0	CAP	00	R/W	T3通道0捕获模式选择。 00,没有捕获 10,下降沿捕获 01,上升沿捕获 11,边沿捕获

表5-16 T3通道1捕获/比较控制寄存器T3CCTL1

位 号	位 名	复位值	操作性	功能描述
7	—	0	R0	没用
6	IM	. 1	R/W	通道1中断掩码。0,关中断;1,开中断
5:3	CMP[7:0]	000	R/W	通道1比较输出模式选择,指定计数值过T3C0时的发生事件 000,输出置1(发生比较时) 001,输出清0(发生比较时) 010,输出翻转 011,输出置1(发生上比较时)输出清0(计数值为0或UP/DOWN模式下发生下比较) 100,数值为0或UP/DOWN模式下发生下比较) 101,输出置1(发生比较时),输出清0(计数值为0xff时) 110,输出清0(发生比较时),输出置1(计数值为0x00时) 111,没用
2	MODE—	0	R/W	T3通道1模式选择。0,捕获;1,比较
1:0	CAP	00	R/W	T3通道1捕获模式选择。 00,没有捕获 10,下降沿捕获 01,上升沿捕获 11,边沿捕获

程序清单 5.6

```
#include <ioCC2430.h>
#define RLED P1_0
#define YLED P1_1
#define uchar unsigned char
/*****************************************
//定义全局变量
*****************************************/
uchar counter = 0;
/*****************************************
//T3 配置定义
*****************************************/
// Where _timer_ must be either 3 or 4
// Macro for initialising timer 3 or 4
//将 T3/4 配置寄存复位
#define TIMER34_INIT(timer)    \
   do {                        \
   T##timer##CTL = 0x06; \开溢出中断,模计数(反复在 0x00~T3CCX 计数)
   T##timer##CCTL0 = 0x00; \ T3 通道 0 没有捕获
   T##timer##CC0 = 0x00; \ T3 通道 0 捕获/比较值为 00
   T##timer##CCTL1 = 0x00; \ T3 通道 1 没有捕获
   T##timer##CC1 = 0x00; \ T3 通道 1 捕获/比较值为 00
   } while (0)
//Macro for enabling overflow interrupt
//设置 T3/T4 溢出中断
#define TIMER34_ENABLE_OVERFLOW_INT(timer,val) \
  do{T##timer##CTL =  (val) ? T##timer##CTL | 0x08 : T##timer##CTL & ~
0x08; \
    EA = 1;
    T3IE = 1;
    }while(0)
//启动 T3
#define TIMER3_START(val)                       \
   (T3CTL = (val) ? T3CTL | 0X10 : T3CTL&~0X10)
//时钟分步选择
#define TIMER3_SET_CLOCK_DIVIDE(val)             \
  do{                                            \
    T3CTL &= ~0XE0;                              \
      (val==2) ? (T3CTL|=0X20):                  \
      (val==4) ? (T3CTL|=0x40):                  \
      (val==8) ? (T3CTL|=0X60):                  \
```

```
        (val == 16)? (T3CTL| = 0x80):                  \
        (val == 32)? (T3CTL| = 0xa0):                  \
        (val == 64) ? (T3CTL| = 0xc0):                 \
        (val == 128) ? (T3CTL| = 0XE0):                \
        (T3CTL| = 0X00);              /* 1 */          \
    }while(0)
//Macro for setting the mode of timer3
//设置 T3 的工作方式
#define TIMER3_SET_MODE(val)                           \
    do{                                                \
      T3CTL &= ~0X03;                                  \
      (val == 1)? (T3CTL| = 0X01):   /* DOWN          */\
      (val == 2)? (T3CTL| = 0X02):   /* Modulo        */\
      (val == 3)? (T3CTL| = 0X03):   /* UP / DOWN     */\
      (T3CTL| = 0X00);            /* free runing */    \
    }while(0)
#define T3_MODE_FREE       0X00
#define T3_MODE_DOWN       0X01
#define T3_MODE_MODULO     0X02
#define T3_MODE_UP_DOWN 0X03
/*****************************************************
//T3 及 LED 初始化
*****************************************************/
void Init_T3_AND_LED(void)
{
P1DIR = 0X03;
RLED = 1;
YLED = 1;
    TIMER34_INIT(3);                   //初始化 T3
    TIMER34_ENABLE_OVERFLOW_INT(3,1);  //开 T3 中断
    //时钟 32 分频 101
    TIMER3_SET_CLOCK_DIVIDE(16);
    TIMER3_SET_MODE(T3_MODE_FREE);       //自动重装 00 ->0xff
    TIMER3_START(1);                     //启动
};
/*****************************************************
//主函数
*****************************************************/
void main(void)
{
 Init_T3_AND_LED();
    YLED = 0;
```

```
  while(1);                                    //等待中断
}
#pragma vector = T3_VECTOR
__interrupt void T3_ISR(void)
{
    //IRCON = 0x00;                             //清中断标志,硬件自动完成
        if(counter<200)counter++;    //10 次中断 LED 闪烁一轮
       else
       {
         counter = 0;                           //计数清零
        RLED = ! RLED;                          //改变小灯的状态
       }
}
```

5.3 外部中断实验

5.3.1 应用场景

中断的应用很广泛,渗透在各个使用场景中,常见场景包括:

① 中断系统在车流量实时检测系统中的应用,当车流量达到设定的值时,产生中断,系统响应中断,并采取控制车流量的措施;

② 智能家居系统中的应用,当家居出现警情或灾情(盗警、火灾等)时,产生中断,系统响应中断,向用户发出警示,报警并采取防护措施。

关于中断更多的应用大家可以搜集资料,这里并不一一列举。

5.3.2 实验目的

① 理解 CC2430 各寄存器的功能以及设置方法;

② 熟练掌握中断的概念并懂得如何建立外部中断;

③ 掌握在核心源代码基础上完成扩展实验的方法。

这一节实验程序并不复杂,关键是希望读者能够了解 CC2430 在生活中的应用,能够对中断,特别是外部中断这一概念有更深的理解。

5.3.3 实验原理

本实验使用 CC2430 的外部中断功能,利用开发板上的拨码开关来翻转 LED 的状态,产生中断触发信号。

5.3.4 寄存器操作

实验操作涉及的寄存器包括 P1、P1SEL、P1DIR、P1INP、P1IEN、PICTL、IEN2

和P1IFG等。其中P1、P1SEL、P1DIR和P1INP参见5.1节。寄存器P0IFG和PICTL的定义及操作如表5-17所列。

表5-17　寄存器P0IFG和PICTL

位	名 称	复 位	读/写	描 述
P0IFG(0x89)—P0口中断状态标志				
7:0	P0IF[7:0]	0x00	R/W	P0口位7～0引脚的输入中断标志位，当输入口的一个引脚有中断请求未决信号时，其对应的中断标志位将置1
P1IFG(0x8A)—P1口中断状态标志				
7:0	P1IF[7:0]	0x00	R/W	P1口位7～0引脚的输入中断标志位，当输入口的一个引脚有中断请求未决信号时，其对应的中断标志位将置1
P2IFG(0x8D)—P2口中断状态标志				
7:5	—	0	R0	不使用
4:0	P2IF[4:0]	0x00	R/W	P2口位4～0引脚的输入中断标志位，当输入口的一个引脚有中断请求未决信号时，其对应的中断标志位将置1
PICTL(0x8C)—I/O口中断状态标志				
7	—	0	R0	不使用
6	PADSC	0	R/W	I/O引脚在输出模式下的驱动能力控制。可以选择输出驱动能力，主要是考虑到DVDD引脚的低输入电压 0，最小驱动能力。DVDD等于或大于2.6 V 1，最大驱动能力。DVDD小于2.6 V
5	P2IEN	0	R/W	P2_4～P2_0的中断使能位。0，禁止中断功能；1，使能中断
4	P0IENH	0	R/W	P0_7～P0_4的中断使能位。0，禁止中断功能；1，使能中断
3	P0IEL	0	R/W	P0_3～P0_0的中断使能位。0，禁止中断功能；1，使能中断
2	P2ICON	0	R/W	P2_4～P2_0的中断配置。0，上升沿产生中断；1，下降沿产生中断
1	P1ICON	0	R/W	P1_7～P1_0的中断配置。0，上升沿产生中断；1，下降沿产生中断

续表 5-17

位	名 称	复 位	读/写	描 述
0	P0ICON	0	R/W	P0_7～P0_0 的中断配置。0,上升沿产生中断;1,下降沿产生中断
P1EN(0x8D)—P1 口中断屏蔽				
7:0	P1_[7:0]IEN	0x00	R/W	P1_7～P1_0 中断使能。0,中断禁止;1,中断使能

5.3.5 实验步骤

1. 实验流程图

外部中断的实验流程如图 5-26 所示,初始状态条件下,P0IFG＝0 表示无中断发生。PICTL＝0x02 表示外部中断是下降沿触发中断。通过循环等待中断事件,直到有外部中断触发,LED 灯的状态发生变化,从而实现中断识别,完成外部中断的一个完整周期,如此循环。

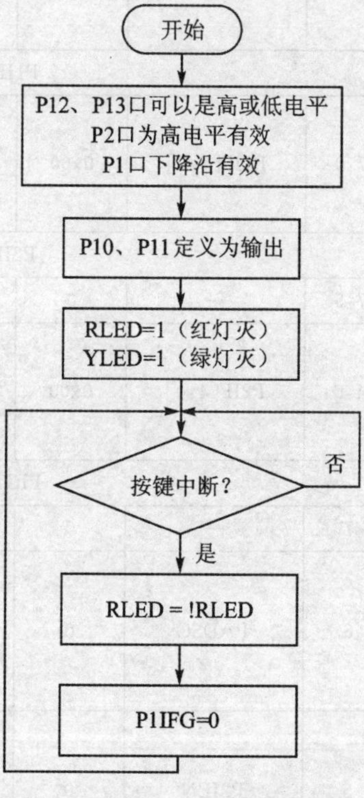

图 5-26 外部中断实验流程图

2. 工程文件的建立

该部分具体步骤参见 5.1.5 小节的相关内容。

3. 程序源代码编辑

工程文件建立后,可以基于程序流程图来编写外部中断实验的具体程序,如程序清单 5.7 所示。

程序清单 5.7

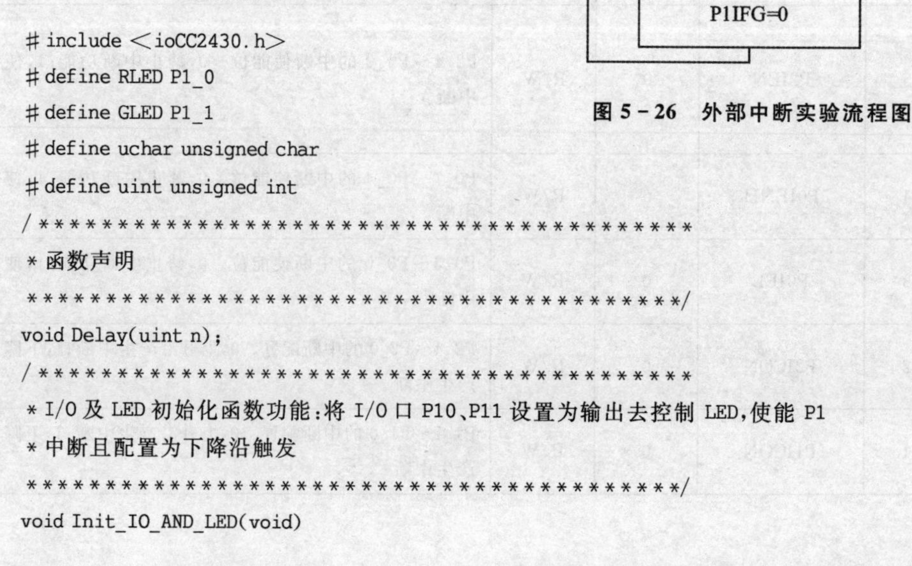

```
#include <ioCC2430.h>
#define RLED P1_0
#define GLED P1_1
#define uchar unsigned char
#define uint unsigned int
/*****************************************************
* 函数声明
*****************************************************/
void Delay(uint n);
/*****************************************************
* I/O 及 LED 初始化函数功能:将 I/O 口 P10、P11 设置为输出去控制 LED,使能 P1
* 中断且配置为下降沿触发
*****************************************************/
void Init_IO_AND_LED(void)
```

```
{
    P1DIR = 0X03;                //0 为输入(默认),1 为输出
    RLED = 1;
    GLED = 1;
     P1INP &= ~0X0c;             //有上拉、下拉
    P2INP &= ~0X40;              //选择上拉
    P1IEN |= 0X0c;               //P12、P13
    PICTL |= 0X02;               //下降沿
    EA = 1;
    IEN2 |= 0X10;                // P1IE = 1;
    P1IFG &= ~0x0C;              //P12、P13 中断标志清 0
};
/***************************************
*主函数
***************************************/
void main(void)
{
    Init_IO_AND_LED();
    while(1)
    {
    };
}
/***************************************
*延时
***************************************/
void Delay(uint n)
{
  uint ii;
  for(ii=0;ii<n;ii++);
  for(ii=0;ii<n;ii++);
  for(ii=0;ii<n;ii++);
  for(ii=0;ii<n;ii++);
  for(ii=0;ii<n;ii++);
}
/*******************************************************
*中断服务程序
*******************************************************/
#pragma vector = P1INT_VECTOR
    __interrupt void P1_ISR(void)
{
      if(P1IFG>0)               //按键中断
      {
```

```
        P1IFG = 0;
        RLED = ! RLED;
    }
    P1IF = 0;                    //清中断标志
}
```

4. 编译及调试

由于操作步骤相似，具体编译调试过程参见 5.1.5 小节的编译及调试部分。

5.3.6　实验结果

对于外部中断实验，只要大家基本理解程序的思想，应该就能推测可能的实验现象。本实验在没有外界中断时，红灯和绿灯均为熄灭，而当有外部中断来临，并且要在按键按下且弹起后，红灯的状态发生改变。大家可以在实验板上观察实验结果。

5.4　芯片内部温度检测实验

5.4.1　应用场景

CC2430 的片内温度传感器应用场景很多，特别是结合软件设计，可实现很多功能，具有广泛的实用前景。主要是基于 CC2430 的片内温度传感器可以实现对温度的实时监控。结合上位机软件显示接收到的数据，实现了温度异常报警，达到了实时监测的目的。这是目前 CC2430 片内温度传感器最重要的应用场景之一。

5.4.2　实验目的

① 掌握 CC2430 片内温度传感器的使用方法；

② 掌握 CC2430 串口的基本操作；

③ 理解数据通过串口传输到 PC 机上显示的基本原理。

本实验是基于 CC2430 片内的温度传感器进行的温度检测，并通过 PC 机将结果显示出来，可帮助读者理解 CC2430 的内部结构，大家也可以在片内温度传感器的基础上进行一些扩展。

5.4.3　实验原理

这个实验主要是取片内温度传感器作为 A/D 源，并将转换得到的温度通过串口发送到计算机上，实验用到 CLOKCON、SLEEP、PERCFG、U0CSR、U0GCR、U0BAUD、IEN0、U0BUF、ADCCON1、ADCCON3、ADCH 和 ADCL 共 12 个寄存器。其中 CLOKCON 为时钟控制寄存器，SLEEP 为睡眠模式控制寄存器，PERCFG 为外设控制寄存器，U0CSR 为串口 0 控制状态寄存器，U0CSR 为串口 0 常规控制寄

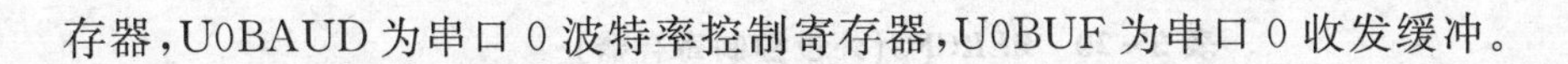

存器,U0BAUD为串口0波特率控制寄存器,U0BUF为串口0收发缓冲。

5.4.4 寄存器操作

寄存器IEN0参见5.2节,16位ADC寄存器中的ADCH和ADCL分别用来存放A/D转换结果的高8位和低8位。CLOKCON、SLEEP、PERCFG、U0CSR、U0GCR、U0BAUD、U0BUF、ADCCON1和ADCCON3等寄存器的定义及操作如表5-18~表5-26所列。

表5-18 CLKCON(时钟控制寄存器)

位 号	位 名	复位值	操作性	功能描述
7	OSC32K	1	R/W	32 kHz时钟源选择 0,32 kHz晶振;1,32 kHz RC振荡
6	OSC	1	R/W	主时钟源选择 0,32 kHz晶振;1,16 MHz RC振荡
5:3	TICKSPD[2:0]	001	R/W	定时器计数时钟分频(该时钟频不大于OSC决定频率) 000 32 MHz　100 2 MHz 001 16 MHz　101 1 MHz 010 8 MHz　110 0.5 MHz 011 4 MHz　111 0.25 MHz
2:0	—	001	R/W	保留,写0

表5-19 SLEEP(睡眠模式控制寄存器)

位 号	位 名	复位值	操作性	功能描述
7	—	0	R0	没用
6	XOSC_STB	0	R	低速时钟状态。0,没有打开或者不稳定;1,打开且稳定
5	HFRC_STB	0	R	主时钟状态。0,没有打开或者不稳定;1,打开且稳定
4:3	RST[1:0]	XX	R	最后一次复位指示。00,上电复位;01,外部复位;10,看门狗复位
2	OSC_PD	0	R/W H0	节能控制,OSC状态改变的时候硬件清0。0,不关闭无用时钟;1,关闭无用时钟
1:0	MODE[1:0]	0	R/W	功能模式选择。00,PM0;01,PM1;10,PM2;11,PM3

表5-20 PERCFG(外设控制寄存器)

位 号	位 名	复位值	操作性	功能描述
7	—	0	R0	未用
6	T1CFG	0	R/W	T1 I/O位置选择。0,位置1;1,位置2
5	T3CFG	0	R/W	T3 I/O位置选择。0,位置1;1,位置2
4	T4CFG	0	R/W	T4 I/O位置选择。0,位置1;1,位置2
3:2	—	00	R0	未用
1	U1CFG	0	R/W	串口1位置选择。0,位置1;1,位置2
0	U0CFG	0	R/W	串口0位置选择。0,位置1;1,位置2

表5-21 U0CSR(串口0控制 & 状态寄存器)

位 号	位 名	复位值	操作性	功能描述
7	MODE	0	R/W	串口模式选择。0,SPI模式;1,UART模式
6	RE	0	R/W	接收使能。0,关闭接收;1,允许接收
5	SLAVE	0	R/W	SPI主从选择。0,SPI主;1,SPI从
4	FE	0	R/W0	串口帧错误状态。0,没有帧错误;1,出现帧错误
3	ERR	0	R/W0	串口校验结果。0,没有校验错误;1,字节校验出错
2	RX_BYTE	0	R/W0	接收状态。0,没有接收到数据;1,接收到一字节数据
1	TX_BYTE	0	R/W0	发送状态。0,没有发送;1,最后一次写入U0BUF的数据已经发送
0	ACTIVE	0	R	串口忙标志。0,串口闲;1,串口忙

表5-22 U0GCR(串口0常规控制寄存器)

位 号	位 名	复位值	可操作性	功能描述
7	CPOL	0	R/W	SPI时钟极性。0,低电平空闲;1,高电平空闲
6	CPHA	0	R/W	SPI时钟相位。0,由CPOL跳向非CPOL时采样,由非CPOL跳向CPOL时输出;1,由非CPOL跳向CPOL时采样,由CPOL跳向非CPOL时输出
5	ORDER	0	R/W	传输位次。0,地位在先;1,高位在先
4:0	BAUD_E[4:0]	0x00	R/W	波特率指数值,与BAUD_F决定波特率

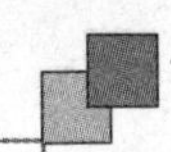

表5-23　U0BAUD(串口0波特率控制寄存器)

位　号	位　名	复位值	可操作性	功能描述
7:0	BAUD_M[7:0]	0X00	R/W	波特率尾数，与BAUD_E决定波特率

表5-24　U0BUF(串口0收发缓冲器)

位　号	位　名	复位值	可操作性	功能描述
7:0	DATA[7:0]	0	R/W	UART0收发寄存器

表5-25　ADCCON1

位　号	位　名	复位值	可操作性	功能描述
7	EOC	0	RH0	ADC结束标志位。0，ADC进行中；1，ADC转换结束
6	ST	0	RW1	手动启动A/D转换(读1表示当前正在进行A/D转换)。0，没有转换；1，启动A/D转换(STSEL=1)
5:4	STSEL[1:0]	11	R/W	AD转换启动方式选择。00，外部触发；01，全速转换，不需要触发；10，T1通道0比较触发；11，手工触发
3:2	RCTRL[1:0]	00	R/W	16位随机数发生器控制位(写01，10会在执行后返回00)。00，普通模式；01，开启LFSR时钟一次；10，生成调节器种子；11，信用随即数发生器
1:0	—	11	R/W	保留，总是写设置为1

表5-26　ADCCON3

位　号	位　名	复位值	可操作性	功能描述
7:6	SREF[1:0]	00	读/写	选择单次AD转换参考电压。00，内部1.25 V电压；01，外部参考电压AIN7输入；10，模拟电源电压；11，外部参考电压AIN6～AIN7输入
5:4	SDIV[1:0]	01	读/写	选择单次A/D转换分辨率。00，8位(64dec)；01，10位(128dec)；10，12位(256dec)；11，14位(512dec)

续表 5-26

位　号	位　名	复位值	可操作性	功能描述
3:0	SCH[3:0]	00	读/写	单次 A/D 转换选择，如果写入时 ADC 正在运行，则在完成序列 A/D 转换后立刻开始，否则写入后立即开始 A/D 转换，转换完成后自动清 0 0000，AIN0　0100，AIN4 0001，AIN1　0101，AIN5 0010，AIN2　0110，AIN6 0011，AIN3　0111，AIN7 1000，AIN0～AIN1　1100，GND 1001，AIN2～AIN3　1101，正电源参考电压 1010，AIN4～AIN5　1110，温度传感器 1011，AIN6～AIN7　1111，1/3 模拟电压

芯片内部温度检测的程序主要分为串口和测温两部分。

➢ 串口部分程序：通过串口向 PC 传输并显示数据，主要用到串口的发送功能（数据通过串口由芯片向上位机发送）。

➢ 测温部分：将采集到的温度数据进行 A/D 转换，再将得到的结果求均值作为温度返回。

温馨提示：串口发送的时候没有使用中断模式，而是使用查询模式，所以要从初始化串口开始一步一步的进行。

5.4.5 实验步骤

1. 实验流程图

芯片内部温度检测实验的流程如图 5-27 所示。

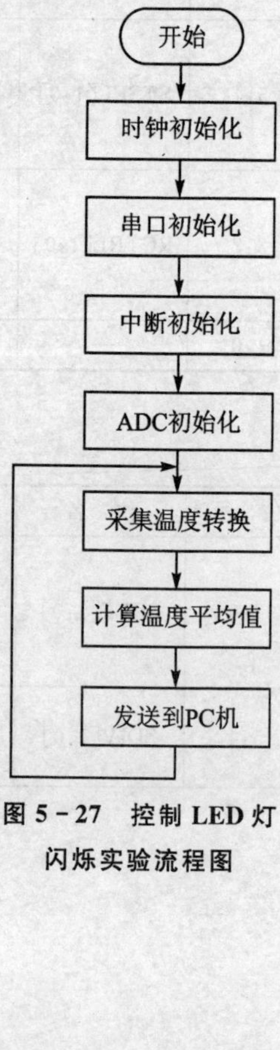

开始
时钟初始化
串口初始化
中断初始化
ADC初始化
采集温度转换
计算温度平均值
发送到PC机

图 5-27　控制 LED 灯闪烁实验流程图

2. 工程文件的建立

该部分具体步骤参见 5.1.5 小节的相关内容。

3. 程序源代码编辑

工程文件建立后，可以基于程序流程图来编写 CC2430 片内温度的具体程序，如程序清单 5.8 所示。

程序清单 5.8

```
#include "ioCC2430.h"
#include "temp.h"
#include "stdio.h"
#define uint unsigned int
#define ConversionNum 20
//定义控制灯的端口
```

```
#define led1 P1_0
#define led2 P1_1
void Delay(uint);
void initUARTtest(void);
void UartTX_Send_String(char *Data,int len);
char adcdata[] = " 0.0C ";
/****************************************************************
* 函数功能 :延时                                                *
* 入口参数 :定性延时                                            *
* 返 回 值 :无                                                  *
* 说    明 :                                                    *
****************************************************************/
void Delay(uint n)
{
    uint i;
    for(i = 0;i<n;i++);
    for(i = 0;i<n;i++);
    for(i = 0;i<n;i++);
    for(i = 0;i<n;i++);
    for(i = 0;i<n;i++);
}
/****************************************************************
* 函数功能 :初始化串口1。将I/O P10、P11设置为输出去控制LED,将系统时钟设为高速晶
           振,将P0口设置为串口0功能引脚,串口0使用UART模式,波特率设为57 600,
           允许接收。在使用串口之前调用                              *
* 入口参数 :无                                                  *
* 返 回 值 :无                                                  *
* 说    明 :57600-8-n-1                                         *
****************************************************************/
void initUARTtest(void)
{
    CLKCON &= ~0x40;                //晶振    1<<6 16M RC振荡
    while(!(SLEEP & 0x40));         //等待晶振稳定  1<<6 测试时钟的稳定状态
    CLKCON &= ~0x47;                //TICHSPD128分频,CLKSPD不分频
    SLEEP |= 0x04;                  //关闭不用的RC振荡器
    PERCFG = 0x00;                  //位置1 P0口
    P0SEL = 0x3c;                   //P0用作串口    接收外部输入
    U0CSR |= 0x80;                  //UART方式
    U0GCR |= 11;                    //baud_e = 10;
    U0BAUD |= 216;                  //波特率设为115 200
        UTX0IF = 1;
        U0CSR |= 0X40;              //允许接收
```

```
        IEN0 |= 0x84;                    //开总中断,接收中断
}
/*****************************************************************
*串口发送字符串函数函数功能:串口发送数据,*data为发送缓冲的指针,len为发送数据
 的长度,在初始化串口后才可以正常调用                                    *
*入口参数 :data:数据
*          len:数据长度                                            *
*返 回 值 :无                                                      *
*说    明 :                                                        *
*****************************************************************/
void UartTX_Send_String(char *Data,int len)
{
  int j;
  for(j=0;j<len;j++)
  {
    U0DBUF = *Data++;
    while(UTX0IF == 0);
    UTX0IF = 0;             //串口0溢出中断标志位置0
  }
}
void UartTX_Send_word(char word)
{
    U0DBUF = word;溢出
    while(UTX0IF == 0);
    UTX0IF = 0;             //串口0溢出中断标志位置0
}
/*****************************************************************
*函数功能 :主函数                                                  *
*入口参数 :无                                                      *
*返 回 值 :无                                                      *
*说    明 :无                                                      *
*****************************************************************/
void main(void)
{
     char i;
         char temperature[10];
             INT16 avgTemp;
     initUARTtest();       //初始化串口
     initTempSensor();     //初始化ADC函数功能:将系统时钟设为晶振,设A/D目标为片
                           //机温度传感器
         while(1)
         {
```

```
      avgTemp = 0;
      for(i = 0 ; i < 64 ; i++ )
      {
//函数功能:连续进行 4 次 A/D 转换,对得到的结果求均值后将 A/D 结果转换为温度返回
        avgTemp + = getTemperature();

        avgTemp >>= 1;
      }
        // avgTemp / = 64;
        sprintf(temperature, (char *)"%dC", (INT8)avgTemp);
       UartTX_Send_String(temperature,4);
        UartTX_Send_word(0x0A);
        Delay(20000);
    }
}
```

4. 编译及调试

具体编译调试过程参见 5.1.5 小节的编译及调试部分。

5.4.6 实验结果

片内温度通过 PC 机显示的结果如图 5-28 所示。

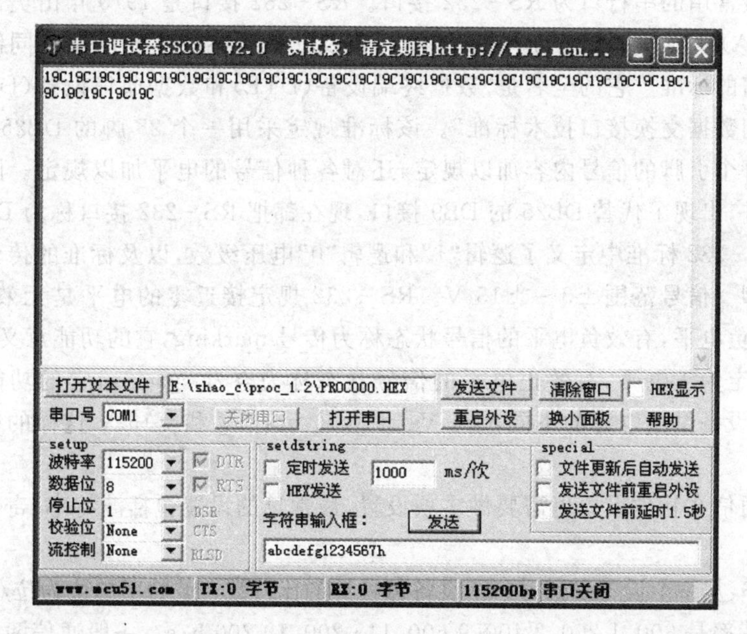

图 5-28　片内温度的 PC 机显示

5.5　串口实验

5.5.1　应用场景

串行接口是指数据一位一位地顺序传送，其特点是通信线路简单，只要一对传输线就可以实现双向通信，并可以利用电话线，从而大大降低了成本，特别适用于远距离通信，但传送速度较慢。根据信息的传送方向，串行通信可以进一步分为单工、半双工和全双工三种。

串口广泛应用在读卡机、考勤机、售饭机及测量仪器的方方面面，是实现其互相通信的最重要方式之一。

5.5.2　实验目的

① 理解串口控制 LED 实验的原理，掌握串口功能测试方法；

② 掌握 UART 的使用方法，并能设计相关的简单程序；

③ 掌握在核心源代码基础上完成扩展实验的方法。

5.5.3　实验原理

目前最常用的串行口为 RS－232 接口。RS－232 接口是 1970 年由美国电子工业协会(EIA)联合贝尔系统、调制解调器厂家及计算机终端生产厂家共同制定的用于串行通信的标准。它的全名是“数据终端设备(DTE)和数据通信设备(DCE)之间串行二进制数据交换接口技术标准”。该标准规定采用一个 25 脚的 DB25 连接器，对连接器每个引脚的信号内容加以规定，还对各种信号的电平加以规定。随着设备的不断改进，出现了代替 DB25 的 DB9 接口，现在都把 RS－232 接口称为 DB9。

在 RS－232 标准中定义了逻辑“1”和逻辑“0”电压级数，以及标准的传输速率和连接器类型。信号范围±3～±15 V。RS－232 规定接近零的电平是无效的；逻辑“1”规定为负电平，有效负电平的信号状态称为传号 marking，它的功能意义为 OFF；逻辑“0”规定为正电平，有效正电平的信号状态称为空号 spacing，它的功能意义为 ON。根据设备供电电源的不同，±5 V、±10 V、±12 V 和±15 V 这样的电平都是可能的。

串行通信在软件设置里需要做多项设置，最常见的设置包括波特率、奇偶校验和停止位。

波特率：从一个设备发到另一个设备每秒钟的比特数。波特率单位为位/秒(b/s)。典型的波特率是 300、1 200、2 400、9 600、115 200、19 200 b/s。一般通信两端设备都要设为相同的波特率，但有些设备也可以设置为自动检测波特率。

奇偶校验：用来验证数据的正确性。既可以做奇校验，也可以做偶校验。奇偶校验是通过修改每一发送字节(也可以限制发送的字节)进行数据验证。偶校验是指通过增加奇偶校验位使得所有传送的数位(含字符的各数位和校验位)中"1"的个数为偶数;在奇校验中,所有传送的数位(含字符的各数位和校验位)中"1"的个数为奇数。奇偶校验用于接收方检查传输是否发送生错误——如果某一字节中"1"的个数发生了错误,那么这个字节在传输中一定有错误发生。如果奇偶校验是正确的,那么要么没有发生错误,要么发生了偶数个错误。

停止位:在每个字节传输之后发送,它用来帮助接收信号方硬件重同步。

5.5.4 寄存器操作

串口实验用到的寄存器包括 CLKCON、SLEEP、PERCFG、P0SEL、P2DIR、U0CSR U0GCR、U0BAUD、U0DBUF、U0BAUD。其中,P0SEL、P2DIR 参见 5.1 节,SLEEP、CLKCON、U0GCR、U0BAUD、U0DBUF、U0BAUD 参见 5.4 节。

CC2430 有两个串行通信接口 USART0 和 USART1。两个串口既可以工作于 UART(异步通信)模式,也可以工作于 SPI(同步通信)模式,模式的选择由串口控制/状态寄存器的 U0CSR、MODE 决定。UART 模式也以选择两线连接(RXD 和 TXD)或四线连接(RXD、TXD、RTS 和 CTS),其中 RTS 和 CTS 用于硬件流量控制。UART 模式的操作具有下列特点:

- 8 位或 9 位数据;
- 奇校验、偶校验或者无奇偶校验;
- 配置起始位和停止位电平;
- 配置 LSB 或者 MSB 首先传送;
- 独立收发中断;
- 独立收发 DMA 触发;
- 奇偶校验和帧校验出错状态。

UART 模式提供全双工传送,接收器中的位同步不影响发送功能。传送一个 UART 字节包括 1 个起始位、8 个数据位、1 个作为可选项的第 9 位数据或者奇偶校验位再加上 1 个(或 2 个)停止位。注意,虽然真实的数据包含 8 位或者 9 位,但是,数据传送只涉及 1 个字节。

UART 操作由 USART 控制和状态寄存器 UxCSR 以及 UART 控制寄存器来控制。这里的 x 是 USART 的编号,其数值为 0 或者 1。当 UxCSR. MODE 设置为 1 时,就选择了 UART 模式。

(1) UART 发送

当 USART 收/发数据缓冲器、寄存器 UxBUF(这里的 x 是 USART 的编号,其数值为 0 或者 1,寄存器 UxBUF 双缓冲)写入数据时,该字节发送到输出引脚 TXDx。

当字节传送开始时,UxCSR. ACTIVE 位设置为 1;而当字节传送结束时,UxC-SR. ACTIVE 位清零,TX_BYTE 位设置为 1。当 USART 收/发数据缓冲寄存器就绪，准备接收新的发送数据时，就产生一个中断请求。该中断在上个字节传送开始后立刻发生，因此，当字节正在发送时，新的字节能够装入数据缓冲器。

(2) UART 接收

当 1 写入 UxCSR. RE 位时，UART 开始数据接收。然后，USART 会在输入引脚 RXDx 中寻找有效起始位，并且设置 UxCSR. ACTIVE 为 1。当检测出有效起始位时，收到的字节就传入接收寄存器，UxCSR. RX_BYTE 位设置为 1。该操作完成时，产生接收中断。通过寄存器 UxBUF 提供收到的数据字节。当 UxBUF 读出时，UxCSR. RX_BYTE 位由硬件清零。

(3) UART 硬件流控制

当 UxUCR. FLOW 位设置为 1，硬件流控制使能。然后，当寄存器空而且接收使能时，RTS 输出变低。在 CTS 输入变低之前，不会发生字节传送。

(4) UART 特征格式

如果寄存器 UxUCR 中的第 9 位和奇偶校验位设置为 1，那么奇偶校验产生而且检测使能。奇偶校验计算出来，作为第 9 位来传送。在接收期间，奇偶校验位计算出来而且与接收到的第 9 位进行比较：如果奇偶校验位出错，则 UxCSR. ERR 位设置为 1；当 UxCSR 读取时，UxCSR. ERR 位清零。

要传送的停止位的数量设置为 1 或者 2 时，这取决于寄存器 UxUCR. STOP。接收器总是要核对一个停止位，如果在接收期间收到的第一个停止位不是期望的停止位电平，就通过设置寄存器 UxCSR. FE 为 1，发出帧出错信号。当 UxCSR 读取时，UxCSR. FE 位清零；当 UxCSR. SPB 位设置为 1 时，接收器将核对两个停止位。

每个 USART 有 5 个寄存器，具体定义如表 5-27 所列(以 USART0 为例)。

表 5-27　USART0 控制/状态

位	名 称	复 位	读/写	描 述
U0CSR(0x86)—USART0 控制/状态				
7	MODE	0	R/W	USART 模式选择。0，SPI 模式；1，UART 模式
6	RE	0	R/W	USART 接收使能。0，接收器禁止；1，接收器使能
5	SLAVE	0	R/W0	SPI 主从模式。0，SPI 主模式；1，SPI 从模式
4	FE	0	R/W0	SPI 主从模式。0，SPI 主模式；1，SPI 从模式
3	ERR	0	R/W0	接收字节状态。0，没有收到字节；1，收到字节就绪
2	RX_BYTE	0	R/W0	发送字节状态。0，没有收到字节；1，写到数据缓冲器寄存器的最后字节已发送

续表 5－27

位	名称	复 位	读/写	描 述
1	TX_BYTE	0	R/W0	USART 收/发激活状态。0,USART 空闲;1,在发送或者接收模式,USART 忙
U0BAUD(0xC2)—USART0 波特率控制				
7:0	BAUD_[7:0]	0x00	R/W	波特率尾数值。BAUD_E 连同 BAUD_M 一起决定了 UART 波特率和 SPI 主 SCK 时钟频率
U0UCR(0xC4)—USART0 UART 控制				
7	RE	—	R/W1	清除单元。当设置为 1 时,该事件立即停止当前操作,返回空闲状态单元
6	FLOW	0	R/W	UART 硬件流使能。选择硬件流来控制引脚 RTS 和 CTS。0,流控制禁止;流控制使能
5	D9	0	R/W	UART 数据位 9 的内容。使用该位传送数值使能,当奇偶校验禁止而数据位使能时,写入 D9 的数值就像数据 9 那样传送。如果奇偶校验使能,那就用该位设置奇偶校验。0,奇校验;1,偶校验
4	BIT9	0	R/W	UART 数据位 9 的内容。当 BIT9 为 1 时,数据为 9 位,而且数据为 9 的内容由 D9 和 PARITY 给出。0,8 位传送;1,9 位传送
3	PARITY	0	R/W	UART 奇偶校验使能。0,奇偶校验禁止;1,奇偶校验使能
2	SPB	0	R/W	UART 停止位数量。0,1 个停止位;1,2 个停止位
1	STOP	0	R/W	UART 停止位电平。0,停止位电平低;1,停止位电平高
0	START	0	R/W	UART 起始位电平。0,起始位电平低;1,起始位电平高
U0GCR(0xC5)—USART0 通用控制				
7	CPOL	0	R/W	SPI 时钟极性。0,负时钟极性;1,正时钟极性
6	CPHA	0	R/W	SPI 时钟相位。 0,当来自 CPOL 的 SCK 反相之后又返回 CPOL 时,数据输出到 MOSI;当来自 CPOL 的 SCK 返回 CPOL 反相时,输入数据取样到 MISO 1:当来自 CPOL 的 SCK 返回 CPOL 反相时,输入数据到 MISO;当来自 CPOL 的 SCK 反相之后又返回 CPOL 时,数据输出取样到 MOSI

续表 5-27

位	名 称	复 位	读/写	描 述
5	ORDER	0	R/W	用于传送的位顺序。0:LSB 先传送;1,MSB 先传送
4	BAUD_E[4:0]	0	R/W	波特率典型值,BAUD_E 连同 BAUD_M 一起决定了 USART 波特率和 SPI 主 SCK 时钟频率
U0BUF(0xC5)—USART0 收/发数据缓冲器				
7:0	CPOL	0x00	R/W	USART 接收和传送数据,数据写入寄存器就是将数据写入内部数据传送寄存器;读取该寄存器,就是将来自内部数据读取寄存器中的数据读出

5.5.5 实验步骤

1. 流程图

本实验通过对 USART 的设置实现数据的传送,实验流程如图 5-29 所示。

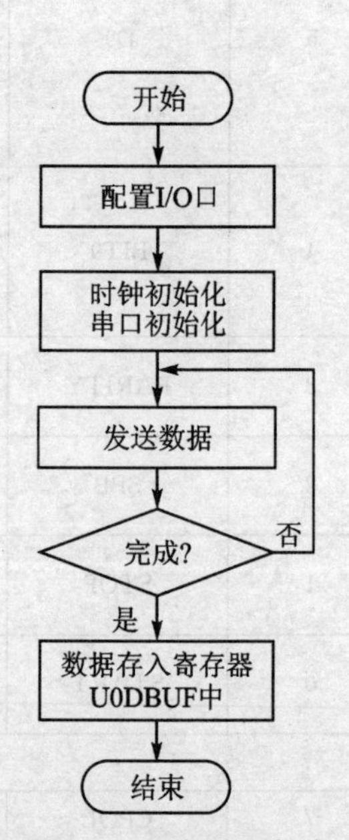

图 5-29 串口 0 发送数据流程图

2. 工程文件建立

工程文件的建立过程与 5.1.5 小节实验中工程文件的建立相同,此处不再赘述。

3. 程序源代码编辑

本实验使用 URAT 实现系统芯片(SoC)和个人计算机(PC)的串口终端通信,用户通过串口超级终端输入数据,并通过 URAT 传输至 SoC 显示到 LCD 屏上,实现 PC 端通过串口控制 LED。其代码如程序清单 5.9 所示。

程序清单 5.9

```
//cd wxl          串口 0 发数据
#include <ioCC2430.h>
#include <string.h>
#define uint unsigned int
#define uchar unsigned char
//定义控制灯的端口
#define led1 P1_0
#define led2 P1_1
//函数声明
```

```
void Delay(uint);
void initUARTtest(void);
void UartTX_Send_String(char *Data,int len);
char Txdata[30] = " TOP ELEC ";
/***********************************************************
*函数功能 :延时
*入口参数 :定性延时
*返 回 值 :无
***********************************************************/
void Delay(uint n)
{
    uint i;
    for(i = 0;i<n;i++);
    for(i = 0;i<n;i++);
    for(i = 0;i<n;i++);
    for(i = 0;i<n;i++);
    for(i = 0;i<n;i++);
}
/***********************************************************
*函数功能 :初始化串口0
*入口参数 :无
*返 回 值 :无
*说    明 :初始化串口0,将I/O映射到P0口,P0优先作为串口0使用,UART工作方式,波
          特率为57 600。使用晶振作为系统时钟源
***********************************************************/
void initUARTtest(void)
{
    CLKCON &= ~0x40;                  //晶振
    while(!(SLEEP & 0x40));           //等待晶振稳定
    CLKCON &= ~0x47;                  //TICHSPD128分频,CLKSPD不分频
    SLEEP |= 0x04;                    //关闭不用的RC振荡
    PERCFG = 0x00;                    //位置1 P0口
    P0SEL = 0x3c;                     //P0用作串口
    P2DIR &= ~0XC0;                   //P0优先作为串口0
    U0CSR |= 0x80;                    //UART方式
    U0GCR |= 11;                      //baud_e
    U0BAUD |= 216;                    //波特率设为115 200
    UTX0IF = 0;
}
/***********************************************************
*函数功能 :串口发送字符串函数
*入口参数 : data:数据
```

```
*            len :数据长度
*返 回 值 :无
*说    明 :串口发字串,*Data 为发送缓存指针,len 为发送字串的长度,只能是在初始化
            函数 void initUARTtest(void)之后调用才有效
*****************************************************************/
void UartTX_Send_String(char *Data,int len)
{
  int j;
  for(j = 0;j<len;j++)
  {
    U0DBUF = *Data++;
    while(UTX0IF == 0);
    UTX0IF = 0;
  }
}
/*****************************************************************
*函数功能 :主函数
*入口参数 :无
*返 回 值 :无
*****************************************************************/
void main(void)
{
    uchar i;
        //P1 out
    P1DIR = 0x03;                                   //P1 控制 LED
    led1 = 0;
    led2 = 1;                                       //关 LED
    initUARTtest();
    UartTX_Send_String(Txdata,29);                  //TOP ELEC
        for(i = 0;i<30;i++)Txdata[i] =' ';
        strcpy(Txdata,"UART0 TX test\n ");          //将 UART0 TX test 赋给 Txdata
    while(1)
    {
          UartTX_Send_String(Txdata,sizeof("UART0 TX Test"));     //串口发送数据
           Delay(50000);                                          //延时
           Delay(50000);
           Delay(50000);
    }
}
```

4. 编译及调试

编译及调试具体步骤见 5.1.5 小节。

5.5.6　实验结果

从CC2430上通过串口不断地发送字符串“UART0 TX Test”，在串口调试器上显示，如图5-30所示。

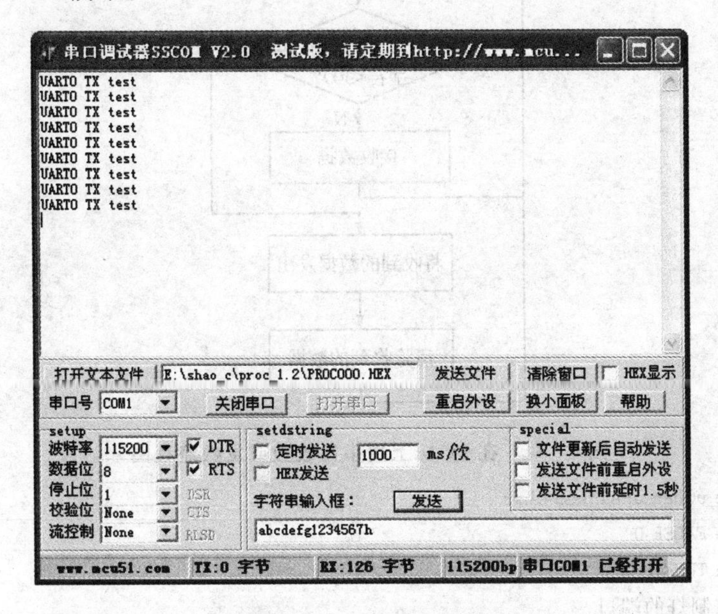

图5-30　串口实验结果

5.5.7　扩展实验

1. 在PC机用串口收发数据

在PC机上从串口向CC2430发送最大长度为30字节的字串，若长度不足30字节，则以“#”为字串末字节，CC2430在收到字节后会将这一字串从串口反向发向PC，通过串口助手工具显示出来。其代码如程序清单5.10所示。软件流程如图5-31所示。

实验操作涉及的寄存器包括P1、P1DIR、P1SEL、CLKCON、SLEEP、PERCFG、U0CSR、U0GCR、U0BAUD、IEN0、U0DUB等。其中，P1、P1DIR、P1SEL参见5.1节；CLKCON、SLEEP、PERCFG、U0CSR、U0GCR、U0BAUD、IEN0、U0DUB参见5.4节。

程序清单5.10

```
//cd wxl
#include <iocc2430.h>
#include <string.h>
#define uint unsigned int
```

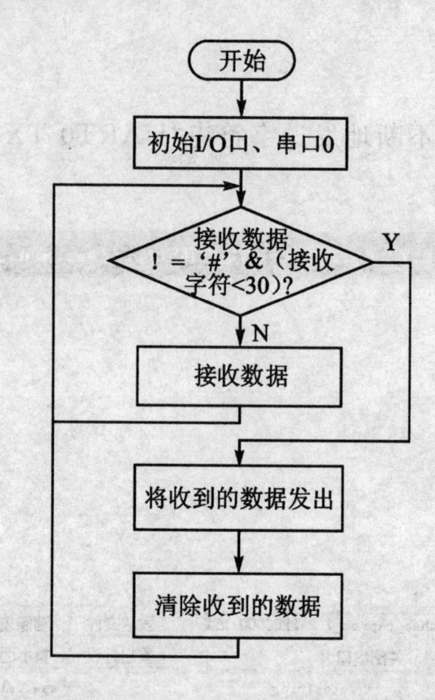

图5-31 在PC机上用串口收数或发数流程图

```
#define uchar unsigned char
#define FALSE 0
#define TURE 1
//定义控制灯的端口
#define led1 P1_0
#define led2 P1_1
void Delay(uint);
void initUARTtest(void);
void InitialAD(void);
void UartTX_Send_String(uchar *Data,int len);
uchar Recdata[30] = "Zhong Xin You Dian WSN";
uchar RTflag = 1;
uchar temp;
uint  datanumber = 0;
uint  stringlen;
/***********************************************************
*函数功能 :延时
*入口参数 :定性延时
*返 回 值 :无
***********************************************************/
void Delay(uint n)
{
    uint i;
    for(i=0;i<n;i++);
```

```
    for(i = 0;i<n;i ++ );
    for(i = 0;i<n;i ++ );
    for(i = 0;i<n;i ++ );
    for(i = 0;i<n;i ++ );
}
/*******************************************************
*函数功能 :初始化串口1
*入口参数 :无
*返 回 值 :无
*******************************************************/
void initUARTtest(void)
{
    CLKCON &= ~0x40;                    //晶振
    while(! (SLEEP & 0x40));            //等待晶振稳定
    CLKCON &= ~0x47;                    //TICHSPD128 分频,CLKSPD 不分频
    SLEEP | = 0x04;                     //关闭不用的 RC 振荡器
    PERCFG = 0x00;                      //位置 1 P0 口
    P0SEL = 0x3c;                       //P0 用作串口
    U0CSR | = 0x80;                     //UAR 方式
    U0GCR | = 11;                       //baud_e
    U0BAUD | = 216;                     //波特率设为 115 200
    UTX0IF = 1;
    U0CSR | = 0X40;                     //允许接收
    IEN0 | = 0x84;                      //开总中断,接收中断
}
/*******************************************************
*函数功能 :串口发送字符串函数
*入口参数 : data:数据
*          len :数据长度
*返 回 值 :无
*说    明 :
*******************************************************/
void UartTX_Send_String(uchar * Data,int len)
{
  int j;
  for(j = 0;j<len;j ++ )
  {
    while(UTX0IF == 0);
    UTX0IF = 0;
    U0DBUF = *Data ++ ;
  }
}
```

```
/**********************************************************************
*函数功能:主函数
*入口参数:无
*返 回 值:无
**********************************************************************/
void main(void)
{
    //P1 out
    P1DIR = 0x03;                               //P1 控制 LED
    led1 = 1;
    led2 = 1;                                   //关 LED
    initUARTtest();
    stringlen = strlen((char *)Recdata);
    UartTX_Send_String(Recdata,27);
    while(1)
    {
          if(RTflag == 1)                       //接收
          {
            led2 = 0;                           //接收状态指示
            if( temp != 0)
            {
                if((temp!='#')&&(datanumber<30))
                {                               //'#'被定义为结束字符
                                                //最多能接收 30 个字符
                     Recdata[datanumber++] = temp;
                }
                else
                {
                  RTflag = 3;                   //进入发送状态
                }
                if(datanumber == 30)RTflag = 3;
              temp   = 0;
            }
          }
          if(RTflag == 3)                       //发送
          {
            led2 = 1;                           //关绿色 LED
            led1 = 0;                           //发送状态指示
            U0CSR &= ~0x40;                     //不能收数
                UartTX_Send_String(Recdata,datanumber);
            U0CSR |= 0x40;                      //允许收数
```

```
            RTflag = 1;                         //恢复到接收状态
            datanumber = 0;                     //指针归 0
            led1 = 1;                           //关发送指示
        }
    }
}
/*************************************************************
* 函数功能：串口接收一个字符
* 入口参数：无
* 返 回 值：无
* 说    明：接收完成后打开接收
*************************************************************/
#pragma vector = URX0_VECTOR
 __interrupt void UART0_ISR(void)
 {
    URX0IF = 0;                                 //清中断标志
   temp = U0DBUF;
 }
```

2. 编译及调试

从 CC2430 上通过串口不断地发送字串“Zhong Xin You Dian WSN”，在串口调试器上显示，如图 5-32 所示。在 PC 上从串口向 CC2430 发送任意长度为 30 字节的字串，若长度不足 30 字节，则以“#”为字串末字节，如“王晓芳 王玙璠 赵晓宁 何

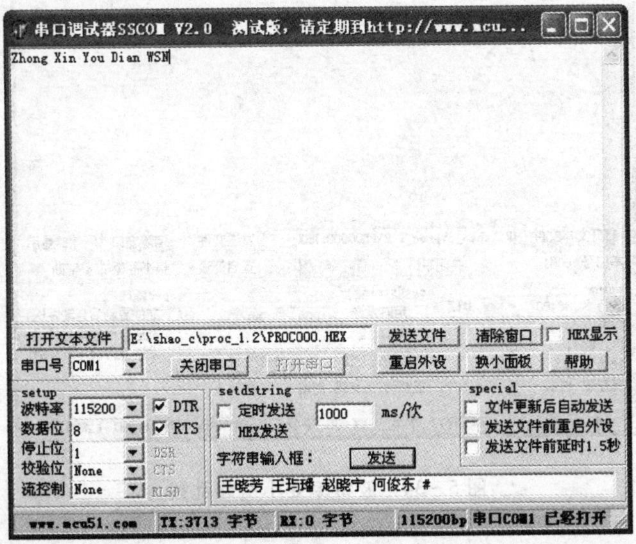

图 5-32　串口调试器显示接收到数据

俊东 #”，CC2430在收到字节后会将这一字串从串口反向发向PC，用串口调试器显示出来，如图5-33所示。当波特率减小或字符串超过30字节时会出现乱码，如图5-34所示。

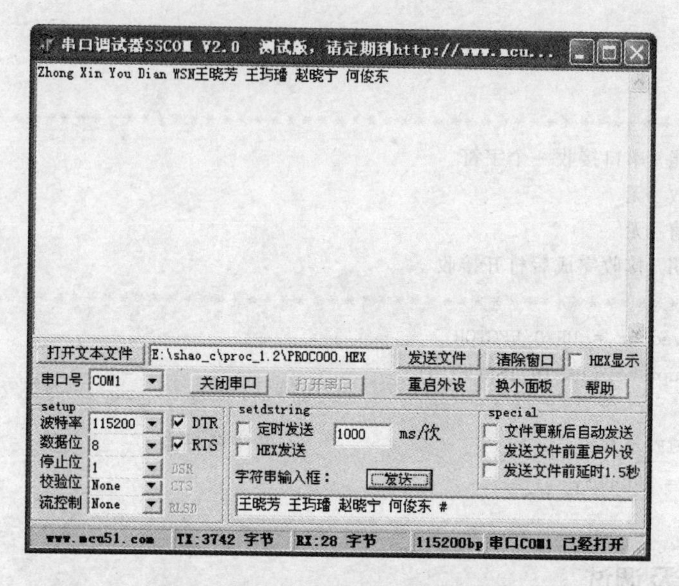

图5-33 传送输入的数据并显示

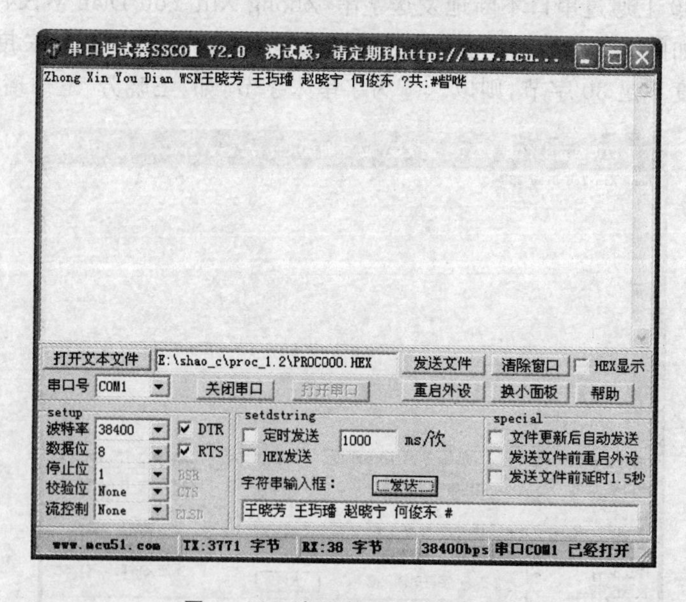

图5-34 波特率变小引起乱码

5.6 系统睡眠和唤醒

5.6.1 应用场景

系统进入睡眠状态,可以降低功耗,从而延长电池的使用时间。对于采用电池供电的移动终端产品设备而言,系统在不工作时进入睡眠低功耗状态可延长系统电池供电的时间,同时工作时再唤醒功能保障了设备的正常运行。

5.6.2 实验目的

① 理解CC2430的4种功耗模式,掌握由外部中断唤醒系统的模式。

② 掌握编写进入系统睡眠和简单的关于外部中断唤醒系统程序的方法。

③ 掌握在核心源代码基础上完成扩展实验的方法。

5.6.3 寄存器操作

在实际运用中的CC2430节点一般是靠电池来供电,因此对其功耗的控制显得至关重要。本实验来讨论CC2430的睡眠功能及唤醒方法。

系统睡眠和唤醒实验操作涉及的寄存器有P1DIR、P1SEL、PCON、P1IFG、P1INP、P2INP、P1IEN、PICTL、IEN2、SLEEP等寄存器。其中,P1DIR、P1SEL参见5.1节;P1IFG、P1IEN、PICTL、IEN2参见5.3节;SLEEP参见5.4节。

表5-28是摘自CC2430中文手册对CC2430的4种功耗模式的介绍。电源模式寄存器PCON的定义和操作如表5-29所列。

表5-28 CC2430的4种功耗模式

电源模式	高频振荡器	低频振荡器	电源稳压器(数字)
配置	A 无 B 32 MHz晶体振荡器 C 16 MHz RC振荡器	A 无 B 32.735kHz RC振荡器 C 32.768kHz晶体振荡器	
PM0	B,C	B或者C	开
PM1	A	B或者C	开
PM2	A	B或者C	关
PM3	A	A	关

表 5-29 PCON(电源模式寄存器)

位 号	位 名	复位值	可操作性	功能描述
7:2	—	0X00	R/W	未用
1	—	0	R0	未用,读出为 0
0	IDLE	0	R0/W H0	电源模式控制,写 1 将进入由 SLEEPMODE 指定的电源模式,读出一定为 0

由表 5-28 可看出,CC2430 共有 4 种电源模式:PM0(完全清醒)、PM1(有点瞌睡)、PM2(半醒半睡)、PM3(睡的很死)。越靠后,被关闭的功能越多,功耗也越低。它们之间的转化关系如图 5-35 所示。

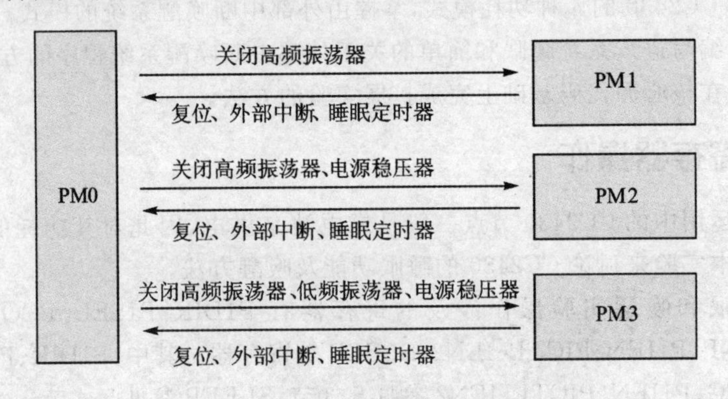

图 5-35 电源模式之间的关系

把 PM1、PM2 唤醒到 PM0 有 3 种方式:复位、外部中断、睡眠定时器中断;但把 PM3 唤醒到 PM0,只有 2 种方式:复位、外部中断,这是因为在 PM3 下,所有振荡器均停止工作,睡眠定时器当然也熄火。

关于如何使用睡眠定时器来唤醒系统,可以总结为如下流程:

开睡眠定时器中断→设置睡眠定时器的定时间隔→设置电源模式

温馨提示:“设置睡眠定时器的定时间隔”这一步一定要在“设置电源模式”之前,因为进入睡眠后系统就不会继续执行程序了。

睡眠定时器使用的寄存器有 ST0(0x95)、ST1(0x96)、ST2(0x97),这 3 个寄存器的定义及操作如表 5-30 所列。寄存器的基本功能包括读和写:

- 读:用于读取当前定时器的计数值,读的顺序必须遵循:读 ST0→ 读 ST1→ 读 ST2。
- 写:用于设置定时器的比较值(当定时器的计数值＝比较值时,产生中断),写的顺序必须遵循:写 ST2→ 写 ST1→ 写 ST0。

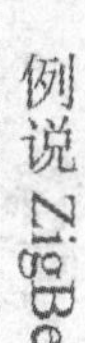

表5-30 睡眠定时器所用ST寄存器

位	名 称	复 位	读/写	描 述
7:0	ST0[7:0]	0x00	R/W	睡眠定时器0计数/比较值。读取时，寄存器返回睡眠定时器计数的低位[7:0]，写该寄存器时设置比较值的低位[7:0]
7:0	ST1[7:0]	0x00	R/W	睡眠定时器1计数/比较值。读取时，寄存器返回睡眠定时器计数的中间位[15:8]，写该寄存器时设置比较值的中间位[15:8]。当读寄存器ST0时，读取值是锁定的；当写ST0时，写入值是锁定的
7:0	ST1[7:0]	0x00	R/W	睡眠定时器2计数/比较值。读取时，寄存器返回睡眠定时器计数的高位[23:16]，写该寄存器时设置比较值的高位[23:16]。当读寄存器ST0时，读取值是锁定的；当写ST0时，写入值是锁定的

实验还用到P2输入模式寄存器P2INP，关于P2INP寄存器的定义及操作如表5-31所列。

表5-31 P2INP(P2输入模式寄存器)

位 号	位 名	复位值	可操作性	功能描述
7	PDUP2	0	可读/写	P2口上/下拉选择。0,上拉;1,下拉
6	PDUP1	0	可读/写	P1口上/下拉选择。0,上拉;1,下拉
5	PDUP0	0	可读/写	P0口上/下拉选择。0,上拉;1,下拉
4	MDP2_4	0	可读/写	P2_4输入模式。0,上拉;1,下拉
3	MDP2_3	0	可读/写	P2_3输入模式。0,上拉;1,下拉
2	MDP2_2	0	可读/写	P2_2输入模式。0,上拉;1,下拉
1	MDP2_1	0	可读/写	P2_1输入模式。0,上拉;1,下拉

下面通过一个小实验，来介绍CC2430如何进入睡眠模式，以及如何唤醒到PM0状态。

5.6.5 实验步骤

1. 实验流程图

当实验系统进入睡眠状态后，通过P1口接收外部中断，发生外部中断后，系统唤醒，实验流程如图5-36所示。

2. 工程文件建立

工程文件的建立过程与控制LED灯闪烁的实验(5.1.5小节)中工程文件的建立相同，此处不再赘述。

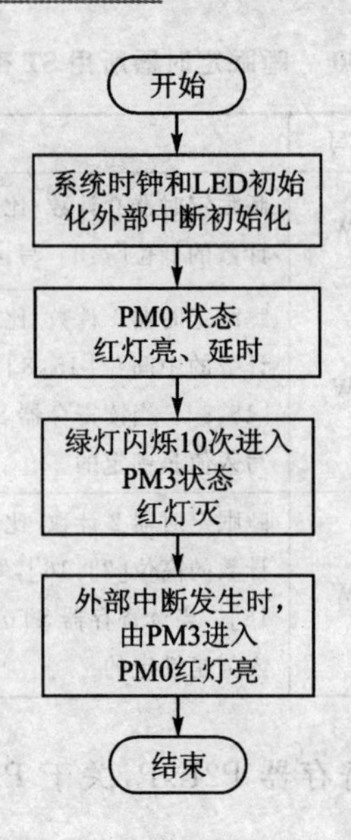

图 5-36 外部中断唤醒试验流程图

3. 程序源代码编辑

实验的程序源代码如程序清单 5.11 所示。

程序清单 5.11

```
#include <ioCC2430.h>
#define uint unsigned int
#define uchar unsigned char
#define DELAY 10000
//小灯控端口定义
#define RLED P1_0
#define YLED P1_1
void Delay(void);
void Init_IO_AND_LED(void);
void PowerMode(uchar sel);
/************************************************************
*函数功能:延时
*入口参数:无
*返回值  :无
*说  明  :可在宏定义中改变延时长度
************************************************************/
void Delay(void)
{
    uint tt;
    for(tt = 0;tt<DELAY;tt++);
```

```
    for(tt = 0;tt<DELAY;tt++);
    for(tt = 0;tt<DELAY;tt++);
    for(tt = 0;tt<DELAY;tt++);
    for(tt = 0;tt<DELAY;tt++);
}
/*********************************************************************
 *函数功能:初始化电源
 *入口参数:para1,para2,para3,para4
 *返回值  :无
 *说    明:para1,模式选择
 * para1  0    1    2    3
 * mode       PM0  PM1  PM2  PM3
使系统进入 sel 指定的电源模式下,这里的 sel 只能是 0~3 的数,程序只能在 CPU 全速运行时
执行,也就是说函数中能使系统从全速运行进入 PM0~PM3,而不可以从 PM0~PM3 进入全速运行
*********************************************************************/
void PowerMode(uchar sel)
{
    uchar i,j;
    i = sel;
    if(sel<4)
    {
        SLEEP &= 0xfc;
        SLEEP |= i;
        for(j=0;j<4;j++);
        PCON = 0x01;

    else
    {
        PCON = 0x00;
    }
}
/*********************************************************************
 *     函数功能:初始化 I/O,控制 LED 外部中断初始化,置 P10、P11 为输出,打开 P1 口的中
               断,P1 口下降沿触发中断
 *     入口参数:无
 *     返回值  :无
 *     说  明  :初始化完成后关灯
*********************************************************************/
void Init_IO_AND_LED(void)
{
    P1DIR = 0X03;
    RLED = 1;
```

```
    YLED = 1;
    P1SEL &= ～0X0C;
    P1DIR &= ～0X0C;
    P1INP  &= ～0X0c;                              //有上拉、下拉
    P2INP &= ～0X40;                               //选择上拉
    P1IEN |= 0X0c;                                 //P12、P13
    PICTL |= 0X02;                                 //下降沿
    EA = 1;                                        //总中断允许
    IEN2 |= 0X10;                                  //P1IE = 1
    P1IFG |= 0x00;                                 //P12 P13
};
/**********************************************************
*   函数功能:主函数
*   入口参数:
*   返回值  :无
*   说  明  :10次绿色LED闪烁后进入睡眠状态
**********************************************************/
void main()
{
    uchar count = 0;
    Init_IO_AND_LED();
    RLED = 0 ;                           //开红色LED,系统工作指示
    Delay();                             //延时
    Delay();
    Delay();
    Delay();
    while(1)
    {
        YLED = ! YLED;
        RLED = 0;
        count++;
        if(count >= 20)
        {
            count = 0;
            RLED = 1;
            PowerMode(3);
          //10次闪烁后进入睡眠状态
        }
        //Delay();
        Delay();
            //延时函数无形参,只能通过改变系统时钟频率来改变小灯的闪烁频率
    };
```

```
}
/*****************************************************
//唤醒系统
*****************************************************/
#pragma vector = P1INT_VECTOR
 __interrupt void P1_ISR(void)
 {
        if(P1IFG>0)
        {
          P1IFG = 0;
        }
        P1IF = 0;
 }
```

4. 编译及调试

编译及调试具体步骤见 5.1.5 小节中的编译及调试过程。

5.6.6　实验结果

实验使用外部 I/O 中断唤醒 CC2430，每次唤醒红色 LED 闪烁 10 次，然后进入低功耗模式，在进入 PM3 之前程序会将两个 LED 灯关闭。在应用中也可以不关闭 LED 灯以指示 CC2430 处于低功耗模式，可以中断激活。

5.6.7　扩展实验

1. 中断唤醒睡眠实验

本实验是一个系统睡眠唤醒的综合实验，分别介绍了如何进入 PM1、PM2、PM3 这 3 种睡眠状态，以及 3 种睡眠模式下的唤醒。实验流程如图 5－37 所示，详细介绍了 PM1、PM2、PM3 与 PM0 状态的转化。程序代码如程序清单 5.12 所示。

实验操作中涉及的寄存器有 P1SEL、P1DIR、P0INP、IEN1、PICTL、P0IFG、SLEEP、CLKCON、PCON、ST 等。其中，P1SEL、P1DIR 参见 5.1 节；SLEEP、CLKCON 参见 5.2 节；PICTL 参见 5.3 节。

程序清单 5.11

```
#include <ioCC2430.h>
#define LED_ON   0
#define LED_OFF 1
#define led1 P1_0
#define led2 P1_1
#define led3 P1_2
#define led4 P1_3
```

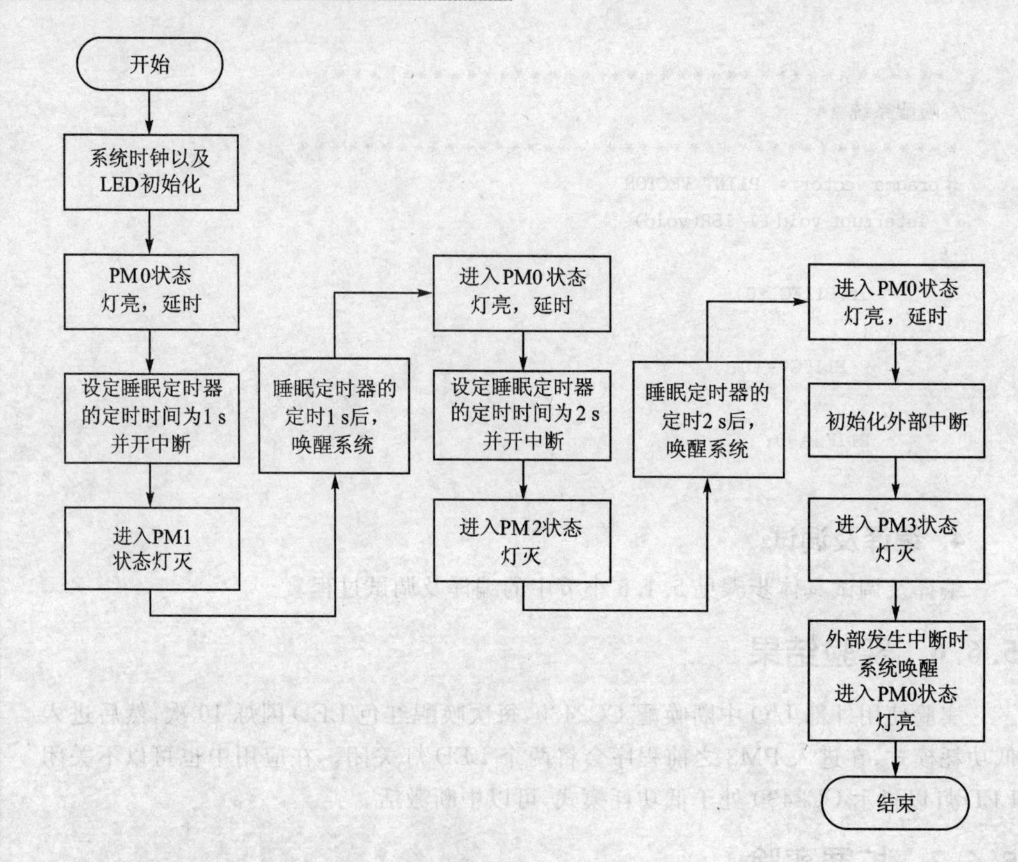

图5-37 中断唤醒扩展实验流程图

```
/*****************************************************
//系统时钟初始化
*****************************************************/
void xtal_init(void)
{
  SLEEP &= ～0x04;                       //都上电
  while(! (SLEEP & 0x40));               //晶体振荡器开启且稳定
  CLKCON &= ～0x47;                      //选择 32 MHz 晶体振荡器
  SLEEP |= 0x04;
}
/*****************************************************
// LED 初始化
*****************************************************/
void led_init(void)
{
  P1SEL  = 0x00;                         //P1 为普通 I/O 口
  P1DIR |= 0x0F;                         //P1.0、P1.1、P1.2、P1.3 输出
```

```
  led1 = LED_OFF;                           //关闭所有LED
  led2 = LED_OFF;
  led3 = LED_OFF;
  led4 = LED_OFF;
}
/*****************************************
//唤外部中断初始化
*****************************************/
void io_init(void)
{
P0INP &= ~0X02;                           //P0.1有上拉、下拉
EA = 1;                                   //总中断允许
IEN1  |=  0X20;                           // P0IE = 1,P0中断使能
PICTL |=  0X09;                           //P0.1允许中断,下降沿触发
P0IFG &= ~0x02;                           //P0.1中断标志清0
}
/*****************************************
//睡眠定时器中断初始化
*****************************************/
void sleepTimer_init(void)
{
STIF = 0;                                 //睡眠定时器中断标志清0
STIE = 1;                                 //开睡眠定时器中断
EA = 1;                                   //开总中断
}
/*****************************************
//设置睡眠定时器的定时间隔
*****************************************/
void setSleepTimer(unsigned int sec)
{
unsigned long sleepTimer = 0;
sleepTimer |= ST0;      //取得目前的睡眠定时器的计数值
sleepTimer |= (unsigned long)ST1 << 8;
sleepTimer |= (unsigned long)ST2 << 16;
sleepTimer += ((unsigned long)sec * (unsigned long)32768);  //加上所需要的定时
                                                            //时长
ST2 = (unsigned char)(sleepTimer >> 16);    //设置睡眠定时器的比较值
ST1 = (unsigned char)(sleepTimer >> 8);
ST0 = (unsigned char)sleepTimer;
}
/*****************************************
//选择电源模式
```

```
*******************************************/
void PowerMode(unsigned char mode){
  if(mode<4)  {
SLEEP &= 0xfc;                              //将 SLEEP.MODE 清 0
SLEEP |= mode;                              //选择电源模式
PCON |= 0x01;                               //启用此电源模式
 }
}
/*******************************************
//延时函数
*******************************************/
void Delay(unsigned int n)
{
  unsigned int i,j;
  for(i=0;i<n;i++)
    for(j=0;j<1000;j++);
}
/*******************************************
//唤外部中断初始化主函数
*******************************************/
void main(void)
{
  xtal_init();
  led_init();
  //PM0 状态,亮灯并延时
  led1 = LED_ON;                            //亮 LED1,表示统在 PM0 模式工作
  Delay(10);
  //PM1 状态,灭灯
  setSleepTimer(1);                         //设置睡眠定时器的定时间隔为 1 s
  sleepTimer_init();                        //开睡眠定时器中断
  led1 = LED_OFF;
  PowerMode(1);                             //设置电源模式为 PM1
  //1 s 后,由 PM1 进入 PM0,亮灯并延时
  led1 = LED_ON;
  Delay(50);
  //PM2,灭灯
  setSleepTimer(2);                         //设置睡眠定时器的定时间隔为 2 s
  led1 = LED_OFF;
  PowerMode(2);                             //设置电源模式为 PM2
  //2 s 后,由 PM2 进入 PM0,亮灯并延时
  led1 = 0;
  Delay(50);
```

```
    //PM3,灭灯
    io_init();                                    //初始化外部中断
    led1 = LED_OFF;
    PowerMode(3);                                 //设置电源模式为PM3
    //当外部中断发生时,由PM3进入PM0,亮灯
    led1 = LED_ON;
  while(1);
  }
  /****************************************
  //外部中断服务程序
  ****************************************/
  #pragma vector = P0INT_VECTOR
  __interrupt void P0_ISR(void)
  {
    EA = 0;                                       //关中断
  Delay(50);
  if((P0IFG & 0x02 ) >0 )                        //按键中断
    {
  P0IFG &= ~0x02;                                //P0.1中断标志清0
    }
    P0IF = 0;                                     //P0中断标志清0
    EA = 1;                                       //开中断}
  /****************************************
  //睡眠定时器中断服务程序
  ****************************************/
  #pragma vector = ST_VECTOR__interrupt void sleepTimer_IRQ(void){
  EA = 0;                                         //关中断
  STIF = 0;                                       //睡眠定时器中断标志清0
  EA = 1;                                         //开中断
  }
```

2. 实验现象

运行程序后,观察LED灯亮灭现象,系统初始化为PM0模式,LED闪烁一次进入PM1模式睡眠状态;1 s后,系统唤醒,系统进入PM0模式;LED灯再次闪烁,进入PM2睡眠状态;2 s后,系统唤醒进入PM0模式;再次闪烁,进入PM3模式的睡眠状态,保持熄灭状态;然后按下S1,外部中断发生时,系统唤醒,进入PM0模式,LED亮。

5.7　看门狗实验

5.7.1　应用场景

再好的操作系统，不管是现在的Win7还是以后Win8、Win9，总会出现BlueScreen的时候，更何况是小小的单片机程序呢？电气噪声、电源故障、静电放电等不可预知的原因，都可能造成嵌入式系统软件运行出现异常，而看门狗则可以有效监视程序的运行状况，纠正程序的运行顺序。嵌入式系统因其工作稳定性的优势被更多应用于工程中，在稳定性维护方面，看门狗扮演了一个至关重要的角色，发挥了其他软硬件无可比拟的作用。

5.7.2　实验目的

① 理解看门狗的原理及基本操作方法；

② 熟练掌握看门狗计时器的功能和应用；

③ 掌握在核心源代码基础上编写满足自己实际需求的看门狗程序的方法和技能。

5.7.3　实验原理

看门狗(Watch Dog)，准确的说应该是看门狗定时器，是专门用来监测单片机程序运行状态的电路结构。其基本原理是：启动看门狗定时器后，它就会从0开始计数，若程序在规定的时间间隔内没有及时对其清零，看门狗定时器就会复位系统(相当于重启计算机)。看门狗原理如图5-38所示。

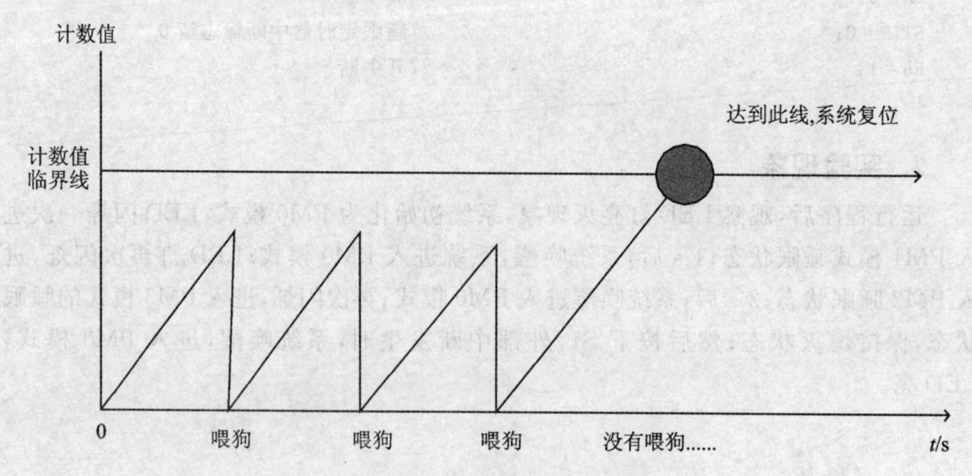

图5-38　看门狗模式原理图

5.7.4 寄存器操作

看门狗实验操作涉及的寄存器有P1、P1DIR、P1SEL、WDTCL、CLKCON等。其中，寄存器P1、P1DIR、P1SEL参见5.1节，寄存器CLKCON和SLEEP参见5.4节。WDCTL(看门狗定时器控制寄存器)寄存器定义及操作如表5-32所列。

表5-32　WDCTL(看门狗定时器控制寄存器)

位　号	位　名	复位值	操作性	功能描述
7:4	CLR[3:0]	0000	R/W	看门狗复位，先写0xa，再写0x5复位看门狗，两次写入不超过0.5个看门狗周期，读出为0000
3	EN	0	R/W	看门狗定时器使能位，在定时器模式下写0停止计数，在看门狗模式下写0无效。0，停止计数 1，启动看门狗，开始计数
2	MODE	0	R/W	看门狗定时器模式。0，看门狗模式；1，定时器模式
1:0	UNT[1:0]	00	R/W	看门狗时间间隔选择。00，1 s；01，0.25 s；10，15.625 ms；11，1.9 ms(以32.768 kHz时钟计算)

看门狗的使用流程可以总结为：

选择模式→选择定时器间隔→放狗→喂狗

(1) 选择模式

看门狗定时器有两种模式，即看门狗模式和定时器模式。

在定时器模式下，它就相当于普通的定时器，达到定时间隔会产生中断(可以在ioCC2430.h文件中找到其中断向量为WDT_VECTOR)；在看门狗模式下，当达到定时间隔时，不会产生中断，取而代之的是向系统发送一个复位信号。

实验中，通过WDCTL.MODE=0来选择为看门狗模式。

(2) 选择定时间隔

如表5-32所列，有4种可供选择的看门狗定时间隔，为了测试方便，我们选择时间间隔为1 s，即令WDCTL.INT=00。

(3) 放　狗

令WDCTL.EN=1，即可启动看门狗定时器。

(4) 喂　狗

喂狗操作通过喂狗指令完成，常用的喂狗指令为：

```
WDCTL = 0xa0;
WDCTL = 0x50
```

5.7.5 实验步骤

1. 实验流程图

看门狗实验流程如图5-39所示。

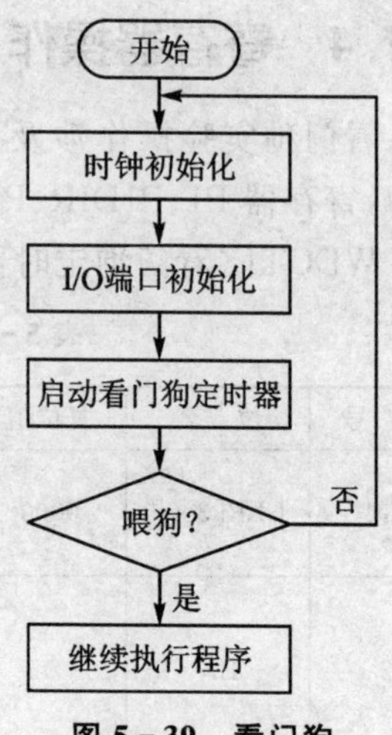

图5-39 看门狗实验流程图

2. 工程文件的建立

该部分具体步骤参见5.1.5小节中工程文件的建立方法。

3. 程序源代码编辑

工程文件建立好后,可以基于程序流程图来编写外部中断实验的具体程序,如程序清单5.13所示。

程序清单5.13

```
# include <ioCC2430.h>
#define uint unsigned int
#define led1   P1_0
#define led2   P1_1
void Init_IO(void)
{
    P1DIR = 0x03;
    led1 = 1;
    led2 = 1;
}
void Init_Watchdog(void)
{
    WDCTL = 0x00;                       //时间间隔 1 s,看门狗模式
    WDCTL |= 0x08;                      //启动看门狗
}
void Init_Clock(void)
{
    CLKCON = 0X00;
}
void FeedDog(void)
{
    WDCTL = 0xa0;
    WDCTL = 0x50;
}
//函数功能:软件延时 10.94 ms
void Delay(void)
{
```

```
    uint n;
    for(n = 50000;n>0;n--);
    for(n = 50000;n>0;n--);
    for(n = 50000;n>0;n--);
    for(n = 50000;n>0;n--);
    for(n = 50000;n>0;n--);
    for(n = 50000;n>0;n--);
    for(n = 50000;n>0;n--);
}
void main(void)
{
    //函数功能:将系统时钟设为晶振,低速时钟设为晶振,程序对时钟要求不高,不用等待
    //晶振稳定
    Init_Clock();
    //函数功能:将 P10、P11 设置为输出控制 LED
    Init_IO();
    //函数功能:以看门狗模式启动看门狗定时器,看门狗复位的时间间隔为 1 s
    Init_Watchdog();
    led1 = 0;
    Delay();
    led2 = 0;
    while(1)
    {
        FeedDog();
    }     //喂狗指令(加入后系统不复位,小灯不闪烁)
}
```

4. 编译及调试

编译及调试具体步骤参见 5.1.5 小节中的编译及调试步骤。

5.7.6 实验结果

运行看门狗实验程序,观察实验板上 LED 灯的状态:当没有喂狗时,由于程序重复复位,绿灯将持续闪烁,而喂狗时,绿灯将始终亮。

5.8 本章小结

这一章为本书的重点,介绍了有关 CC2430 的基础实验,通过实验来学习 CC2430 相关寄存器的使用方法及编程思想。

(1) 控制 LED 灯闪烁

寄存器 PxSEL 是对 Px 口进行功能选择,当 PxSEL=1 时,表示 Px 的功能是外

设;寄存器PxDIR是对Px口方向进行设置,当PxDIR=1时,表示Px是输出口;寄存器PxINP是设置Px口的输入模式,它有上拉、下拉和三态3种模式,当PxINP=1时,表示Px口是三态输入模式。

(2) 定时器中断

CC2430芯片有4个定时器T1、T2、T3、T4。T1支持输入采样、输出比较和PWM输出。T1有3个独立的输入采样/输出比较通道,每一个通道对应于一个I/O口。T1的操作模式有3种:free-running模式、modulo模式、up-down模式。T3/T4为8位定时/计数器,支持输出比较和PWM输出;T3/T4有2个输出比较通道,每一个通道对应于一个I/O口。

(3) 外部中断

P0、P1口0~7位和P2口0~4位(共21位)的输入中断标志位,当输入口的一个引脚有中断请求未决信号,其对应的中断标志位将置1。

(4) 片内温度检测

实验的程序主要分成串口部分和测温部分。测温将采集到的温度数据进行A/D转换,再将得到的结果求均值作为温度返回。

(5) 串口实验

CC2430有两个串行通信接口USART0和USART1。两个串口既可以工作于UART(异步通信)模式,也可以工作于SPI(同步通信)模式。UART模式可以选择两线连接(RXD和TXD)或四线连接(RXD、TXD、RTS和CTS),其中RTS和CTS用于硬件流量控制。

(6) 睡眠功能及唤醒

CC2430有4种电源模式:PM0、PM1、PM2、PM3。越靠后,被关闭的功能越多,功耗也越来越低。把PM1、PM2唤醒到PM0,有3种方式:复位、外部中断、睡眠定时器中断;但把PM3唤醒到PM0,只有2种方式:复位、外部中断。睡眠定时器来唤醒系统,操作流程为:开睡眠定时器中断→设置睡眠定时器的定时间隔→设置电源模式。

(7) 看门狗

启动看门狗定时器后,它就会从0开始计数,若程序在规定的时间间隔内没有及时对其清零,看门狗定时器就会复位系统。看门狗定时器有两种模式,即看门狗模式和定时器模式,通过WDCTL.MODE=0,来选择为看门狗模式。WDCTL.INT=00,选择时间间隔为1 s。令WDCTL.EN=1,即可启动看门狗定时器。喂狗定义为:

```
WDCTL = 0xa0;WDCTL = 0x50
```

ZigBee 实验篇

第 6 章　IEEE 802.15.4/ZigBee 无线传感器网络通信标准
第 7 章　TI Z-Stack 软件架构
第 8 章　TI Z-Stack 开发基础
第 9 章　ZigBee 节点实验
第 10 章　TOP-WSN 物联网 ZigBee 综合系统

第6章

IEEE 802.15.4/ZigBee无线传感器网络通信标准

IEEE 802.15.4 网络协议栈基于开放系统互连模型(OSI),每一层都实现一部分通信功能,并向高层提供服务。

IEEE 802.15.4 标准只定义了 PHY 层和数据链路层的 MAC 子层。PHY 层由射频收发器和底层的控制模块构成。MAC 子层为高层访问物理信道提供点到点通信的服务接口。

MAC 子层以上的几个层次,包括特定服务的聚合子层 SSCS(Service Specific Convergence Sublayer)、链路控制子层 LLC(Logical Link Control)等,只是 IEEE 802.15.4 标准可能的上层协议,并不在 IEEE 802.15.4 标准的定义范围之内。SSCS 为 IEEE 802.15.4 的 MAC 层接入 IEEE 802.2 标准中定义的 LLC 子层提供聚合服务。LLC 子层可以使用 SSCS 的服务接口访问 IEEE 802.15.4 网络,为应用层提供链路层服务。

ZigBee 是一种开放式的基于 IEEE 802.15.4 协议的无线个人局域网标准。IEEE 802.15.4 定义了物理层和媒体接入控制层,而 ZigBee 则定义了更高层,如网路层、应用层等。

6.1 IEEE 802.15.4 标准

6.1.1 IEEE 802.15.4 的特点

IEEE 802.15.4 标准定义的 LR - WPAN 网络具有如下特点:

① 在不同的载波频率下实现 20 kb/s、40 kb/s 和 250 kb/s 这 3 种不同的传输速率;

② 支持星型和点对点两种网络拓扑结构;

③ 有 16 位和 64 位两种地址格式,其中 64 位地址是全球唯一的扩展地址;

④ 支持冲突避免的载波多路侦听技术(Carrier Sense Multiple Access with Collision Avoidance,CSMA - CA);

⑤ 支持确认(ACK)机制,保证传输可靠性。

6.1.2　物理层(PHY)规范

物理层定义了物理无线信道和 MAC 子层之间的接口，提供物理层数据服务和物理层管理服务。物理层数据服务从无线物理信道上收发数据，物理层管理服务维护一个由物理层相关数据组成的数据库。

物理层数据服务的功能包括：

- 激活和休眠射频收发器；
- 信道能量检测(energy detect)；
- 检测接收数据包的链路质量指示(Link Quality Indication，LQI)；
- 空闲信道评估(Clear Channel Assessment，CCA)；
- 收发数据。

信道能量检测为网络层提供信道选择依据。它主要测量目标信道中接收信号的功率强度，由于这个检测本身不进行解码操作，所以检测结果是有效信号功率和噪声信号功率之和。

链路质量指示为网络层或应用层提供接收数据帧时无线信号的强度和质量信息，与信道能量检测不同的是，它要对信号进行解码，生成的是一个信噪比指标。这个信噪比指标和物理层数据单元一起提交给上层处理。

空闲信道评估判断信道是否空闲。IEEE 802.15.4 定义了 3 种空闲信道评估模式：

- 第 1 种是简单判断信道的信号能量，当信号能量低于某一门限值就认为信道空闲；
- 第 2 种是通过无线信号的特征来判断，这个特征主要包括两方面，即扩频信号特征和载波频率；
- 第 3 种模式是前两种模式的综合，同时检测信号强度和信号特征，给出信道空闲判断。

PHY 层定义了 3 个载波频段用于收发数据。在这 3 个频段上，发送数据使用的速率、信号处理过程以及调制方式等存在一些差异。3 个频段总共提供了 27 个信道(channel)：868 MHz 频段 1 个信道，915 MHz 频段 10 个信道，2 450 MHz 频段 16 个信道。

在 868 MHz 和 915 MHz 这两个频段上，信号处理过程相同，只是数据速率不同。处理过程：首先将物理层协议数据单元 PPDU(PHY Protocol Data Unit)的二进制数据差分编码，然后再将差分编码后的每一个位转换为长度为 15 的片序列(chip sequence)，最后 BPSK 调制到信道上。差分编码是将数据的每一个原始比特与前一个差分编码生成的比特进行异或运算，$E_n = R_n \oplus E_{n-1}$，其中 E_n 是差分编码的结果，R_n 为要编码的原始比特，E_{n-1} 是上一次差分编码的结果。对于每个发送的数据包，R_1 是第 1 个原始比特，计算 E_1 时假定 $E_0 = 0$。差分解码过程与编码过程类似：$R_n =$

$E_n \oplus E_{n-1}$，对于每个接收到的数据包，E_1 是第1个需要解码的比特，计算 R_1 时假定 $E_0=0$。差分编码以后，接下来就是直接序列扩频，每一个比特被转换为长度为15的片序列。扩频后的序列使用BPSK调制方式调制到载波上。

2.4 GHz频段的处理过程：首先将PPDU的二进制数据中每4位转换为一个符号(symbol)，然后将每个符号转换成长度为32的片序列。在把符号转换片序列时，使用符号在16个近似正交的伪随便噪声序列的映射表，这是一个直接序列扩频的过程。扩频后，信号通过O-QPSK调制方式调制到载波上。

物理层的帧结构

物理帧第1个字段是4个字节的前导码，收发器在接收前导码期间，会根据前导码序列的特征完成片同步和符号同步。帧起始分隔符SFD字段长度为1个字节，其值固定为0xA7，标识一个物理帧的开始。收发器接收完前导码后只能做到数据的位同步，通过搜索SFD字段的值0xA7才能同步到字节上。帧长度由一个字节的低7位表示，其值就是物理帧负载的长度，因此物理帧负载的长度不会超过127个字节。物理帧的负载长度可变，称之为物理服务数据单元(PHY Service Data Unit，PSDU)，一般用来承载MAC帧。

6.1.3 媒体介质访问层(MAC)规范

在IEEE 802系列标准中，OSI参考模型的数据链路层进一步划分为MAC和LLC两个子层。MAC子层使用物理层提供的服务实现设备之间的数据帧传输，而LLC在MAC子层的基础上，在设备间提供面向连接和非连接的服务。

MAC子层提供两种服务：MAC层数据服务和MAC层管理服务MLME(MAC Sublayer Management Entity)。前者保证MAC协议数据单元在物理层数据服务中的正确收发，后者维护一个存储MAC子层协议状态相关信息的数据库。

MAC子层主要功能包括：

① 协调器产生并发送信标帧，普通设备根据协调器的信标帧与协议器同步；

② 支持PAN网络的关联(association)和取消关联(disassociation)操作；

③ 支持无线信道通信安全；

④ 使用CSMA-CA机制访问信道；

⑤ 支持时槽保障GTS(Guaranteed Time Slot)机制；

⑥ 支持不同设备的MAC层间可靠传输。

关联操作是指一个设备在加入一个特定网络时，向协调器注册以及身份认证的过程。LR-WPAN网络中的设备有可能从一个网络切换到另一个网络，这时就需要进行关联和取消关联操作。

时槽保障机制和时分复用TDMA(Time Division Multiple Access)机制相似，但它可以动态地为有收发请求的设备分配时槽。使用时槽保障机制需要设备间的时间同步，IEEE 802.15.4中的时间同步通过“超帧”机制实现。

1. 超 帧

在 IEEE 802.15.4 中,可以选用以超帧为周期组织 LR-WPAN 网络内设备间的通信。每个超帧都以网络协调器发出信标帧(beacon)为始,在这个信标帧中包含了超帧将持续的时间以及对这段时间的分配等信息。网络中普通设备接收到超帧开始时的信标帧后,就可以根据其中的内容安排自己的任务,例如进入休眠状态直到这个超帧结束。

超帧将通信时间划分为活跃和不活跃两个部分。在不活跃期间,PAN 网络中的设备不会相互通信,从而可以进入休眠状态以节省能量。超帧将活跃期间划分为3个阶段:信标帧发送时段、竞争访问时段 CAP(Contention Access Period)和非竞争访问时段 CEP(Contention-free Period)。超帧的活跃部分被划分为16个等长的时槽,每个时槽的长度、竞争访问时段包含的时槽数等参数,都由协调器设定,并通过超帧开始时发出的信标帧广播到整个网络。

在超帧的竞争访问时段,IEEE 802.15.4 网络设备使用带时槽的 CSMA-CA 访问机制,并且任何通信都必须在竞争访问时段结束前完成。在非竞争时段,协调器根据上一个超帧 PAN 网络中设备申请 GTS 的情况,将非竞争时段划分成若干个 GTS。每个 GTS 由若干个时槽组成,时槽数目在设备申请 GTS 时指定。如果申请成功,申请设备就拥有了它指定的时槽数目。每个 GTS 中的时槽都指定分配给了时槽申请设备,因而不需要竞争信道。IEEE 802.15.4 标准要求任何通信都必须在自己分配的 GTS 内完成。

超帧中规定非竞争时段必须跟在竞争时段后面。竞争时段的功能包括网络设备可以自由收发数据,域内设备向协调者申请 GTS 时段,新设备加入当前 PAN 网络等。非竞争阶段由协调者指定的设备发送或者接收数据包。如果某个设备在非竞争时段一直处在接收状态,那么拥有 GTS 使用权的设备就可以在 GTS 阶段直接向该设备发送信息。

2. 数据传输模型

LR-WPAN 网络中存在着3种数据传输方式:设备发送数据给协调器、协调器发送数据给设备、对等设备之间的数据传输。星型拓扑网络中只存在前两种数据传输方式,因为数据只在协调器和设备之间交换;而在点对点拓扑网络中,3种数据传输方式都存在。

LR-WPAN 网络中,有两种通信模式可供选择:信标使能通信和信标不使能通信。

在信标使能的网络中,PAN 网络协调器定时广播信标帧。信标帧表示超帧的开始。设备之间通信使用基于时槽的 CSMA-CA 信道访问机制,PAN 网络中的设备都通过协调器发送的信标帧进行同步。在时槽 CSMA-CA 机制下,每当设备需要发送数据帧或命令帧时,它首先定位下一个时槽的边界,然后等待随机数目个时槽。

等待完毕后，设备开始检测信道状态：如果信道忙，设备需要重新等待随机数目个时槽，再检查信道状态，重复这个过程直到有空闲信道出现。在这种机制下，确认帧的发送不需要使用CSMA-CA机制，而是紧跟着接收帧发送回源设备。

在信标不使能的通信网络中，PAN网络协调器不发送信标帧，各个设备使用非分时槽的CSMA-CA机制访问信道。该机制的通信过程如下：每当设备需要发送数据或者发送MAC命令时，它首先等候一段随机长的时间，然后开始检测信道状态：如果信道空闲，该设备立即开始发送数据；如果信道忙，设备需要重复上面的等待一段随机时间和检测信道状态的过程，直到能够发送数据。在设备接收到数据帧或命令帧而需要回应确认帧的时候，确认帧应紧跟着接收帧发送，而不使用CSMA-CA机制竞争信道。

3. MAC层帧结构

MAC层帧结构的设计目标是用最低复杂度实现在多噪声无线信道环境下的可靠数据传输。每个MAC子层的帧都由帧头、负载和帧尾3部分组成。帧头由帧控制信息、帧序列号和地址信息组成。MAC子层负载具有可变长度，具体内容由帧类型决定。帧尾是帧头和负载数据的16位CRC校验序列。

在MAC子层中设备地址有两种格式：16位（2个字节）的短地址和64位（8个字节）的扩展地址。16位短地址是设备与PAN网络协调器关联时，由协调器分配的网内局部地址；64位扩展地址是全球唯一地址，在设备进入网络之前就分配好了。16位短地址只能保证在PAN网络内部是唯一的，所以在使用16位短地址通信时需要结合16位的PAN网络标识符才有意义。两种地址类型的地址信息的长度是不同的，从而导致MAC帧头的长度也是可变的。一个数据帧使用哪种地址类型由帧控制字段的内容指示。在帧结构中没有表示帧长度的字段，这是因为在物理层的帧里面有表示MAC帧长度的字段，MAC负载长度可以通过物理层帧长和MAC帧头的长度计算出来。

IEEE 802.15.4网络共定义了四种类型的帧：信标帧、数据帧、确认帧和MAC命令帧。

① 信标帧如图6-1所示。

信标帧的负载数据单元由4部分组成：超帧描述字段、GTS分配字段、待转发数据目标地址字段和信标帧负载数据。各部分的含义及功能为：

- 信标帧中超帧描述字段规定了这个超帧的持续时间、活跃部分持续时间以及竞争访问时段持续时间等信息。
- GTS分配字段交无竞争时段划分为若干个GTS，并把每个GTS具体分配给了某个设备。
- 转发数据目标地址列出了与协调者保存的数据相对应的设备地址。一个设备如果发现自己的地址出现在待转发数据目标地址字段里，则意味着协调器存有属于它的数据，所以它就会向协调器发出请求传送数据的MAC命令帧。

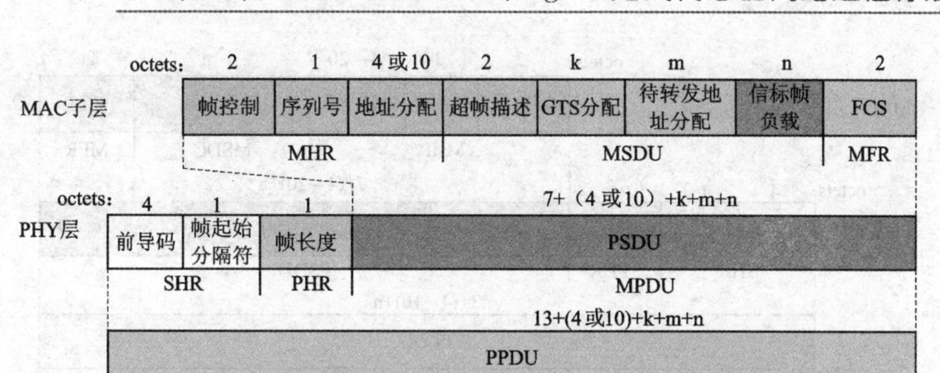

图 6-1　信标帧

➢ 信标帧负载数据为上层协议提供数据传输接口。例如在使用安全机制的时候，这个负载域将根据被通信设备设定的安全通信协议填入相应的信息。通常情况下，这个字段可以忽略。在信标不使能网络里，协调器在其他设备的请求下也会发送信标帧。此时信标帧的功能是辅助协调器向设备传输数据，整个帧只有待转发数据目标地址字段有意义。

② 数据帧如图 6-2 所示。

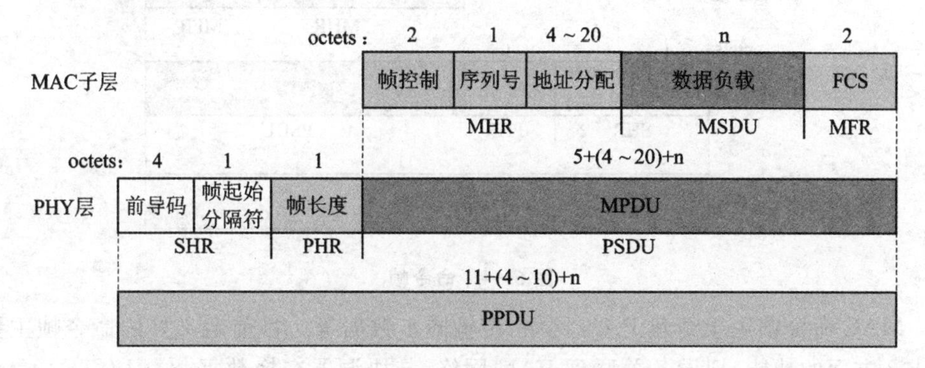

图 6-2　数据帧

数据帧用来传输上层发到 MAC 子层的数据，它的负载字段包含了上层需要传送的数据。数据负载传送至 MAC 子层时，被称为 MAC 服务数据单元。它的首尾被分别附加了 MHR 头信息和 MFR 尾信息后，就构成了 MAC 帧。

MAC 帧传送至物理层后，就成为了物理帧的负载 PSDU。PSDU 在物理层被“包装”，其首部增加了同步信息 SHR 和帧长度字段 PHR 字段。同步信息 SHR 包括用于同步的前导码和 SFD 字段，它们都是固定值。帧长度字段的 PHR 标识了 MAC 帧的长度，长度为一个字节，且只有其中的低 7 位有效，所以 MAC 帧的长度不会超过 127 个字节。

③ 确认帧如图 6-3 所示。

如果设备收到目的地址为其自身的数据帧或 MAC 命令帧，并且帧的控制信息

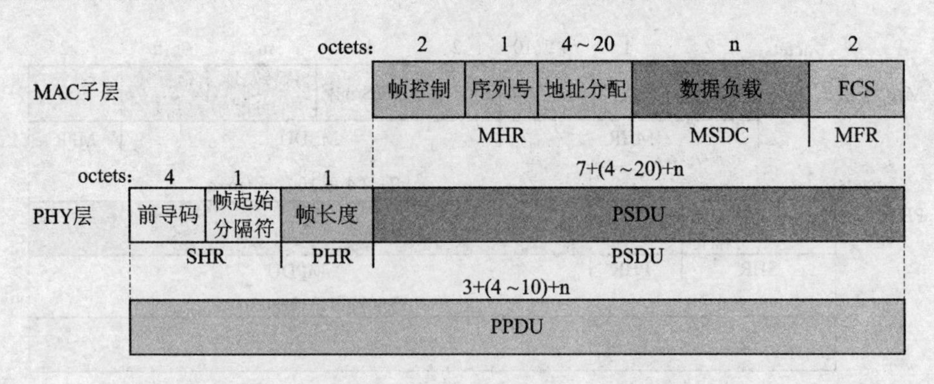

图 6-3　确认帧

字段的确认请求位被置 1，设备需要回应一个确认帧。确认帧的序列号应该与被确认帧的序列号相同，并且负载长度应该为零。确认帧紧接着被确认帧发送，不需要使用 CSMA-CA 机制竞争信道。

④ 命令帧如图 6-4 所示。

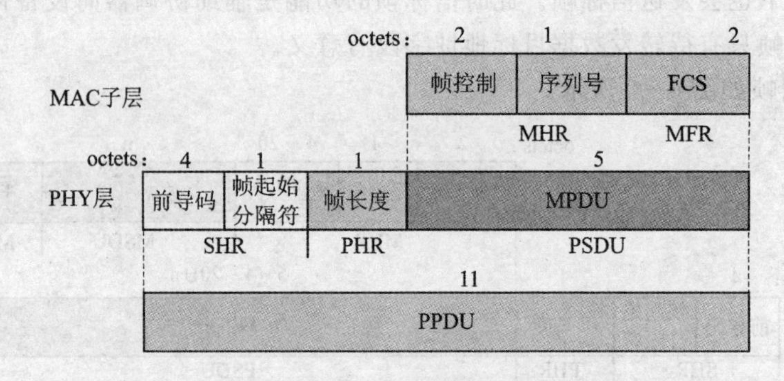

图 6-4　命令帧

MAC 命令帧用于组建 PAN 网络、传输同步数据等。目前定义好的命令帧主要完成 3 方面的功能：把设备关联到 PAN 网络，与协调器交换数据，分配 GTS。命令帧在格式上和其他类型的帧没有太多的区别，只是帧控制字段的帧类型位有所不同。帧头的帧控制字段的帧类型为 011B(B 表示二进制数据)，表示这是一个命令帧。命令帧的具体功能由帧的负载数据表示。负载数据是一个变长结构，所有命令帧负载的第 1 个字节是命令类型字节，后面的数据帧对不同的命令类型有不同的含义。

6.2　ZigBee 标准及规范

6.2.1　网络层(NWK)规范

网络层(NWK)是 ZigBee 协议栈的核心，它负责向应用层提供正确的服务接口，同时对IEEE 802.15.4标准定义的MAC层进行正确的操作。网络层包括两个服务实体,分别是网络层数据实体NLDE和网络层管理实体NLME。其中NLDE提供数据传送服务,NLME提供管理服务。NLME同时负责网络层数据库——数据信息基础NIB(Network Information Base)。

NLDE提供数据服务,它主要提供以下两个服务:

① 生成网络层的协议数据单元(NPDU):NLDE从APS接收到应用层协议数据单元后,通过添加网络层帧头,可以生成网络层协议数据单元。

② 指定拓扑路由:NLDE能够将数据发送到适当的设备。这个设备或者是通信的目标设备,或者是朝着最终通信目标路径上的下一跳设备。

NLME能够提供下面的服务:

① 配置一个新的设备:为保证设备正常工作,设备应该能够配置足够的堆栈。配置选项包括作为一个ZigBee协调器或者加入一个已经存在的网络中。

② 开启一个新的网络:有能力建立一个新的网络。

③ 加入或离开网络:能够连接或断开一个网络,以及作为ZigBee协调器或ZigBee路由器,具有要求设备同网络断开的能力。

④ 寻址:ZigBee的协调器和路由器有能力为加入网络中的设备分配地址。

⑤ 搜索邻居设备:搜索、记录和报告在一跳范围内设备的邻居设备的信息。

⑥ 路由搜索:有能力去搜索和记录有效传送信息的网络路由的能力。

⑦ 接收控制:能够控制接收机什么时候使能,保持多长时间,使MAC层能够同步或者正常接收等。

1. 网络层管理服务功能实现

网络层管理服务功能的实现主要靠各种不同的原语操作共同来完成。下面将从网络在建立和维护过程中使用的不同流程的角度,来介绍实现这些功能所用到的相关原语操作。建立新网络的流程如图6-5所示。

从图6-5中可以看到,一个新网络的建立流程开始时,首先会由ZigBee协调器的应用层向其网络层发NLME-NETWORK-FORMATION.request请求原语,请求建立一个新的网络。应用层程序通过直接调用与这个原语操作相对应的函数NLME_NetworkFormationRequest来实现这一操作过程。

函数NLME_NetworkFormationRequest在执行时,首先会对设备的当前状态进行判断,如果断定这个设备不具有ZigBee协调器能力时,就会通过发起NLME-NETWORK-FORMATION.confirm原语来返回请求原语执行的结果,其状态值为INVALID_REQUEST。这个过程的执行可以通过在请求函数的执行过程中调用相应的函数NLME_NetworkFormationConfirm来返回。

如果当前设备是ZigBee协调器的话,还应当判断这个设备是否已经存在于网络之中。如果存在,说明网络已经建立,这时将通过调用确认函数返回INVALID_REQUEST状态值。

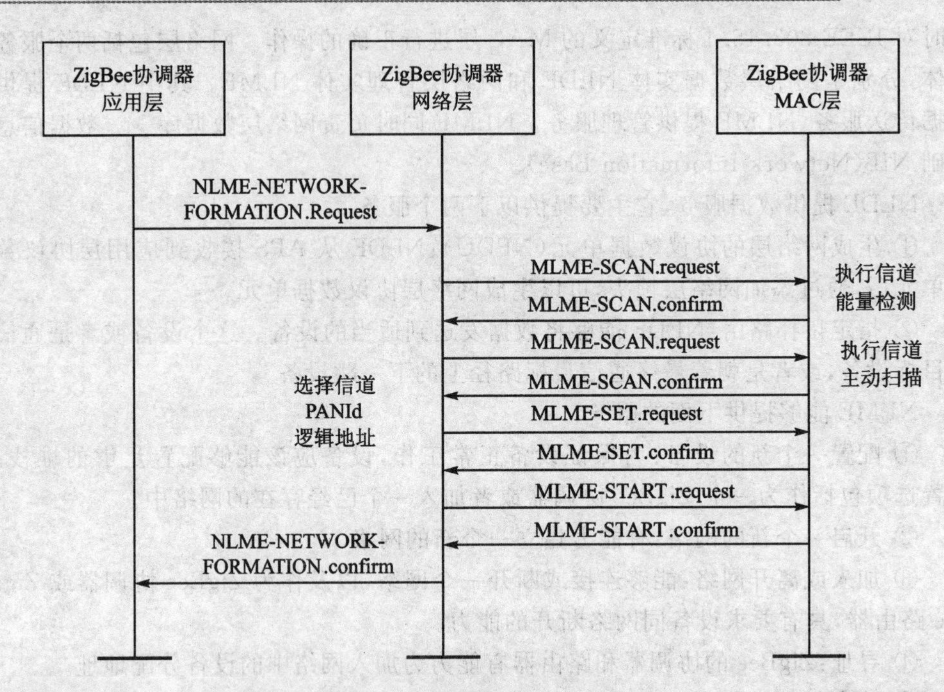

图6-5 建立新网络的流程

如果设备是协调器但不是网络中的设备时，网络信息建立函数将继续发起MLME-SCAN.request原语来执行有效信道能量检测操作。网络层将通过调用MAC层相应函数MLME_ScanRequest来执行，检测可能存在的干扰。MAC层在执行完能量检测扫描之后，将扫描的结果通过MLME-ScanConfirm函数返回给网络层。网络层接收到返回结果后，以递增方式对所测能量值进行信道排序，并丢弃能量值超出可允许能量水平的信道，选择可允许能量水平的信道进一步处理。对能量进行排序的过程将在ProcessMlmeScanConfirm函数内进行处理。在相应的处理结束之后ProcessMlmeScanConfirm函数将通过调用MLME_ScanRequest函数来发起MLME-SCAN.request原语操作，其中原语中的ScanType参数将被设置为主动扫描，ChannelList参数将被设置为可允许扫描的信道列表。这一步执行过程主要用来发现其他的ZigBee设备。

网络层管理实体根据MLME_ScanConfirm函数返回的结果将为网络选择一个合适信道、PANId。如果不能找到合适信道，则向应用层直接返回STARTUP-FAILURE。如果存在合适的信道，就必须为这个信道选择一个PANId。当选择的PANId同原先存在的PANId的值不冲突时，就使用这个PANId来作为新网络的PANId；反之，当产生冲突后，ProcessMlmeScanConfirm函数将随机获取一个PAN标识符，同时要求这个PAN标识符不为广播PAN标识符(0xFFFF)并且在网络中唯一。PAN标识符的最高两位被保留为将来使用，因此PAN的标识符应该小于等于0x3FFF。当PANId被选定后，网络层通过发起MLME-SET.request原语将此值写入 MAC 层的 PANId 属性中。当不能够找到合适的 PANId 时，ProcessMlmeScanConfirm 函数就会调用 NLME_NetworkFormationConfirm 函数返回 STARTUP_FAILURE。

一旦建立了一个新网络，网络层将设定 MAC 层属性 macShortAddress 的值为 0x0000。0x0000 代表网络协调器的地址。当这些操作做完后，管理实体会发起 MLME－START.request 原语来运行新的网络。这一步要通过在 ProcessMlmeScanConfirm 函数内调用 MLME_StartRequest 函数来执行，其结果将通过 MLME_StartConfirm 函数返回。最后网络层管理实体将 MLME_StartConfirm 返回结果通过调用 NLME_NetworkFormationConfirm 函数发送回应用层。

2. 允许设备加入网络

允许设备加入网络的流程如图 6－6 所示。设备的应用层通过发起 NLME－PERMIT－JOINING.request 原语来允许设备与网络相连接。应用层通过调用 NLME_PermitJoiningRequest 函数来实现这一操作。函数首先进行判断，如果设备不是 ZigBee 协调器或路由器时，它将调用 NLME_PermitJoiningConfirm 函数返回 INVALID_REQUEST，并终止函数运行。

如果设备是 ZigBee 协调器或路由器时，则函数将根据 PermitDuration 参数的值来进行相应的操作。当参数值为 0x00 时，函数将 MAC 层中属性 macAssociationPermit 的值设为 FALSE。当参数值为 0x01 到 0xFE 之间的值时，该函数将设置 MAC 层属性 macAssociationPermit 的值为 TRUE，并且在网络层管理实体中启动一个定时器，用来对指定的一段时间进行计时。到达该时间后，定时器将停止计时，并把 MAC 层中属性 macAssociationPermit 的值设置为 FALSE。如果参数 PermitDuration 的值为 0xFF 时，那么函数要将 MAC 层中属性 macAssociationPermit 的值设置为 TURE，以表示无限定时间。如果要改变属性 macAssociationPermit 的值，必须通过再次发送 NLME－PERMIT－JOINING.request 原语来完成。

与此过程相关的原语操作如下：NLME－PERMIT－JOINING.request 原语，相应函数声明：

```
extern void NLME_PermitJoiningRequest(byte PermitDuration);
```

PermitDuration：指 ZigBee 协调器或路由器允许设备连接网络的时间，以秒为单位。0x00 和 0xFF 分别表示许可是否有效，无时间限制。网络层负责以下工作：

- 加入与离开某个网路；
- 将封包作安全性处理；
- 传送封包到目标节点；
- 找寻并维护节点间的绕径路线；
- 搜寻邻节点；

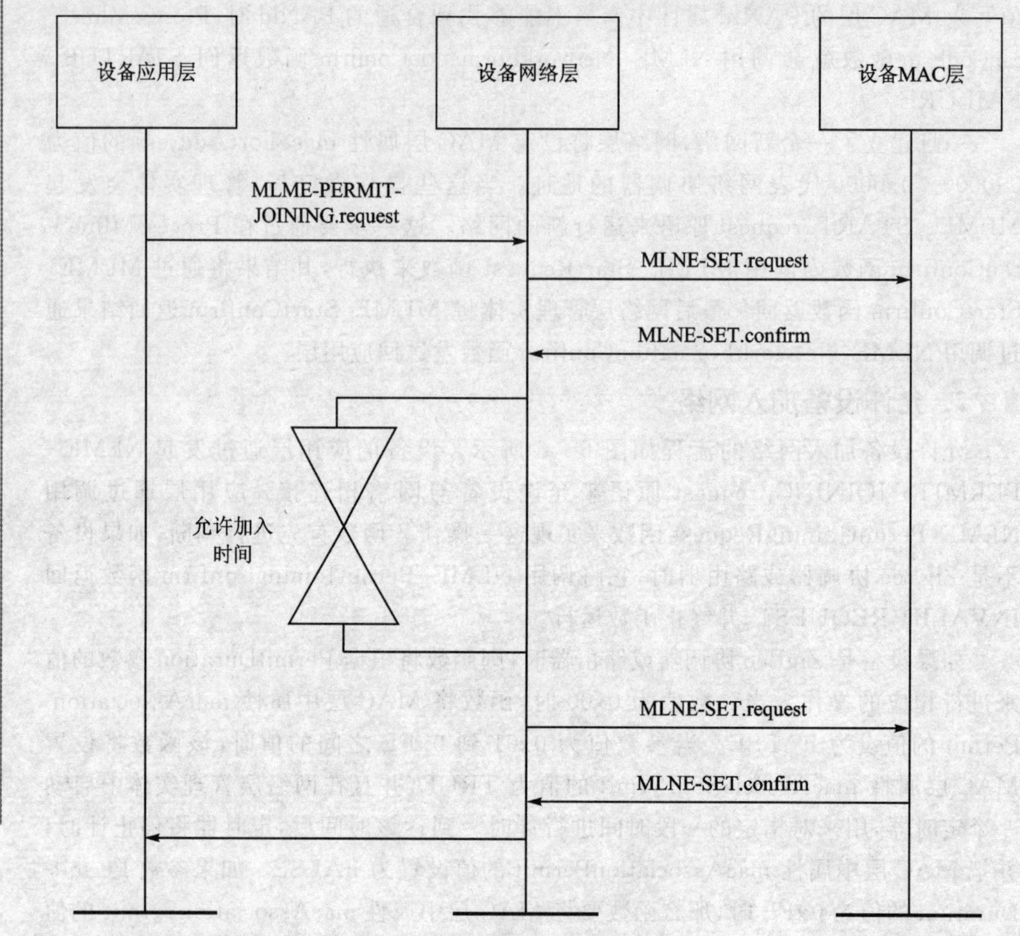

图 6-6　允许设备加入网络的流程

- 储存相关邻节点资讯。

ZigBee Coordinator 的额外工作包括：

- 发起一个网路；
- 设定各项网路参数；
- 分派网路位址并规范网路位址分发原则。

6.2.2　应用层(APL)规范

ZigBee 应用层包含应用支持子层 APS、ZigBee 设备对象 ZDO(包含 ZDO 管理平台)和制造商定义的应用对象。

APS 子层提供网路层与应用层之间的介面和维持物件之间的连结表，并在连结的装置之间传递信息，它也维持了一个 APS 资讯库 AIB(APS Information Base)。

APS 提供了这样的接口：在 NWK 层和 APL 层之间，从 ZDO 到供应商的应用对象的通用服务集。这服务由两个实体实现:APS数据实体APSDE和APS管理实体APSME。

➤ APSDE通过APSDE服务接入点(APSDE-SAP);

➤ APSME通过APSME服务接入点(APSME-SAP)。

APSDE提供在同一个网络中的两个或者更多的应用实体之间的数据通信。APSME提供多种服务给应用对象,这些服务包含安全服务和绑定设备,并维护管理对象的数据库,也就是常说的AIB。

ZigBee中的应用框架是为驻扎在ZigBee设备中的应用对象提供活动的环境。最多可以定义240个相对独立的应用程序对象,任何一个对象的端点编号从1到240。还有两个附加的终端节点针对APSDE-SAP的使用:端点号0固定用于ZDO数据接口;另外一个端点255固定用于所有应用对象广播数据的数据接口功能。端点241～254保留(扩展使用)。

(1) 应 用

应用profiles是一组统一的消息、消息格式和处理方法。允许开发者建立一个可以共同使用的、分布式应用程序,这些应用是使用驻扎在独立设备中的应用实体。这些应用profiles允许应用程序发送命令、请求数据和处理命令和请求。

(2) 簇

簇标识符可用来区分不同的簇,簇标识符联系着数据从设备流出和向设备流入。在特殊的应用profiles范围内,簇标识符是唯一的。

(3) ZigBee设备对象

ZigBee设备对象(ZDO),描述了一个基本的功能函数,这个功能在应用对象、设备profile和APS之间提供了一个接口。ZDO位于应用框架和应用支持子层之间,它满足所有在ZigBee协议栈中应用操作的一般需要。ZDO还有以下作用:

① 初始化应用支持子层(APS)、网络层(NWK)、安全服务规范(SSS)。

② 从终端应用中集合配置信息来确定和执行发现、安全管理、网络管理及绑定管理。

ZDO描述了应用框架层的应用对象的公用接口以控制设备和应用对象的网络功能。在终端节点0,ZDO提供了与协议栈中低一层相接的接口,如果是数据则通过APSDE-SAP,如果是控制信息则通过APSME-SAP。在ZigBee协议栈的应用框架中,ZDO公用接口提供设备、发现、绑定及安全等功能的地址管理。

设备发现是指ZigBee设备为什么能发现其他设备的过程。有两种形式的设备发现请求:IEEE地址请求和网络地址请求。IEEE地址请求是单播到一个特殊的设备且假定网络地址已经知道;网络地址请求是广播且携带一个已知的IEEE地址作为负载。

6.2.3 协议栈各层帧结构间关系

在 ZigBee 协议栈中，任何通信数据都是利用帧的格式来组织的。协议栈的每一层都有特定的帧结构。当应用程序需要发送数据时，它将通过 APS 数据实体发送数据请求到 APS，随后在它下面的每一层都会为数据附加相应的帧头，组成要发送的帧信息。其层次结构如图 6-7 所示。

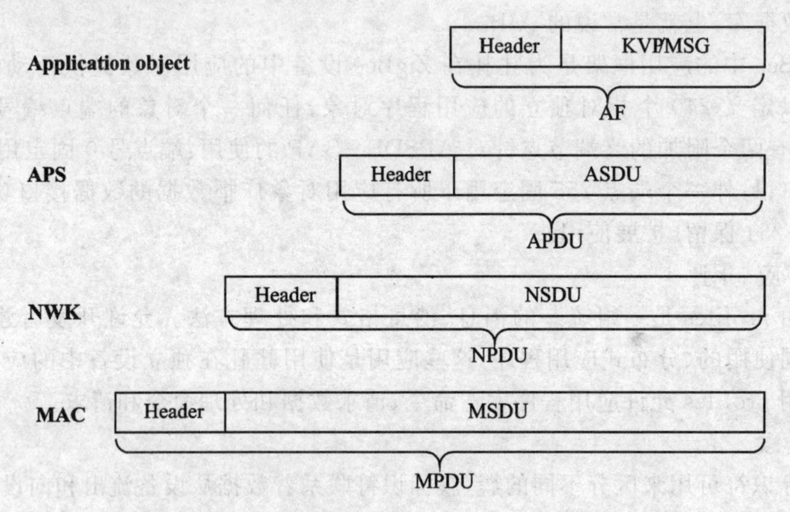

图 6-7 ZigBee 协议栈各层帧结构之间的关系

6.2.4 ZigBee 网络配置

1. 网络设备组成

ZigBee 网络设备主要包括网络协调器、全功能设备和精简功能设备 3 类。

(1) 网络协调器

它包含所有的网络消息，是 3 种设备类型中最复杂的一种，存储容量最大、计算能力最强。功能是发送网络信标、建立一个网络、管理网络节点、存储网络节点信息、寻找一对节点间的路由消息、不断地接收信息。

(2) 全功能设备

全功能设备 FFD 可以担任网络协调者，形成网络，让其他的 FFD 或精简功能装置(RFD)联结。FFD 具备控制器的功能，可提供信息双向传输。其设备特性为：

- 附带由标准指定的全部 IEEE 802.15.4 功能和所有特征；
- 更强的存储能力和计算能力可使其在空闲时起网络路由器作用；
- 也能用作终端设备。

(3) 精简功能设备

精简功能设备 RFD(Reduced - Function Device)只能传送信息给 FFD 或从

FFD 接收信息，其设备特性为：

- 附带有限的功能来控制成本和复杂性；
- 在网络中通常用作终端设备；
- RFD 由于省掉了内存和其他电路，降低了 ZigBee 部件的成本，而简单的 8 位处理器和小协议栈也有助于降低成本。

2. 网络节点类型

从网络配置上，ZigBee 网络中有 3 种类型的节点：ZigBee 协调器、ZigBee 路由节点和 ZigBee 终端节点。

(1) ZigBee 协调器

ZigBee 协调器在 IEEE 802.15.4 中也称为 PAN(Personal Area Network)协调器 ZC(ZigBee Coordinator)，在无线传感器网络中可以作为汇聚节点。ZigBee 协调点必须是 FFD，一个 ZigBee 网络只有一个 ZigBee 协调点，它往往比网络中其他节点的功能更强大，是整个网络的主控节点。它负责发起建立新的网络、设定网络参数、管理网络中的节点以及存储网络中节点信息等，网络形成后也可以执行路由器的功能。ZigBee 协调点是 3 种类型 ZigBee 节点最为复杂的一种，一般由交流电源持续供电。

(2) ZigBee 路由节点

ZigBee 路由节点 ZR(ZigBee Router)也必须是 FFD。ZigBee 路由节点可以参与路由发现、消息转发，通过连接别的节点来扩展网络的覆盖范围等。此外，ZigBee 路由节点还可以在它的个人操作空间 POS(Personal Operating Space)中充当普通协调器(IEEE 802.15.4 称为协调点)。普通协调器与 ZigBee 协调器不同，它仍然受 ZigBee 协调器的控制。

(3) ZigBee 终端节点

ZigBee 终端节点 ZE(ZigBee EndDevice)可以是 FFD 或者 RFD，它通过 ZigBee 协调点或者 ZigBee 路由节点连接到网络，但不允许其他任何节点通过它加入网络，ZigBee 终端节点能够以非常低的功率运行。

3. 网络工作模式

ZigBee 网络的工作模式可以分为信标(Beacon)和非信标(Non-beacon)2 种模式：信标模式实现了网络中所有设备的同步工作和同步休眠，以达到最大限度的功耗节省；而非信标模式则只允许 ZE 进行周期性休眠，ZC 和所有 ZR 设备必须长期处于工作状态。

信标模式下，ZC 负责以一定的间隔时间(一般在 15 ms～4 min)向网络广播信标帧，2 个信标帧发送之间有 16 个相同的时槽，这些时槽分为网络休眠区和网络活动区 2 个部分，消息只能在网络活动区的各时槽内发送。

非信标模式下，ZigBee 标准采用父节点为 ZE 子节点缓存数据，ZE 主动向其父节点提取数据的机制，实现 ZE 的周期性（周期可设置）休眠。网络中所有父节点需为自己的 ZE 子节点缓存数据帧，所有 ZE 子节点的大多数时间都处于休眠模式，周期性的醒来与父节点握手以确认自己仍处于网络中，其从休眠模式转入数据传输模式一般只需要 15 ms。

(1) 网络拓扑结构

IEEE 802.15.4 网络根据应用的需要可以组织成星型、树状和网状网络。这就需要根据应用环境的不同，设计有效的网络拓扑组合来满足各种不同应用。

① 星形网络是一个辐射状系统，数据和网络命令都通过中心节点传输。在这种路由拓扑中，外围节点需要直接与中心节点无线连接，某个节点的冲突或者故障将会降低系统的可靠性。星形网络拓扑结构最大的优点是结构简单，因为很少有上层协议需要执行，设备成本低、较少的上层路由管理；中心节点承担绝大多数管理工作，如发放证书和远距离网关管理等。缺点是：灵活性差，因为需要把每个终端节点放在中心节点的通信范围内，必然会限制无线网络的覆盖范围；而且，集中的信息涌向中心节点，容易造成网络阻塞、丢包、性能下降等情况。

星型网络以网络协调器为中心，所有设备只能与网络协调器进行通信，因此在星型网络的形成过程中，第一步就是建立网络协调器。任何一个 FFD 设备都有成为网络协调器的可能，一个网络如何确定自己的网络协调器由上层协议决定。一种简单的应用策略是：一个 FFD 设备在第一次被激活后，首先广播查询网络协调器的请求，如果接收到回应说明网络中已经存在网络协调器，再通过一系列认证过程，设备就成为了这个网络中的普通设备。如果没有收到回应，或者认证过程不成功，这个 FFD 设备就可以建立自己的网络，并且成为这个网络的网络协调器。当然，这里还存在一些更深入的问题，一个是网络协调器过期问题，如原有的网络协调器损坏或者能量耗尽；另一个是偶然因素造成多个网络协调器竞争问题，如移动物体阻挡导致一个 FFD 自己建立网络，当移动物体离开的时候，网络中将出现多个协调器。

网络协调器要为网络选择一个唯一的标识符，所有该星型网络中的设备都是用这个标识符来规定自己的属主关系。不同星型网络之间的设备通过设置专门的网关完成相互通信。选择一个标识符后，网络协调器就允许其他设备加入自己的网络，并为这些设备转发数据分组。星型网络中的 2 个设备如果需要互相通信，都是先把各自的数据包发送给网络协调器，然后由网络协调器转发给对方。

② 树状网络是点对点网络的一个例子，也是 ZigBee 典型的网络拓扑结构。在一般的点对点网络中，任意 2 个设备只要能够彼此收到对方的无线信号，就可以进行直接通信，不需要其他设备的转发。但点对点网络中仍然需要一个网络协调器，不过该协调器的功能不再是为其他设备转发数据，而是完成设备注册和访问控制等基本的网络管理功能。网络协调器的产生同样由上层协议规定，例如，把某个信道上第一个开始通信的设备作为该信道上的网络协议器。

在 ZigBee 的树状网络中，绝大多数设备是 FFD 设备，而 RFD 设备总是作为树状的叶设备连接到网络中。任意一个FFD都可以充当RFD协调器或者网络协调器，为其他设备提供同步信息。在这些协调器中，只有一个可以充当整个点对点网络的网络协调器。网络协调器可能和网络中其他设备一样，也可能拥有比其他设备更多的计算资源和能量资源。网络协调器首先将自己设为簇头CLH(Cluster Header)，并将簇标识符CID(Cluster Identifier)设置为0，同时为该簇选择一个未被使用的PAN网络标识符，形成网络中的第一个簇。接着，网络协调器开始广播信标帧；邻近设备收到信标帧后，就可以申请加入该簇；设备可否成为簇成员，由网络协调器决定。如果请求被允许，则该设备将作为簇的子设备加入网络协调器的邻居列表。新加入的设备会将簇头作为它的父设备加入到自己的邻居列表中。

上面描述的只是一个由单簇构成的最简单的树状，个域网网络协调器可以指定另一个设备成为邻接的新簇头，以此形成更多的簇。新簇头同样可以选择其他设备成为簇头，进一步扩大网络的覆盖范围。但是过多的簇头会增加簇间消息传递的延时和通信开销。为了减少延时和通信开销，簇头可以选择最远的通信设备作为相邻簇的簇头，这样可以最人限度地缩小不同簇间消息传递的跳数，达到减少延时和开销的目的。

③ 网状网络具有强大的功能，网络可以通过“多级跳”的方式来通信；该拓扑结构还可以组成极为复杂的网络；网络还具备自组织、自愈功能。

网状(Mesh)网是一种特殊的、按接力方式传输的点对点的网络结构，其路由可自动建立和维护。一个ZigBee网络只有一个网络协调器，但可以有若干个路由器。协调器负责整个网络的建网，同时它也可作为与其他类型网络的通信节点(网关)。构成协调器和路由器的器件必须是全功能器件(FFD)，而构成终端设备的器件可以是全功能器件，也可是简约功能器件(RFD)。

(2) 节点功能及配置文件

① 节点功能。典型的ZigBee节点可支持多种特性和功能。例如，I/O节点可能有多种数字和模拟输入/输出。一些数字输入可能被一个远程控制器节点用到，而其他数字输入可能被另一个远程控制器节点使用，这种分配将创建一个真正的分布式控制网络。为了便于在I/O节点和2个控制器节点之间进行数据传输，所有节点中的应用程序必须保存多个数据链路。为了减少成本，ZigBee节点仅使用一个无线信道来和多个端点/接口来创建多条虚拟链路或信道。

一个ZigBee节点支持32个端点(编号为0～31)和8个接口(编号为0～7)。端点0被保留用于设备配置，而端点31被保留仅用于广播，剩下的总共30个端点用于应用。每个端点总共有8个接口。因此，实际上，应用在一个物理信道中最多可能有240条虚拟信道。

一个典型的ZigBee节点也将有很多属性。例如，I/O节点包含称为数字输入1、数字输入2、模拟输入1等的属性。每个属性都有自己的值。例如，数字输入1属性可能有值1或0。属性的集合被称为群集。在整个网络中，每个群集都被分配了一

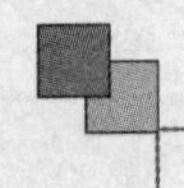

个唯一的群集ID,每个群集最多有65 535个属性。

② 配置文件。

ZigBee协议还定义了一个称为配置文件的术语。配置文件就是指对分布式应用的描述。它根据应用必须处理的数据包和必须执行的操作来描述分布式应用。使用描述符对配置文件进行描述,描述符仅仅是各种值的复杂结构。此配置文件使ZigBee设备可以互操作。ZigBee联盟已经定义了很多标准的配置文件,例如,远程控制开关配置文件和光传感器配置文件等。任何遵循某一标准配置文件的节点都可以与其他实现相同配置文件的节点进行互操作。每个配置文件可以定义最多256个群集,每个群集最多可以有65 535个属性。此灵活性允许节点有大量的属性(或I/O点)。

6.2.5 数据传输机制

传输数据到终端设备和从终端设备传输数据的机制,随网络类型的不同而不同。在无信标的星形网络中,当终端设备想要发送数据帧时,它只需等待信道变为空闲。在检测到空闲信道条件时,它将帧发送到协调器。如果协调器想要将此数据发送到终端设备,它会将数据帧保存在其发送缓冲器中,直到目标终端设备明确地来查询该数据为止。此方法确保终端设备的接收器是被开启的,而且可从协调器接收数据。

在点对点网络中,每个节点必须一直保持它们的接收器为开启状态,或者同意在一个时间段内开启它们的接收器。这将允许节点发送数据帧并确保数据帧会被其他节点接收。

终端设备必须查询协调器以获取其数据,而不是保持接收器开启,从而允许终端设备降低其功耗要求。根据应用的要求,在绝大部分时间内终端设备都处于休眠状态,仅定期地唤醒来发送或接收数据。此方法的一个缺点就是协调器必须将所有数据帧保存在内部缓冲器中,直到目标终端设备唤醒并查询数据。如果网络包含很多休眠时间很长的终端设备,协调器就必须将数据帧保存很长时间。根据节点的数量和交换数据帧的速率,这将大幅增加协调器对RAM的需求。协调器可以根据终端设备的设备描述符,有选择地决定将一个特定的帧保持多长时间。

6.3 本章小结

本章主要介绍了关于IEEE 802.15.4特点和ZigBee标准及规范、协议栈各层帧之间的关系以及相关网络配置。

IEEE 802.15.4标准只定义了PHY层和数据链路层的MAC子层。PHY层由射频收发器和底层的控制模块构成。MAC子层为高层访问物理信道提供点到点通信的服务接口。ZigBee是一种开放式的基于IEEE 802.15.4协议的无线个人局域网标准。ZigBee定义了网路层及应用层的标准及接口。

网络层(NWK)是ZigBee协议栈的核心,它负责向应用层提供正确的服务。接口网络层包括两个服务实体,分别是网络层数据实体(NLDE)和网络层管理实体(NLME)。NLDE提供数据服务,它主要提供生成网络层的协议数据单元和指定拓扑路由两个服务。NLME能够提供配置一个新的设备、开启一个新的网络、加入或离开网络、寻址、搜索邻居设备、路由搜索和接收控制几项的服务。网络层管理服务功能的实现主要靠各种不同的原语操作共同来完成。

ZigBee应用层包含应用程式支援子层(APS)、应用程式框架(AF)、ZigBee装置管控物件(ZDO)与各厂商定义的应用程式物件。APS次层提供网路层与应用层之间的介面,维持物件之间的连结表,并在连结的装置之间传递信息,它也维持了一个APS资讯库。ZDO的功能包括起始应用程式支援子层、网路层以及安全服务等。

在ZigBee协议栈中,任何通信数据都是利用帧的格式来组织的。协议栈的每一层都有特定的帧结构。当应用程序需要发送数据时,它将通过APS数据实体发送数据请求到APS,随后在它下面的每一层都会为数据附加相应的帧头,组成要发送的帧信息。

ZigBee网络设备主要包括网络协调器、全功能设备和精简功能设备3类。网络协调器包含所有的网络消息、发送网络信标、建立一个网络、管理网络节点、存储网络节点信息、寻找一对节点间的路由消息、不断地接收信息。全功能设备可以担任网络协调者,形成网络,让其他的FFD或精简功能装置(RFD)联结。FFD具备控制器的功能,可提供信息双向传输。精简功能设备只能传送信息给FFD或从FFD接收信息。

从网络配置上,ZigBee网络中有3种类型的节点:ZigBee协调器、ZigBee路由节点和ZigBee终端节点。ZigBee协调点在无线传感器网络中可以作为汇聚节点。ZigBee协调点必须是FFD,一个ZigBee网络只有一个ZigBee协调点。ZigBee路由节点也必须是FFD。ZigBee路由节点可以参与路由发现、消息转发,通过连接别的节点来扩展网络的覆盖范围等。此外,ZigBee路由节点还可以在它的个人操作空间中充当普通协调点。普通协调点与ZigBee协调点不同,它仍然受ZigBee协调点的控制。ZigBee终端节点可以是FFD或者RFD,它通过ZigBee协凋点或者ZigBee路由节点连接到网络,但不允许其他任何节点通过它加入网络,ZigBee终端节点能够以非常低的功率运行。

ZigBee网络的工作模式可以分为信标(Beacon)和非信标(Non-beacon)2种模式。传输数据到终端设备和从终端设备传输数据的机制随网络类型的不同而不同。

第7章

TI Z-Stack 软件架构

TI Z-Stack 是基于轮转查询式操作系统的，其核心思想为“轮转”和“查询”。下面采用例子来简介轮转查询式操作系统调度方式。

7.1 轮转查询式操作系统

例如，我们每天的工作可以分为几个任务（如任务一至任务三，任务优先级从高到低），每个任务又可以分解为几个事件（如事件一至事件三，事件优先级从高到低），每天的工作内容如图 7-1 所示。我们的大脑是命令机构（相当于操作系统），身体是执行机构（相当于 CPU）。操作系统安排 CPU 执行工作中任务、事件的具体时刻，此过程称作“调度”。因此，操作系统的使命就是对几项不同的任务进行调度，使其协调有序地在 CPU 上运行。

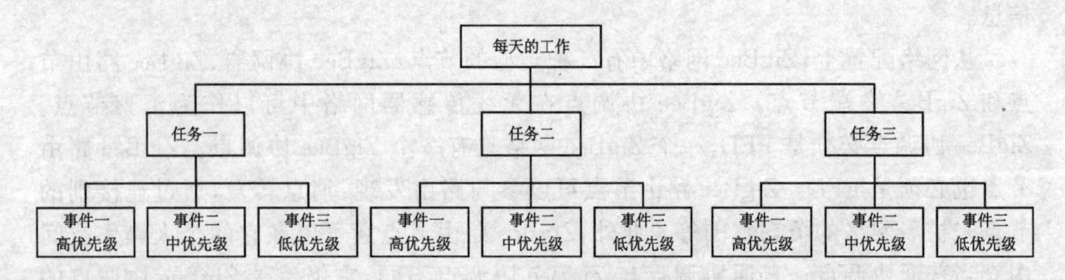

图 7-1 每天的工作示意图

最简单的操作系统调度流程如图 7-2 所示。该调度方式为无休止的循环，每个任务轮转执行，每天都在重复同样的流程，每天都在继续。图 7-2 中隐含了“优先级”的概念，即任务一优先级最高，就要求系统最先查询任务一。

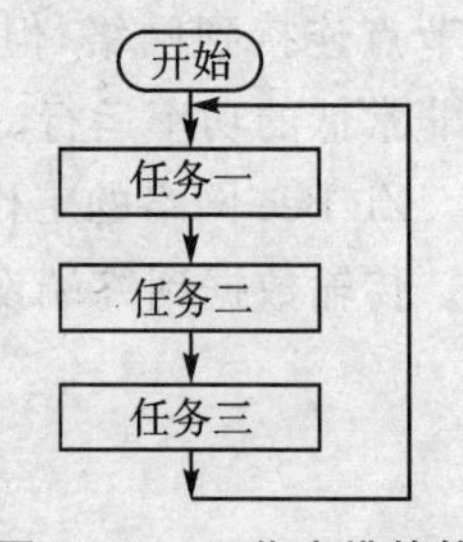

图 7-2 工作安排的轮转式操作系统

图 7-2 只考虑到任务的优先级，没有考虑任务下事件的优先级，因此执行过程中可能会出现顾此失彼的情况。对于每个任务，都要进行“是否有事件”以及“找到最高优先级的事件”的最基本的轮转查询式操作系统，如图 7-3 所示。但是，如果任务一中有两个事件的优先级均高于任务二和任务三中的所有事件，

根据图 7-3 调度原则，我们只能处理任务一中具有最高优先级的一个事件后，便需要执行任务二中的事件。这样，会造成任务一中另一相对高优先级的等待时间过长。所以制定一种更重视优先级的调度方式，如图 7-4 所示。

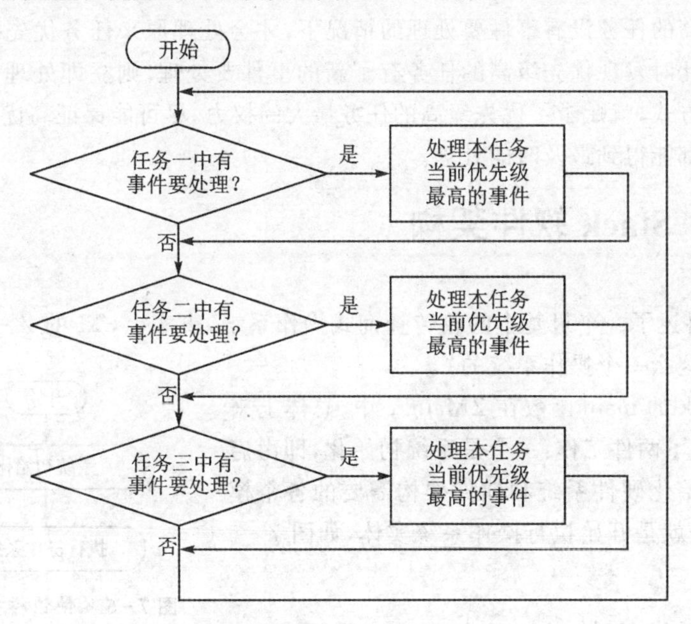

图 7-3 基本的轮转查询式操作系统调度方式

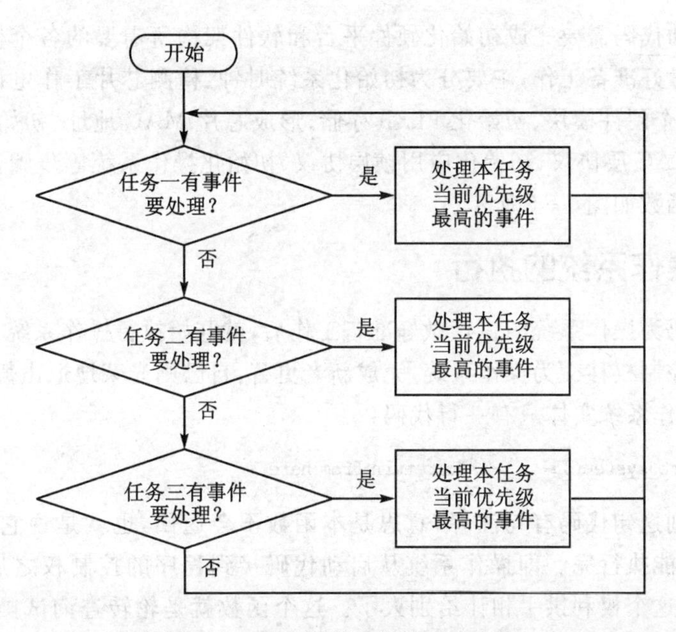

图 7-4 更重视优先级的调度方式

图 7-4 的调度方式把优先级放在了最重要的地位，优先级高的任务中的所有事

件都具有很高的级别，只要优先级高的任务有事件没有处理完，就一直处理，直到所有事件都得到处理，才去执行下一个任务事件的查询。另外，即使当前在处理的任务中有两个以上事件待处理，处理完一件后，也要回头再去查询优先级更高的任务。只有在任务更高的任务没有事件要处理的情况下，才会处理原来任务优先级第二高的事件。如果此时发现优先级高的任务有了新的事件要处理，则立即处理该事件。通过这种调度方式，就赋予了优先级高的任务最大的权力，尽可能保证高优先级任务的每一个事件都能得到最及时的处理。

7.2 Z-Stack软件架构

7.1节讲述了一个最基本的轮转查询式操作系统，事实上，TI的Z-Stack协议栈就是基于这么一个操作系统的。

Z-Stack的main函数在ZMain.c中，总体上来说，它一共做了两件工作：一个是系统初始化，即由启动代码来初始化硬件系统和软件架构需要的各个模块；另外一个就是开始执行操作系统实体，如图7-5所示。

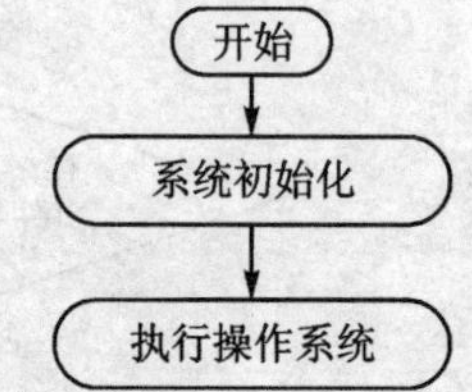

图7-5 协议栈主要流程

7.2.1 系统初始化

系统启动代码需要完成初始化硬件平台和软件架构所需要的各个模块，为操作系统的运行做好准备工作，主要分为初始化系统时钟、检测芯片工作电压、初始化堆栈、初始化各个硬件模块、初始化Flash存储、形成芯片MAC地址、初始化非易失变量、初始化MAC层协议、初始化应用帧层协议、初始化操作系统等步骤，其具体流程图和对应的函数如图7-6所示。

7.2.2 操作系统的执行

启动代码为操作系统的执行做好准备工作后，就开始执行操作系统入口程序，并由此彻底将控制权移交为操作系统，完成新老更替，自己则光荣地退出舞台。

其实，操作系统实体只有一行代码：

```
osal_start_system();      //No return from here
```

可以看到这句代码有句注释，意思是本函数不会返回，也就是说它是一个死循环，永远不可能执行完。即操作系统从启动代码接到程序的控制权之后，就大权在握，不肯再把这个权利拱手相让给别人了。这个函数就是轮转查询试操作系统的主体部分，它所做的就是不断地查询每个任务中是否有事件发生，如果有发生，就执行相应的函数，如果没有发生，就查询下一个任务。

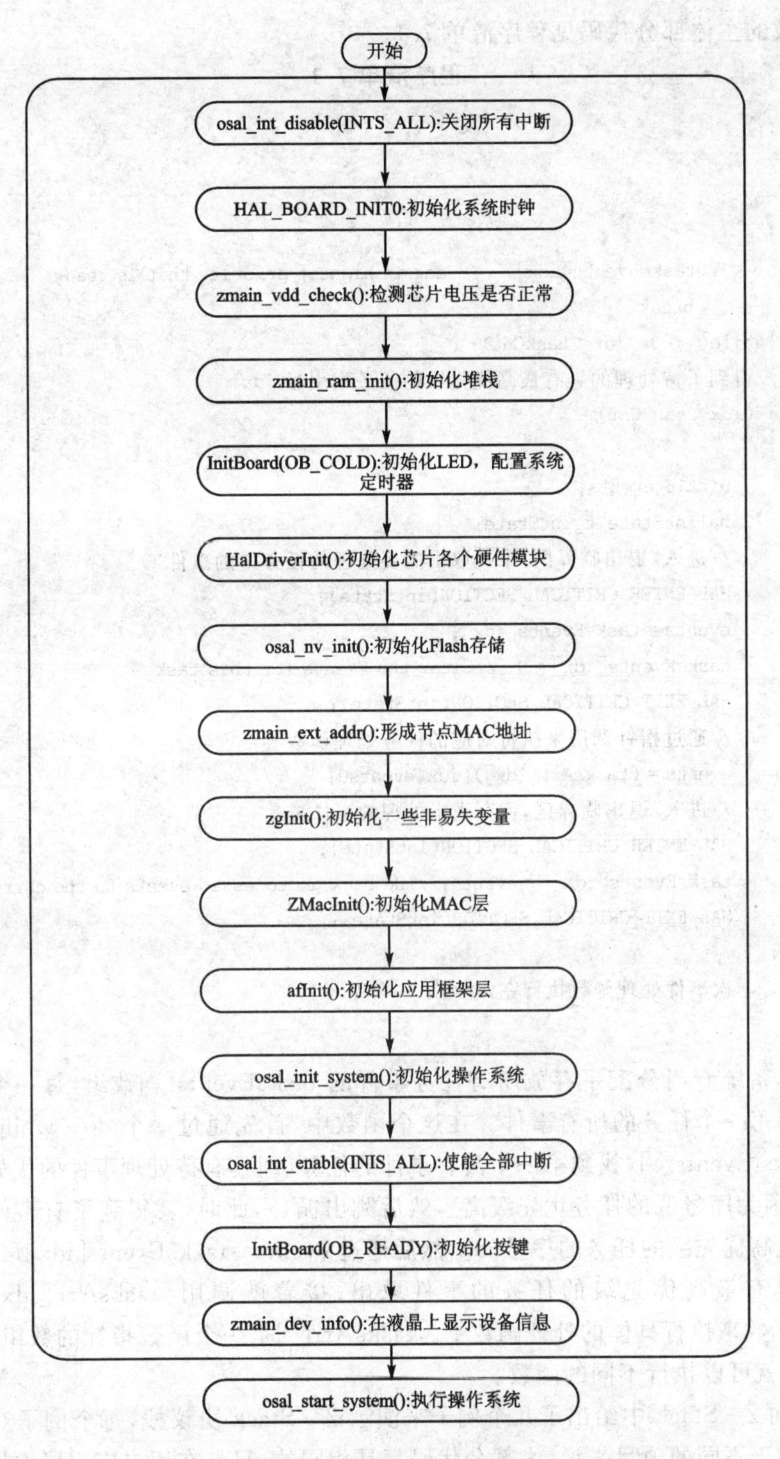

图 7 - 6　系统初始化流程图

函数的主体部分代码见程序清单 7.1。

程序清单 7.1

```
for(;;)
{
    do
    {
        if(tasksevents[idx])  //Task is highest priority that is ready
            break;
    }while( + + idx<taskCnt);
    //得到了待处理的具有最高优先级的任务索引号 idx
    if(idx<taskCnt)
    {
        uint16 events;
        halIntState_t intState;
        //进入/退出临界区,来提取出需要处理的任务中的事件
        HAL_ENTER_CRITICAL_SECTION(intState);
        events = tasksEvents[idx];
        tasksEvents[idx] = 0; //Clear the Events for this task.
        HAL_EXIT_CRITICAL_SECTION(intState);
        //通过指针调用来执行对应的任务处理函数
        events = (tasksArr[idx])(idx,events0;
        //进入/退出临界区,保存尚未处理的事件
        HAL_ENTER_CRITICAL_SECTION(intState);
        tasksEvents[idx]| = events;//Add back unprocessed events to the current task.
        HAL_EXIT_CRITICAL_SECTION(intState);
    }
    //本次事件处理函数执行完,继续下一个循环
}
```


操作系统专门分配了存放所有任务事件的 tasksEvents[ ]数组,每一个单元对应存放着每一个任务的所有事件。在这个函数中,首先通过一个 do - while 循环来遍历 tasks Events[ ],找到第一个具有事件的任务(即具有待处理事件的优先级最高的任务,因为序号低的任务优先级高),然后跳出循环,此时,就得到了有事件待处理的具有最高优先级的任务的序号 idx,然后通过 events=tasksEvents[idx]语句,将这个当前具有最高优先级的任务的事件取出,接着就调用(tasksArr[idx])(idx, events)函数来执行具体的处理函数了。tasksArr[ ]是一个函数指针的数组,根据不同的 idx 就可以执行不同的函数。

TI 的 Z - Stack 中给出了几个例子来演示 Z - Stack 协议栈,每个例子对应一个项目。对于不同的项目来说,大部分代码都是相同的,只是在用户应用层添加了不同的任务及事件处理函数。本节以其中最通用的 GeneralApp. c 为例来解释任务在 Z -

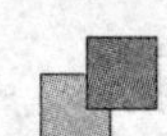

Stack 中是如何安排的。

首先得明确系统要执行的几个任务。在 GeneralApp 这个例子中，几个任务函数组成了上述的那个 tasksArr 函数数组。这个数组在 Osal_GeneralApp.c 中，前缀 Osal 表明这是和操作系统接口的文件，osal_start_system()函数中通过函数指针(tasksEvents[idx])(idx,events)调用具体的相应任务处理函数。

项目 GeneralApp 中的 tasksArr 函数数组代码见程序清单 7.2。

程序清单 7.2

```
const pTaskEventHandlerFn tasksArr[] =
{
    macEventLoop,             //MAC 层任务处理函数
    nwk_event_loop,           //网络层任务处理函数
    Hal_ProcessEvent,         //硬件抽象层任务处理函数
    #if defined(MT_TASK)
    MT_ProcessEvent,          //调试任务处理函数,可选
    #endif
    APS_event_loop,           //应用层任务处理函数,用户不要更改
    ZDApp_event_loop,         //ZigBee 设备应用层任务处理函数,用户可以根据需要更改
    GenericApp_ProcessEvent   //用户应用层任务处理函数,用户自己生成
};
```

由上可见，如果不考虑调试的任务，操作系统一共要处理 6 项任务，分别为 MAC 层、网络层、硬件抽象层、应用层、ZigBee 设备应用层以及可完全由用户处理的应用层，其优先级由高到低，即 MAC 层具有最高的优先级，用户层具有最低的优先级。如果 MAC 层任务有事件无法处理完，用户层任务就永远不会得到执行。当然，这是属于极端的情况，这种情况一般是程序出了问题。

Z-Stack 已经编写了对从 MAC 层(macEventLoop)到 ZigBee 设备应用层(ZDApp_event_loop)这五层任务的事件的处理函数，一般情况下无需修改这些函数，只需要按照自己的需求编写应用层的任务及事件处理函数就可以。

再看另外一个项目 SampleApp 中任务的安排(本数组在 Osal_SampleApp.c 中)。项目 SampleApp 中的 tasksArr 函数数组代码见程序清单 7.3。

程序清单 7.3

```
const pTaskEventHandlerFn tasksArr[] =
{
    macEventLoop,             //MAC 层任务处理函数
    nwk_event_loop,           //网络层任务处理函数
    Hal_ProcessEvent,         //板硬件抽象层任务处理函数
    #if defined(MT_TASK)
    MT_ProcessEvent,          //调试任务处理函数,可选
    #endif
```

```
    APS_event_loop,          //应用层任务处理函数,用户不要更改
    ZDApp_event_loop,        //ZigBee 设备应用层任务处理函数,用户可以根据需要更改
    SampleApp_ProcessEvent   //SerialApp 的用户处理函数
};
```

将 SampleApp 和 GeneralApp 的任务函数数组对比一下,就可以发现它们唯一的不同就在于用户层的处理函数,一个为 GeneralApp_ProcessEvent,另一个为 SampleApp_ProcessEvent。

因此,可以将 Z-Stack 的协议栈架构及操作系统实体归纳,如图 7-7 所示。

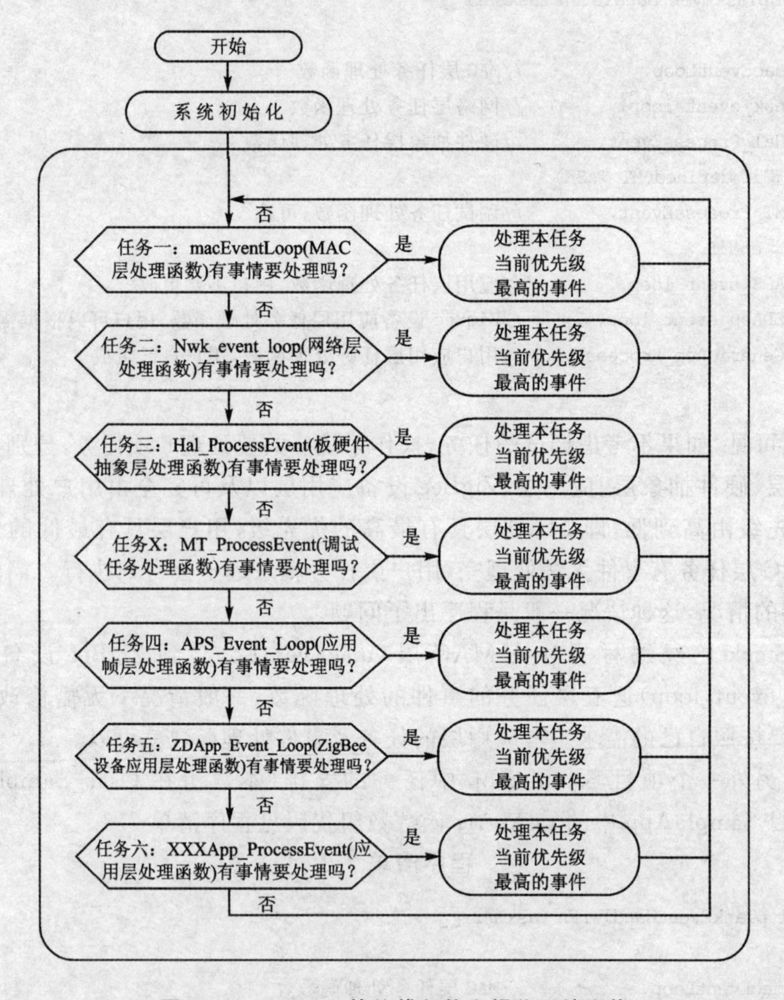

图 7-7　Z-Stack 协议栈架构和操作系统实体

一般情况下,用户只需额外添加三个文件就可以完成一个项目:一个是主文件,存放具体的任务事件处理函数(如 GeneralApp_ProcessEvent 或 SampleApp_ProcessEvent);一个是这个主文件的头文件;另外一个是操作系统接口文件(以 Osal 开

头)，是专门存放任务处理函数数组 tasksArr[ ]的文件。对于 GeneralApp 来说，主文件是 GeneralApp. c，头文件是 GeneralApp. h，操作系统接口文件为 Osal_GeneralApp. c；对于 SamplelApp 来说，主文件是 SampleApp. c，头文件是 SampleApp. h，操作系统接口文件为 Osal_SampleApp. c，如图 7-8 所示。

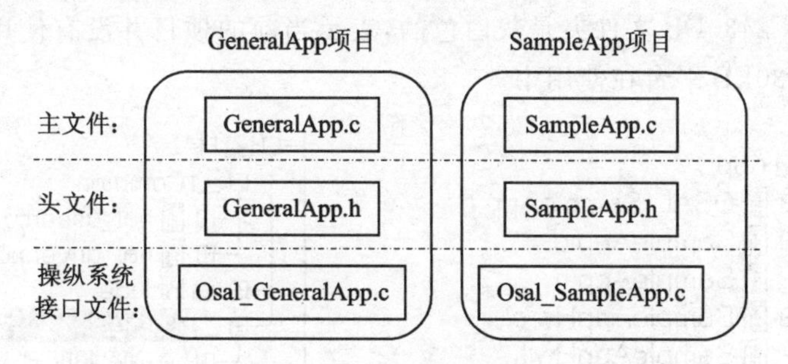

图 7-8 用户开发程序所需要新增编写的文件

通过这种方式，Z-Stack 就实现了绝大部分代码公用，用户只需添加这几个文件，编写自己的任务处理函数就可以了，无需改动 Z-Stack 核心代码，大大增加了项目的通用性和易移植性。

7.2.3 项目中 Z-Stack 文件组织

为了更好地从整体上认识 Z-Stack 架构，本小节以 SampleApp 为例讲述在具体项目中怎样把 Z-Stack 中的文件组织起来，如图 7-9 所示。各个目录含义为:

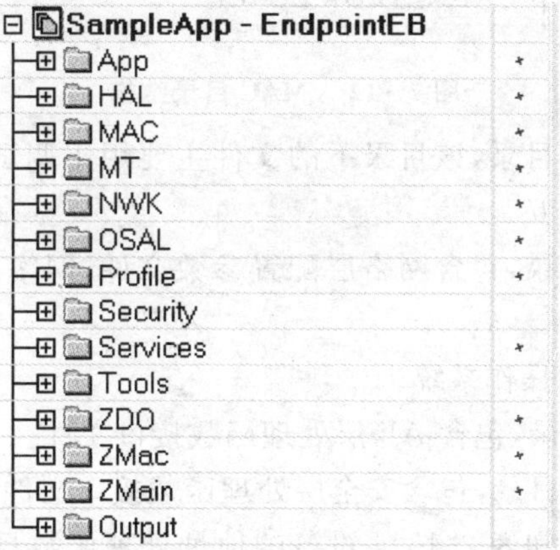

SampleApp - EndpointEB
- App
- HAL
- MAC
- MT
- NWK
- OSAL
- Profile
- Security
- Services
- Tools
- ZDO
- ZMac
- ZMain
- Output

图 7-9 Z-Stack 在项目中的目录结构

① App：应用层目录，其目录结构如图 7-10 所示。这个目录下的三个文件就是创建一个新项目时主要添加的文件，其具体意义见 7.2.2 小节。当要创建另外一个新项目时，也只需替换掉这三个文件。

② HAL：硬件层目录，其目录结构如图 7-11 所示。Common 目录下的文件是

公用文件，基本上与硬件无关，其中 hal_assert. c 是断言文件，用于调试；hal_drivers. c 是驱动文件，抽象出与硬件无关的驱动函数，包含有与硬件相关的配置和驱动及操作函数。Include 目录下主要包含各个硬件模块的头文件，而 Tatget 目录下的文件是跟硬件平台相关的，可以看到有两个平台，分别是 CC2430DB 平台和 CC2430EB 平台，其中 CC2430DB 文件夹是灰白色的，表示当前的项目并没有使用这个平台，这意味着 CC2430EB 平台在使用中。

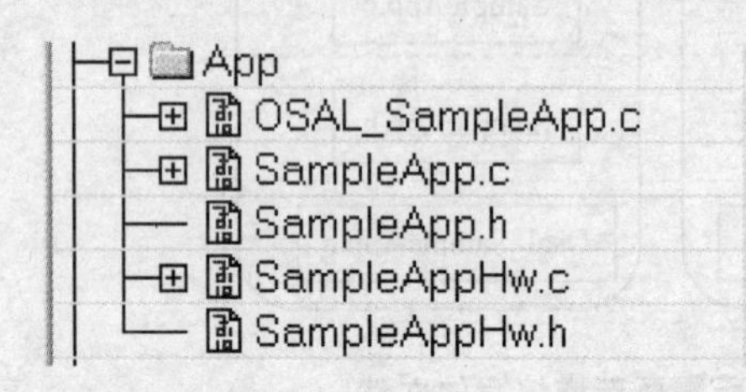

图 7－10　App 目录结构

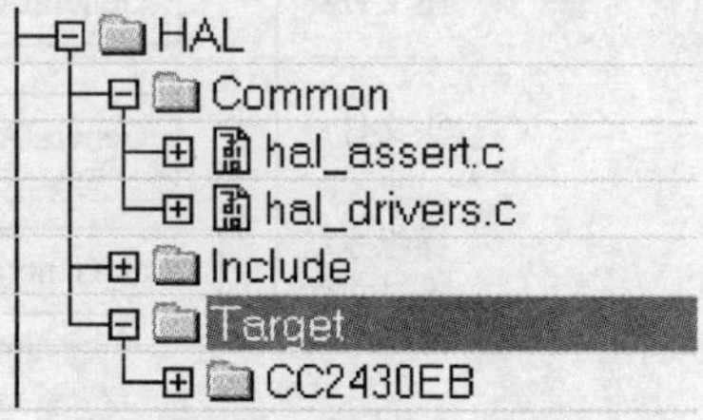

HAL
Common
hal_assert.c
hal_drivers.c
Include
Target
CC2430EB

图 7－11　HAL 目录结构

③ MAC：MAC 层目录，其目录结构如图 7－12 所示。High Level 和 Low Level 两个目录表示 MAC 层分为了高层和底层两层，Include 目录下则包含 MAC 层的参数配置文件及其 MAC 的 LIB 库的函数接口文件。

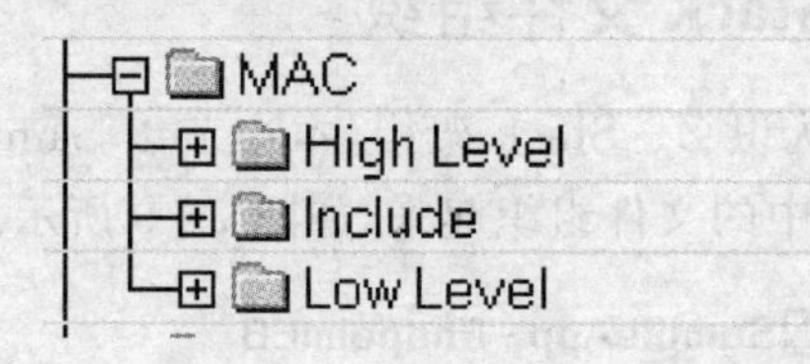

图 7－12　MAC 目录结构

④ MT：监控调试层目录，该目录下的文件主要用于调试，即实现通过串口调试各层，与各层进行直接交互。

⑤ MWK：网络层目录，包含网络层配置参数文件、网络层库的函数接口文件及 APS 层库的函数接口。

⑥ OSAL：协议栈的操作系统。

⑦ Profile：AF 层目录，包含 AF 层处理函数接口文件。

⑧ Security：安全层目录，包含安全层处理函数接口文件。

⑨ Services：ZigBee 和 802. 15. 4 设备的地址处理函数目录，包括地址模式的定义和地址处理函数。

⑩ Tools：工程配置目录，包括空间划分和 Z－Stack 相关配置信息。

⑪ ZDO：指 ZigBee 设备对象，可认为是一种公共的功能集，方便用户用自定义的对象调用 APS 子层的服务和 NWK 层的服务。

⑫ ZMac：ZMAC 目录如图 7－13 所示，其中 zmac. c 是 Z－Stack MAC 导出层

接口文件，zmac_cb.c 是 ZMAC 需要调用的网络层函数。

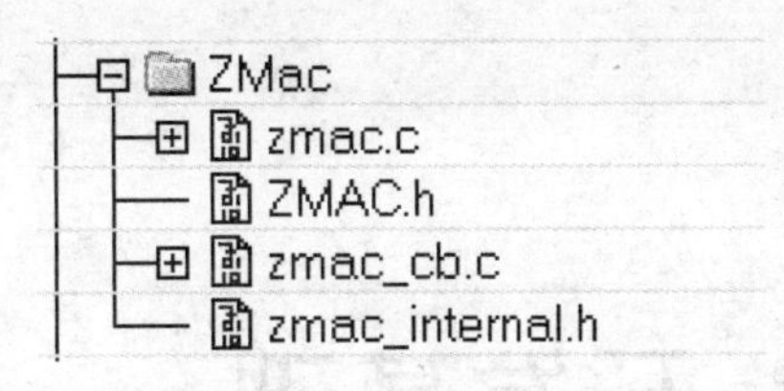

图 7-13　ZMac 层目录接口

⑬ ZMain：ZMain 目录如图 7-14 所示，在 ZMain.c 主要包含了整个项目的入口函数 main()，在 OnBoard.c 中包含对硬件开发平台各类外设进行控制的接口函数。

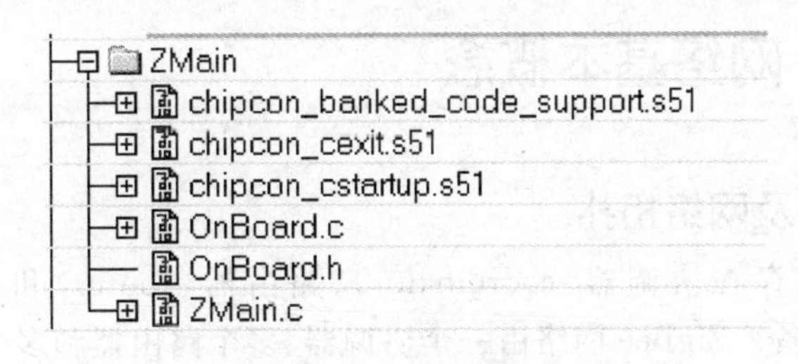

图 7-14　ZMain 目录接口

⑭ Output：输出文件目录，这个由 EW8051 IDE 自动生成。

7.3　本章小结

本章主要通过应用举例介绍了 TI Z-Stack 软件构架的初始化、操作系统的执行步骤以及具体项目中怎样把 Z-Stack 中的文件组织起来。

Z-Stack 的 main 函数在 ZMain.c 中，总体上来说，它一共做了两件工作：一个是系统初始化，即由启动代码来初始化硬件系统和软件架构需要的各个模块；另外一个就是开始执行操作系统实体。

系统启动代码需要完成初始化硬件平台和软件架构所需要的各个模块，主要分为初始化系统时钟、检测芯片工作电压、初始化堆栈、初始化各个硬件模块、初始化 Flash 存储、形成芯片 MAC 地址、初始化非易失变量、初始化 MAC 层协议、初始化应用帧层协议、初始化操作系统等步骤。

操作系统实体只有一行代码：osal_start_system()，本函数不会返回，也就是说它是一个死循环，永远不可能执行完。如果不考虑调试的任务，操作系统一共要处理六项任务，分别为 MAC 层、网络层、板硬件抽象层，应用层、ZigBee 设备应用层以及可完全由用户处理的应用层，其优先级由高到低，即 MAC 层具有最高的优先级，用户层具有最低的优先级。

第 8 章

TI Z－Stack 开发基础

第 7 章讲述了 TI Z－Stack 的平台架构，为了能进一步利用 Z－Stack 开发实际的 ZigBee 项目，还要掌握一些必须的 ZigBee 相关概念。

8.1 ZigBee 网络基本概念

1. 设备类型及网络拓扑

ZigBee 网络中存在协调器（coordinator）、路由器（router）和终端设备（end－device）3 种逻辑设备。ZigBee 网络由一个协调器、多个路由器和多个终端设备组成，如图 8－1 所示。

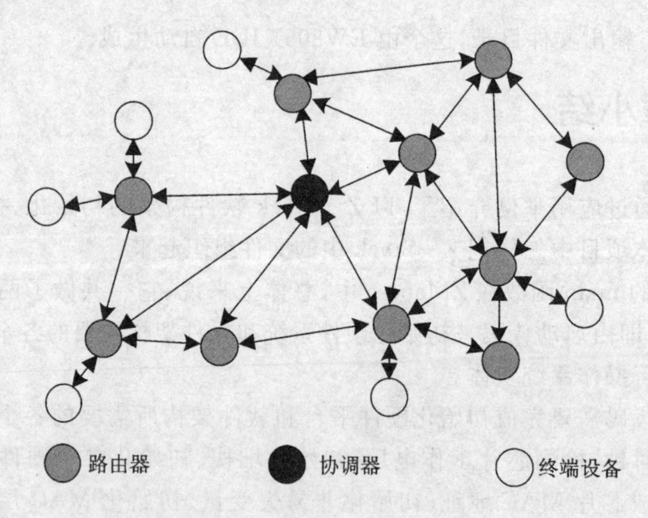

图 8－1　ZigBee 网络示意图

协调器是整个网络的核心，其主要作用是选择一个相对空闲的信道，形成一个 PANID，启动网络。协调器可以协助建立网络中安全层及处理应用层的绑定。当整个网络启动和配置完成之后，它的功能退化为一个普通路由器。

路由器的主要功能是提供接力作用，能扩展信号的传输范围，因此，一般情况下路由器处于活动状态，不应休眠。

终端设备可以睡眠或者唤醒，功耗较低，因此可采用电池供电。

ZigBee 网络常采用星型与对等两种拓扑结构。

2. 信 道

IEEE 802.15.4 规范的物理层定义了 3 个载波频段用于收发数据：868～868.6 MHz、902～928 MHz 和 2 400～2 483.5 MHz。在这 3 个频段上发送数据使用的频率、信号处理过程以及调制方式等方面都存在一定的差异，其中 2.4 GHz 频段的数据传输速率为 250 kb/s，915 MHz、868 MHz 分别为 40 kb/s 和 20 kb/s。

IEEE 802.15.4 规范定义了 27 个物理信道，信道编号 0～26，每个具体的信道对应着一个中心频率。这 27 个物理信道覆盖了以上 3 个不同的频段。不同的频段所对应的宽度不同，标准规定：868 MHz 频段定义了 1 个信道(0 号信道)；915 MHz 频段定义了 10 个信道(1～10 号信道)；2.4 GHz 频段定义了 16 个信道(11～26 号信道)。这些信道的中心频率定义如下：

$F=868.3\ \text{MHz} \qquad k=0$

$F=906+2(k-1)\text{MHz} \qquad k=1,2,\cdots,10$

$F=2405+5(k-11)\text{MHz} \qquad k=11,12,\cdots,26$

式中：k 为信道编号，F 为信道对应的中心频率。

通常，ZigBee 硬件设备不能同时兼容两个工作频段，在选择时，应符合当地无线电管理委员会的规定。由于 868～868.6 MHz 频段主要用于欧洲，902～928 MHz 频段用于北美，而 2 400～2 483.5 MHz 频段可以用于全球，因此在中国所采用的都是 2.4 GHz 的工作频段。

每一个设备都有一个 DEFAULT_CHANLIST 的默认信道集。协调器扫描自己的默认信道集并选择噪声最小的信道作为自己所建网络的信道。终端节点和路由器也要扫描默认信道集并选择一个信道上已经存在的网络加入。

PANID 指网络编号，用于区分不同的 ZigBee 网络。设备的 PANID 值与 ZDAPP_CONFIG_PAN_ID 值的设置有关。如果协调器的 ZDAPP_CONFIG_PAN_ID 设置为 0xFFFF，则协调器将产生一个随机的 PANID，如果路由器和终端节点的 ZDAPP_CONFIG_PAN_ID 设置为 0xFFFF，路由器和终端节点将会在自己的默认信道上随机选择一个网络加入，网络协调器的 PANID 即为自己的 PANID。如果协调器的 ZDAPP_CONFIG_PAN_ID 设置为非 0xFFFF 值，则协调器根据自身的网络长地址(IEEE 地址)或 ZDAPP_CONFIG_PAN_ID 值随机产生 PANID，不同的是，如果路由器和终端节点的 ZDAPP_CONFIG_PAN_ID 值设置为非 0xFFFF 值，则会以 ZDAPP_CONFIG_PAN_ID 值作为 PANID。如果协调器的 PANID 的设置值为小于等于 0x3FFF 的有效值，协调器就会以这个特定的 PANID 值建立网络，但是，如果在默认信道上已经有该 PANID 值的网络存在，则协调器会继续搜寻其他的 PANID，直到找到网络不冲突为止。这样，就有可能产生一些问题：如果协调器因为在默认信道上发生 PANID 冲突而更换 PANID，而终端节点并不知道协调器已经更换

PANID,还是继续加入到 PANID 为 ZDAPP_CONFIG_PAN_ID 值的网络中。

3. 描述符

ZigBee 网络中的所有设备都有一些描述符,用了描述设备类型和应用方式。描述符包含节点描述符、电源描述符和默认用户描述符等,通过改变这些描述符可以定义自己的设备。描述符的定义和创建配置项在文件 ZDOConfig. h 和 ZDOConfig. c 中完成。描述符信息可以被网络中的其他设备获取。

8.2 应用层基本概念

1. 绑 定

绑定是一种两个(或者多个)应用设备之间信息流的控制结构。在最新的 Z-Stack 版本中,它被称为资源绑定,所有的设备都必须执行绑定机制。绑定允许应用程序发送一个数据包而不需要知道目标地址。APS 层从它的绑定表中确定目标地址,然后将数据继续向目标应用或者目标组发送。

绑定有间接绑定、直接绑定(OTA)和直接绑定(通过串口)三种。通常前两种使用较多。

间接绑定:此绑定方法比较简单,在 Profile 文件中就包含这种方法,它通过按键来发送绑定信息。需要绑定的两个节点在一定的时间内发送绑定命令,当协调器在设定的时间内收到这样的两条绑定信息时,它就会建立对应的绑定表。建立了绑定关系的两个节点之间就可以通过 EndPoint 来相互通信。

直接绑定(OTA):需要用户编写相应的绑定程序,ZigBee 协议栈中含有绑定 API,用户可以通过适当的方法调用来实现绑定功能。这种方法通常是使用一个节点直接向协调器发送两条绑定信息,这两条信息中的目标地址和源地址相反。这种方法需要用户对协议栈有一定的了解,熟悉相关的 API 函数。使用这种方法可以通过第三方节点来配置网络从而使任意两个节点之间建立绑定关系,使网络通信方式更加灵活。而且第三方节点可以通过与上位机互联,在上位机可以建立一个界面,通过串口向第三方节点传递配置信息,使配置更加方便。

直接绑定(通过串口):这种方法是使用上位机通过串口向协调器发送绑定信息,但这种方法需要用户对串口 API 比较熟悉,这种方法一般使用的比较少,因为通常我们的协调器需要与上位机通信,要把网络的信息传到上位机,一般不适合在同一个上位机软件再做网络的配置部分。通常直接绑定(OTA)方法比较适用,可以专门做一个网络的配置软件来配置网络,当然间接绑定最简单,在项目中可以综合考虑选择适当的绑定方式。

2. 配置文件

配置文件由 ZigBee 技术开发商提供,应用于特定的应用场合,它是用户进行

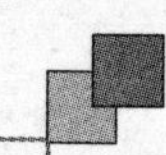

ZigBee 技术开发的基础。当然用户也可以使用专用工具建立自己的 Profile。Profile 是这样一种规范，它规定不同设备对消息帧的处理行为，使不同的设备之间可以通过发送命令、数据请求来实现互操作。

3. 端　点

端点(EndPoint)是一种网络通信中的数据通道，它是无线通信节点的一个通信部件，如果选择“绑定”方式实现节点间的通信，那么可以直接面对端点操作，而不需要知道绑定的两个节点的地址信息。每个 ZigBee 设备支持多达 240 个这样的端点。端点的值和 IEEE 长地址、16 位短地址一样，是唯一确定的网络地址，通常结合绑定功能一起使用。它是 ZigBee 无线通信的一个重要参数。

4. 簇

讲解簇(Cluster)之前，首要要理解什么是间接通信和直接通信，即 ZigBee 技术可以通过使用 IEEE 地址和短地址来通信，也可以通过绑定在各个节点间建立联系，然后通过 EndPoint 和 Cluster 信息来进行通信。

间接通信：间接通信是指各个节点通过端点的绑定建立通信关系，这种通信方式不需要知道目标节点的地址信息，包括 IEEE 地址或网络短地址，Z-Stack 底层将自动从栈的绑定表中查找目标设备的具体网络地址并将其发送出去。

直接通信：不需要节点之间通过绑定建立联系，它使用网络短地址作为参数调用适当的 API 来实现通信。直接通信部分关键点在于节点网络短地址的获得。在发送信息帧之间，必须知道要发送的目标短地址。由于网络协调器的短地址是固定的 0x0000，因此很容易把消息帧发送到协调器。其他网络节点的网络短地址是它们在加入到网络中时由协调器动态分配的，与网络深度、最大路由数、最大节点数等参数有关，没有一个固定的值。所以，要想知道目标节点的网络短地址还需通过其他手段，可以采用通过目标节点的 IEEE 地址来查询短地址的方法。通常，ZigBee 节点的 IEEE 地址是固定的，它被写在节点的 EEPROM 中，这个作为 ZigBee 节点的参数一般会被标示在节点上。所以，有了 IEEE 地址以后，可以通过部分网络 API 的调用，得到与之对应的网络短地址。

而簇是一簇网络变量(attributes)的计划，在同一个 Profile 中，ClusterID 是唯一的。在间接寻址方式中，建立绑定表时需要搞清楚 Cluster 的含义和属性。对于可以建立绑定关系的两个节点，它们的 Cluster 的属性必须一个选择“输入”，另一个选择“输出”，而且 ClusterID 值相等，只有这样，它们彼此才能建立绑定。而在直接寻址方式中，常用 ClusterID 作为参数来将数据或命令发送到对应地址的 Cluster 簇上。

8.3　网络层基本概念

8.3.1　寻　址

1. 地址类型

每个ZigBee设备有一个64位IEEE长地址，即MAC地址，与网卡MAC一样，它是全球唯一的。但在实际网络中，为了方便，通常用16位的短地址来标识自身和识别对方，也称为网络地址。对于协调器来说，短地址为0000H；对于路由器和节点来说，短地址是由它们所在网络中的协调器分配的。

2. 网络地址分配

网络地址分配由网络中的协调器来完成，为了让网络中的每一个设备都有唯一的网络地址（短地址），它要按照事先配置的参数，还要遵循一定的算法分配。这些参数是MAX_DEPTH、MAX_ROUTERS和MAX_CHILDREN。

MAX_DEPTH决定了网络的最大深度。协调器位于深度0，其子字节位于深度1，字节点的子节点位于深度2，以此类推。MAX_DEPTH参数限制了网络在物理上的长度。

MAX_CHILDREN决定了一个路由器或者一个协调器节点可以连接的子节点的最大个数。

MAX_ROUTER决定了一个路由器或者一个协调器可以处理的具有路由功能的子节点的最大个数，它是MAX_CHILDREN的一个子集。

ZigBee2006协议栈已经规定了这些参数的值：MAX_DEPTH＝5，MAX_ROUTERS＝6和MAX_CHILDREN＝20。

3. Z-Stack寻址

向ZigBee节点发送数据时，通常使用AF_DataRequest()函数，该函数需要一个afAddrTpye_t类型的目标地址作为参数。

```
typedef struct
{
    union
    {
        uint16   shortAddr;
    }addr;
    afAddrMode_t addrMode;
    byte endPoint;
}afAddrType_t;
```

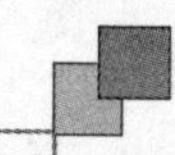

此处除网络地址(短地址)和端点外,还要指定地址模式参数。地址模式可以设置为:

```
typedef struct
{
    afAddrNotPresent = AddrNotPresent,
    afAddr16Bit      = Addr16Bit,
    afAddrGroup      = AddrGroup,
    afAddrBroadcast = AddrBroadcast
}afAddrMode_t;
```

这是因为在 ZigBee 协议栈中,数据包可以单点传送(unicast)、多点传送(multicast)、广播或者组寻址传送,所以必须有地址模式参数。一个单点传送数据包只发送给一个设备,多点传送数据包则要传送给一组设备,而广播数据包则要发送给整个网络的所有节点。

(1) 单点传送

单点传送是标准寻址模式,它将数据包发送给一个已经知道网络地址的网络设备。将 afAddrMode 设置为 Addr16Bit,并且在数据包中携带目标设备地址。

(2) 间接传送

当应用程序不知道数据包的目标设备在哪里的时候,将模式设置为 AddrNotPresent。Z-Stack 底层将自动从栈的绑定表中查找目标设备的具体网络地址,这种特点成为源绑定。如果在绑定表中找到多个设备,则向每个设备都发送一个数据包的拷贝。

(3) 广播传送

当应用程序需要将数据包发送给网络的每一个设备时,将使用广播模式。此时设置为 AddrBroadcast,目标 shortAddr 可以设置为下面广播地址的一种:

- NWK_BROADCAST_SHORTADDR_DEVALL(0xFFFF)—数据包将被传送到网络上的所有设备,包括睡眠中的设备。对于睡眠中的设备,数据包将被保留在其父节点直到它被唤醒后主动到父节点查询,或者直到消息超时。
- NWK_BROADCAST_SHORTADDR_DEVRXON(0xFFFD)—数据包将被传送到网络上所有在空闲时打开接收的设备(RXONWHENIDLE),也就是说,除了睡眠中的所有设备。
- NWK_BROADCAST_SHORTADDR_DEVZCZR(0xFFFC)—数据包发送给所有的路由器(包括协调器,它是一种特殊的路由器)。

(4) 组寻址

当应用程序需要将数据包发送给网络上的一组设备时,使用该模式。地址模式设置为 afAddrGroup,并且 shortAddr 设置为组 ID。在使用这个功能之前,必须在网络中定义组。

4. 重要设备地址(Important Device Adresses)

应用程序可能需要知道它自身的地址和父地址，可用下面的函数在 ZStack API 中定义。

① NLME_GetShortAddr()：返回本节点的 16 位网络地址；

② NLME_GetAddr()：返回本节点的 64 位扩展地址；

③ NLME_GetCoordShortAddr()：返回本节点的父节点的 16 位网络地址(注意此处函数名中，Coord 并不代表父节点，只可能是协调器，也有可能是路由器)；

④ NLME_GetCoordExtAddr()：返回本节点的父节点的 64 位扩展地址(Coord 含义同上)。

8.3.2 路由协议及存储表

ZigBee 设备工作在 2.4 GHz 频段上，该频段的特性限制了 ZigBee 设备的数据传输距离，ZigBee 通过路由器来解决此限制，以达到远距离传输的目标。

路由器的本职工作是为经过路由器的每个数据帧寻找一条最佳传输路径，并将该数据有效地传送到目的节点。选择通畅快捷的近路，能大大提高通信速度，减轻网络系统通信负荷，节约网络系统资源，提高网络系统通畅率，从而让网络系统发挥出更大的效益来。ZigBee 无线网络中，路由器不仅完成路由功能，更重要的是，它在数据传输过程中起到了“接力棒”的作用，大大地拓展了数据传输的距离，是 ZigBee 网络中的“交通枢纽”。

选择最佳路径的策略即路由算法是路由器的关键所在。Z-Stack 提供了比较完善高效的路由算法。路由对于应用层来说是完全透明的。应用程序只需将数据下发到协议栈中，协议栈会自己负责寻找路径，通过多跳的方式将数据传送到目的地址。

路由还能够自愈 ZigBee 网络，如果某个无线连接断开了，路由功能又能自动寻找一条新的路由避开那个断开的网络连接。这就大大提高了网络的可靠性，这也是 ZigBee 网络的一个关键特性。

1. 路由协议

ZigBee 路由协议是基于 AODV 专用网络路由协议来实现的。ZigBee 将 AODV 路由协议优化，使其能够适应于各种环境，能够支持移动节点、连接失败和数据包丢失等复杂环境。

当路由器从它自身的应用程序或者别的设备那里收到一个单点发送的数据包后，网络层将数据包继续传递下去，遵循的流程如下：

如果目标节点是它的相邻节点或自节点，则数据包会被直接传送给目标设备；否则，路由器将要检索它的路由表中与所要传送的数据包的目标地址相符合的记录。如果存在和目标地址相符合的有效路由记录，数据包将被发送到记录中的下一跳地

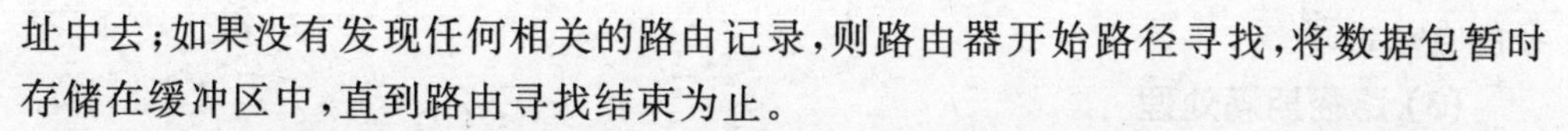

址中去；如果没有发现任何相关的路由记录，则路由器开始路径寻找，将数据包暂时存储在缓冲区中，直到路由寻找结束为止。

ZigBee 终端节点不执行任何路由功能。如果终端节点想要向其他设备传送数据包，它只需将数据包向上发送给它的父节点，由它的父节点代表它来执行路由。同样的，任何一个设备要给终端节点发送数据，开始路径寻找，终端节点的父节点都代表它作出回应。

在 Z-Stack 中，在执行路由功能的过程中就实现了路由表记录的优化。通常，每一个目标设备都需要一条路由表记录。通过将父节点的路由表记录和其所有子节点的路由表记录结合，可以在保证不丧失任何功能的基础上优化路径。

ZigBee 路由器(含协调器)将完成路径发现和选择、路径保持维护、路径期满处理路由功能。

(1) 路径的寻找和选择

路径寻找是网络设备之间相互协作去寻找和建立路径的一个过程。任意一个路由设备都可以发起路径寻找，去寻找某个特定的目标设备。路径寻找机制是寻找源地址和目标地址之间的所有可能路径，并且选择其中最好的路径。

路径选择尽可能选择成本最小的路径。每一个结点通常保持有它的所有邻接点的"连接成本(link costs)"。通常，连接成本最典型的表示方法是一个关于接收信号强度的函数。沿着路径，求出所有连接的连接成本总和，便可以得到整个路径的"路径成本"。路由算法将寻找到拥有最小路径成本的路径。

路由器通过一系列的请求和回复数据包来寻找路径。源设备向它的所有邻接结点广播一个路由请求数据包(RREQ)，来请求一个目标地址的路径。当一个节点接收到 RREQ 数据包，它依次转发 RREQ 数据包。在转发之前，要加上最新的连接成本，然后更新 RREQ 数据包中的成本值。这样，RREQ 数据包携带着连接成本的总和通过所有的连接最终到达目标设备。由于经过不同的路径，目标设备将收到许多 RREQ 副本。目标设备选择最好的 RREQ 数据包，然后沿着相反的路径将路径答复数据包(RREP)发送给源设备。

一旦一条路径被创建，数据包就可以发送了。当一个结点与它的下一级相邻节点失去了连接(当它发送数据时，没有收到 MAC ACK)，该节点就会向所有等待接收它的 RREQ 数据包的节点发送一个 RERR 数据包，将它的路径设为无效。各个结点根据收到的数据包(RREQ、RREP 或者 RERR)来更新它的路由表。

(2) 路径保持与维护

无线网状网(MESH)提供路径维护和网络自愈功能。一个路径上的中间节点一直跟踪着数据传送过程，如果一个连接失败，那么上游节点将对所有使用这条连接的路径启动路径修复。当下一次数据包到达该节点时，节点将重新寻找路径。如果不能够启动路径寻找或者由于某种原因使路径寻找失败，节点会向数据包的源节点发送一个路径错误包(RERR)，它将负责启动新的路径寻找。这两种方法都实现了路径的自动重建。

(3) 路径期满处理

路由表为已经建立连接路径的节点维护路径记录。如果在一定的时间周期内，没有数据通过这条路径发送，这条路径将被表示为期满。期满的路径一直保留到它所占用的空间要被使用为止。在配置文件 f8wConfig.cfg 文件中配置自动路径期满时间，设置 ROUTE_EXPI-RY_TIME 为期满时间，单位为秒，如果设置为 0，则表示关闭自动期满功能。

2. 表存储

要实现路由功能，需要路由器建立一个表格去保持和维护路由信息。

(1) 路由表

每一个路由器(包括协调器)都包含一个路由表。设备在路由表中保存了数据包参与路由所需的信息。每一条路由表记录都包含了目标地址、下一级节点和连接状态等信息。所有的数据包都通过相邻的一级节点发送到目标地址。同样，为了回收路由表空间，可以终止路由表中的那些已经无用的路径记录。

在 f8wCnfig.cfg 文件中配置路由表的大小。将 MAX_RTG_ENTRIES 设置为表的大小(不能小于 4)。

(2) 路径寻找表

用来保存路径寻找过程中的临时信息。这些记录只是在路径寻找操作期间存在，一旦某个记录到期，则它可以被另一个路径寻找使用。记录的个数决定了在一个网络中可以同时并发执行的路径寻找的最大个数。这个值 MAX_RREQ_ENTRIES 可以在 f8wConfig.cfg 文件中配置。

8.4 非易失性存储器

非易失性存储器是指能够永久保存信息的存储器，设备在意外复位或者断电情况下不会丢失信息。CC2430 以 Flash 作为自己的非易失性存储器。不同型号的 CC2430 其 Flash 大小不同。CC2430F32、CC2430F64、CC2430F128 的 Flash 空间分别为:32 KB、64 KB 和 128 KB。

在 Z-Stack 中，对 NV 的读/写操作是通过非易失性存储项来实现的，每一个非易失性存储项都有一个独立的 ID 号。根据 ID 号的范围，NV 空间被划分为几个区域，实现不同的用途。其中，0x0201～0x0FFF 是应用层的使用范围。NV 的 ID 分配表如表 8-1 所列。

1. 网络层非易失性存储器

Z-Stack 将一些网络相关的重要信息都存储到非易失性存储器，保证在 ZigBee 设备意外复位或者断电后重新启动时，设备能够自动恢复到原来网络中。

表 8-1 NV 的 ID 分配表

ID 值	应用类型	ID 值	应用类型
0x0000～0x0020	保留	0x0081～0x00A0	ZDO
0x0021～0x0040	NWK	0x00A1～0x0200	保留
0x0041～0x0060	APS	0x0201～0x0FFF	应用层
0x0061～0x0080	Security	0x01000～0xFFFF	保留

为了启动这个功能，需要包含 NV_RESTORE 编译选项。注意，在一个最终的 ZigBee 网络中，这个选项必须始终启用。关闭这个选项的功能主要是为了开发调试。

ZDO 层负责保存和恢复网络层最重要的信息，包括最基本的网络信息和管理网络所需要的最基本属性，子节点和父节点的列表，应用程序绑定表。

当一个设备复位后，网络信息被存储到设备 NV 中。当设备重新启动时，这些信息可以帮助设备重新恢复到网络当中。在 ZDO 层的初始化函数 ZDAPP_Init 中，调用了函数 NLME_RestoreFromNV()，使网络层通过保存在 NV 中的数据重新恢复网络。如果存储这些网络信息所需的 NV 空间还没有建立，这个函数将帮助我们建立并初始化这部分 NV 空间。

2. 应用层非易失性存储器

NV 除了用于保存网络信息，也可以用来保存应用程序的特定信息，用户描述就是一个很好的例子。NV 中用户描述符 ID 项是 ZDO_NV_USERDESC（在 ZComDef.h 中定义）。

在 ZDApp_Init()函数中，调用函数 osal_nv_item_init()来初始化用户描述符所需要的 NV 空间。如果之前没有建立这个 NV 空间，这个初始化函数将为用户描述符保留空间，并且将它设置为默认值 ZDO、DefaultUserDescriptor。

当需要使用保存在 NV 中的用户描述符，就可以像 ZDO_ProcessUserDescReq()（在 ZDObject.c 中）函数一样，调用 osal_nv_read()函数从 NV 中获取用户描述符。

如果要更新 NV 中的用户描述符，就可以像 ZDO_ProcessUserDescSet()（在 ZDObject.c 中）函数一样，调用 osal_nv_read()函数从 NV 中获取用户描述符。

注意：如果用户应用程序要创建自己的 NV 项，那么必须从应用层范围 0x0201～0x0FFF 中选择 ID。

最后，为了保证一个 ZigBee 网络通信的保密性，防止重要数据被窃取，ZigBee 协议还可以采用 AES/CCM 安全算法，提供可选的安全功能。在一个安全的网络中，协调器可以允许或者不允许节点加入网络，也可以只允许一个设备在很短的窗口时间加入网络。例如，协调器上有一个“push”按键，当按键按下，在这个很短的时间窗口中，它允许任何设备加入网络，否则，所有的加入请求都将被拒绝。

8.5 本章小结

为了能利用 Z-Stack 开发实际的 ZigBee 项目，本章要求读者掌握一些必须的 ZigBee 概念。2.4 GHz 的射频频段被分为 16 个独立的信道。每一个设备都有 DEFAULT_CHANLIST 的默认信道集。PANID 指网络编号，用于区分不同的 ZigBee网络。设备的 PANID 值与 ZDAPP_CONFIG_PAN_ID 值的设置有关。设备描述符包含节点描述符、电源描述符和默认用户描述符等，通过改变这些描述符可以定义自己的设备。

绑定是一种两个(或者多个)应用设备之间信息流的控制结构。绑定有间接绑定、直接绑定(OTA)和直接绑定(通过串口)三种方法。通常前两种使用较多。配置文件是应用程序框架。它由 ZigBee 技术开发商提供，应用于特定的应用场合，是用户进行 ZigBee 技术开发的基础。

端点是一种网络通信中的数据通道，它是无线通信节点的一个通信部件。每个 ZigBee 设备支持多达 240 个这样的端点。端点的值和 IEEE 长地址、16 位短地址一样，是唯一确定的网络地址，通常结合绑定功能一起使用。

直接通信是 ZigBee 技术可以通过使用 IEEE 地址和短地址来通信；间接通信是 ZigBee 技术通过绑定在各个节点间建立联系，然后通过 EndPoint 和 Cluster 信息来进行通信。簇是一簇网络变量(attributes)的计划，在同一个 Profile 中，ClusterID 是唯一的。对于可以建立绑定关系的两个节点，它们的 Cluster 的属性必须一个选择"输入"，另一个选择"输出"，而且 ClusterID 值相等，它们彼此才能建立绑定。而在直接寻址方式中，常用 ClusterID 作为参数来将数据或命令发送到对应地址的 Cluster 簇上。

每个 ZigBee 设备有一个 64 位 IEEE 长地址，即 MAC 地址。网络地址分配由网络中的协调器来完成，为了让网络中的每一个设备都有唯一的网络地址(短地址)，它要按照事先配置的参数，还要遵循一定的算法分配。

数据包可以单点传送(unicast)、多点传送(multicast)、广播传送或者组寻址传送，所以必须有地址模式参数。

ZigBee 设备主要工作在 2.4 GHz 频段上，这一基本特性限制了 ZigBee 设备的数据传输距离，那么 ZigBee 通过路由器来解决这个问题。路由器的本职工作是为经过路由器的每个数据帧寻找一条最佳传输路径，并将该数据有效地传送到目的节点。要实现路由功能，需要路由器建立一个表格去保持和维护路由信息。

为了保证一个 ZigBee 网络通信的保密性，防止重要数据被窃取，ZigBee 协议还可以采用 AES/CCM 安全算法，提供可选的安全功能。

第9章

ZigBee 节点实验

9.1 温湿度传感器节点实验

温湿度传感器实验中，传感器节点将记录的温度值发送至协调器节点，通过串口传至 PC 机。协调器节点负责形成网络，如果一个传感器节点开启后，没有发现协调器，则传感器节点可以临时担任协调器的角色形成网络，一旦发现网络里有协调器，传感器节点就退出协调器的角色。

9.1.1 实验设备及要求

1. 实验设备

- 硬件平台：ZigBee 仿真器；ZigBee 模块 CC2430（两个）；协调器节点；温湿度传感器节点；ZigBee 协议分析仪。
- 软件环境：安装 IAR For C80517.30B 或以上版本软件集成开发环境；安装 ZigBee 数据分析仪。

2. 实验要求

- 协调器开启后自动形成一个网络；
- 传感器节点必须能自动加入网络；
- 传感器节点采集数据通过协调器串口传至 PC 机。

9.1.2 基本原理及硬件设计

温湿度传感器节点电路板如图 9-1 所示。温湿度传感器采用瑞士 Sensirion 公司推出的 SHT10 单片数字温湿度集成传感器。

SHT10 采用 CMOS 过程微加工专利技术（CMOSens technology），确保产品具有极高的可靠性和出色的长期稳定性。该传感器由 1 个电容式聚合体测湿元件和 1 个能隙式测温元件组成，并与 1 个 14 位 A/D 转换器以及 1 个 2-wire 数字接口在单芯片中无缝结合，使得该产品具有功耗低、反应快、抗干扰能力强等优点。SHT10 的特点包括：

- ➢ 相对湿度和温度的测量兼有露点输出；
- ➢ 全部校准，数字输出；
- ➢ 接口简单(2 - wire)，响应速度快；
- ➢ 超低功耗，自动休眠；
- ➢ 出色的长期稳定性；
- ➢ 超小体积(表面贴装)；
- ➢ 测湿精度±45%RH，测温精度±0.5 ℃(25 ℃)。

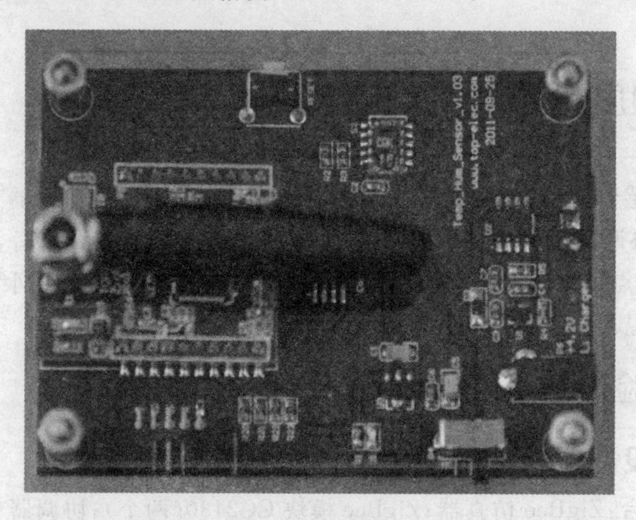

图 9-1　温湿度传感器节点电路板

1. 引脚说明及接口电路

(1) SHT 典型应用电路

SHT 典型应用电路如图 9-2 所示。

(2) 电源引脚(VDD、GND)

SHT10 的供电电压为 2.4～5.5 V。传感器上电后，要等待 11 ms 从“休眠”状态恢复，在此期间不发送任何指令。电源引脚(VDD 和 GND)之间可增加 1 个 100 nF 的电容器，用于去耦滤波。

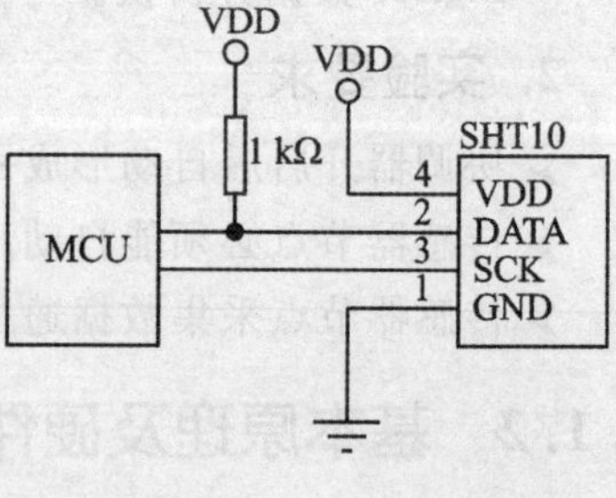

图 9-2　SHT10 典型应用电路图

(3) 串行接口

SHT10 的两线串行接口(bidirectional 2 - wire)在传感器信号读取和电源功耗方面都做了优化处理，其总线类似 I^2C 总线但并不兼容 I^2C 总线。

① 串行时钟输入(SCK)。SCK 引脚是 MCU 与 SHTIO 之间通信的同步时钟，由于接口包含了全静态逻辑，因此没有最小时钟频率。

② 串行数据(DATA)。DATA 引脚是 1 个三态门，用于 MCU 与 SHT10 之间

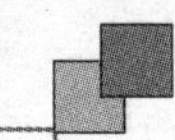

的数据传输。DATA的状态在串行时钟SCK的下降沿之后发生改变，在SCK的上升沿有效。在数据传输期间，当SCK为高电平时，DATA数据线上必须保持稳定状态。为避免数据发生冲突，MCU应该驱动DATA使其处于低电平状态，而外部接1个上拉电阻将信号拉至高电平。

2. 命令与时序

(1) SHT10的操作命令

SHT10的操作命令如表9-1所列。

表9-1　SHT10命令

命　令	代　码
保留	0000x
测量温度	00011
测量湿度	00101
读状态寄存器	00111
写状态寄存器	00110
保留	0101x～1110x
软复位，复位接口、清楚状态寄存器为默认值，下一个命令前等待至少11 ms	11110

(2) 命令时序

发送一组“传输启动”序列进行数据传输初始化，如图9-3所示。其时序为：当SCK为高电平时DT翻转后保持低电平，紧接着SCK产生1个发脉冲，随后在SCK为高电平时DATA翻转后保持高电平。

紧接着的命令包括3个地址位(仅支持000)和5个命令位。SHT10指示正确接收命令的时序为：在第8个SCK时钟的下降沿之后将DATA拉为低电平(ACK位)，在第9个SCK时钟的下降沿之后释放DATA(此时为高电平)。

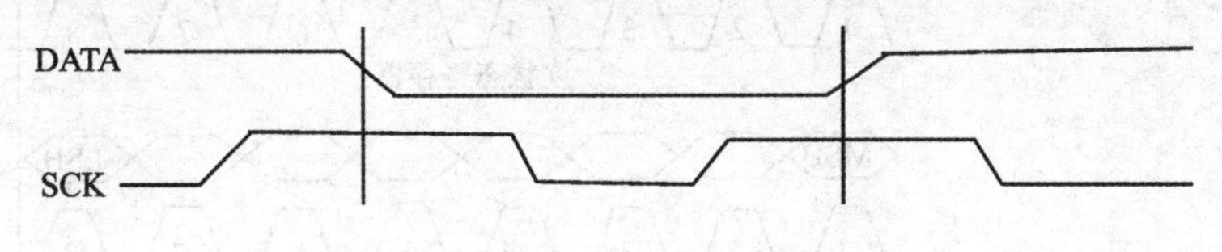

图9-3　命令时序

(3) 测量时序(RH和T)

“000 00101”为相对湿度(RH)量，“000 00101”为温度(θ)测量。发送一组测量命令后控制器要等待测量结束，与8/12/14位的测量相对应，这个过程大约需要20/80/320 ms。测量时间随内部晶振的速度而变化，最多能够缩短30%。SHT10下拉DATA至低电平而使其进入空闲模式。重新启动SCK时钟读出数据之前，控制器必须等待这个“数据准备好”信号。

接下来传输 2 个字节的测量数据和 1 个字节的 CRC 校验。MCU 必须通过拉低 DATA 来确认每个字节。所有的数据都从 MSB 开始，至 LSB 有效。例如对于 12 位数据，第 5 个 SCK 时钟时的数值作为 MSB 位；而对于 8 位数据，第 1 个字节（高 8 位）数据无意义。

确认 CRC 数据位之后，通信结束。如果不使用 CRC－8 校验，控制器可以在测量数据 LSB 位之后，通过保持 ACK 位为高电平来结束本次通信。

测量和通信结束后，SHT10 自动进入休眠状态模式。

(4) 复位时序

如果与 SHT10 的通信发生中断，可以通过随后的信号序列来复位串口，如图 9－4 所示。保持 DATA 为高电平，触发 SCK 时钟 9 次或更多，接着在执行下次命令之前必须发送一组传输启动序列。这些序列只复位串口，状态寄存器的内容仍然保留。

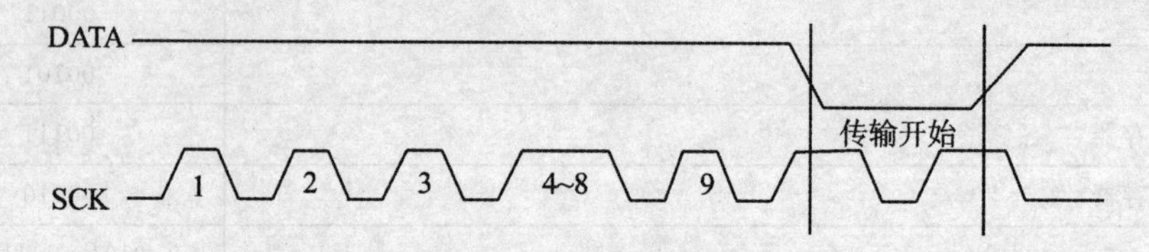

图 9－4 复位时序

(5) 状态寄存器读/写时序

SHT10 通过状态寄存器实现初始状态设定，如图 9－5 和图 9－6 所示。

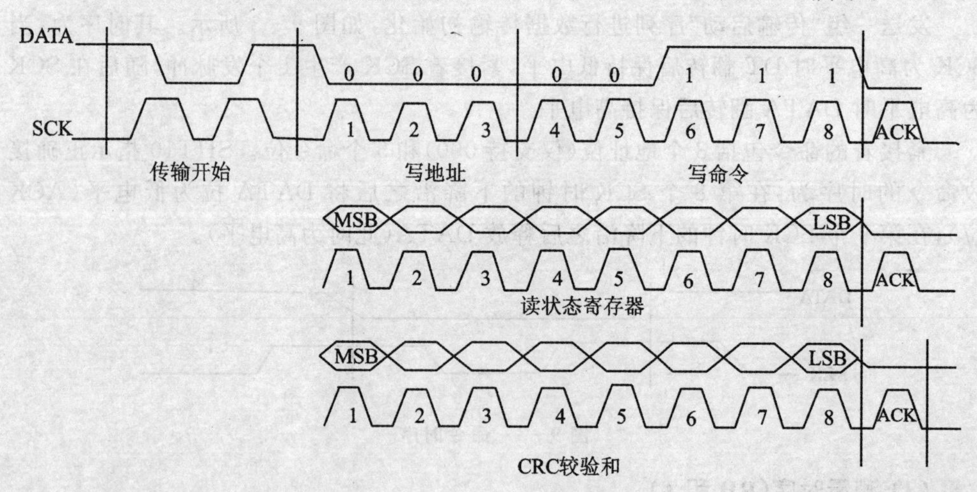

图 9－5 读状态寄存器时序

温湿度传感器需要用 SPI 总线的方式通信，除了连接两个供电引脚以外，剩下的就是两根通信总线，一根时钟线和一根数据线。由于是以模拟 I/O 的方式进行总线通信，所以需要外接上拉电阻以提高通信的稳定可靠性。SHT10 温湿度传感器电路图如图 9－7 所示。

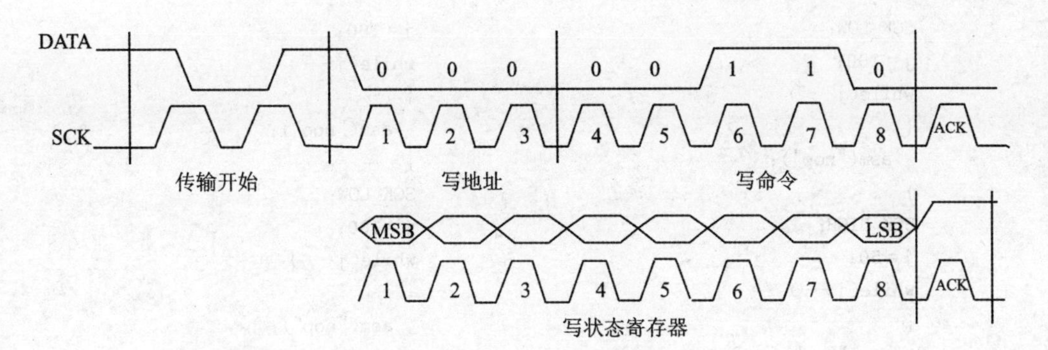

图 9-6 写状态寄存器时序

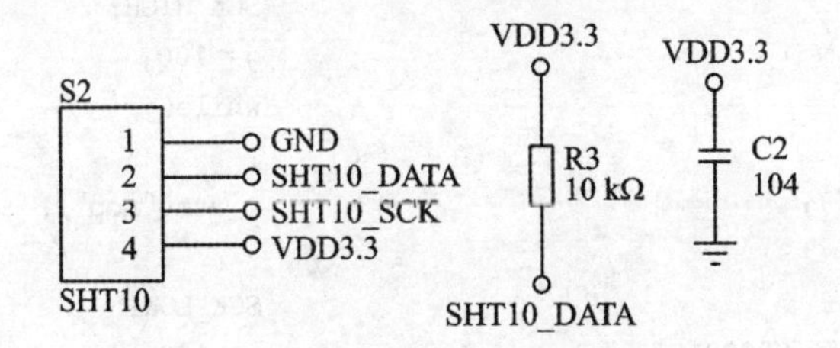

图 9-7 SHT10 温湿度传感器电路图

编程需要完成的任务就是按照手册上的时序，以单片机的编程方式去拉低和拉高相应引脚的电平，就可以读取传感器的状态。单片机通信程序如程序清单 9.1 所示。

程序清单 9.1

```
uint16 ReadSORH(uint8 param)
{
  double temp;
  uint16 i,j;
  uint16 result;
  uint16 SORH = 0;
    DATA_OUTPUT;
    DATA_HIGH;
    SCK_OUTPUT;
    SCK_LOW;
    //通信复位
    for( i = 0; i<10; i++ )
    {
      SCK_HIGH;
      j = 100;
      while(j-- )
      {
        asm("nop");
      }
        SCK_LOW;
        j = 100;
        while(j-- )
        {
          asm("nop");
        }
      }
      SCK_HIGH;
      j = 50;
      while(j-- )
      {
        asm("nop");
      }
      DATA_LOW;
      j = 50;
      while(j-- )
      {
        asm("nop");
      }
```

```
SCK_LOW;
j = 100;
while(j--)
{
  asm("nop");
}
SCK_HIGH;
j = 50;
while(j--)
{
  asm("nop");
}
DATA_HIGH;
j = 50;
while(j--)
{
  asm("nop");
}
SCK_LOW;
//发送命令字:00000101
j = 50;
while(j--)
{
  asm("nop");
}
DATA_LOW;
j = 50;
while(j--)
{
  asm("nop");
}
//1
SCK_HIGH;
j = 100;
while(j--)
{
  asm("nop");
}
SCK_LOW;
j = 100;
while(j--)
{
  asm("nop");
}
//2
SCK_HIGH;
j = 100;
while(j--)
{
  asm("nop");
}
SCK_LOW;
j = 100;
while(j--)
{
  asm("nop");
}
//3
SCK_HIGH;
j = 100;
while(j--)
{
  asm("nop");
}
SCK_LOW;
j = 100;
while(j--)
{
  asm("nop");
}
//4
SCK_HIGH;
j = 100;
while(j--)
{
  asm("nop");
}
SCK_LOW;
j = 100;
while(j--)
{
  asm("nop");
}
if(param == HUMIDITY)
{
  SCK_HIGH;
  j = 100;
  while(j--)
  {
    asm("nop");
  }
  SCK_LOW;
```

```
j = 50;
while(j -- )
{
  asm("nop");
}
DATA_HIGH;
j = 50;
while(j -- )
{
  asm("nop");
}
SCK_HIGH;
j = 100;
while(j -- )
{
  asm("nop");
}
SCK_LOW;
j = 50;
while(j -- )
{
  asm("nop");
}
DATA_LOW;
j = 50;
while(j -- )
{
  asm("nop");
}
SCK_HIGH;
j = 100;
while(j -- )
{
  asm("nop");
}
SCK_LOW;
j = 50;
while(j -- )
{
  asm("nop");
}
DATA_HIGH;
j = 50;
while(j -- )
{
  asm("nop");
  }
  SCK_HIGH;
  j = 100;
  while(j -- )
  {
    asm("nop");
  }
  DATA_INPUT;
  SCK_LOW;
  j = 100;
  while(j -- )
  {
    asm("nop");
  }
}
else if(param == TEMPERATURE)
{
  SCK_HIGH;
  j = 100;
  while(j -- )
  {
    asm("nop");
  }
  SCK_LOW;
  j = 100;
  while(j -- )
  {
    asm("nop");
  }
  SCK_HIGH;
  j = 100;
  while(j -- )
  {
    asm("nop");
  }
  SCK_LOW;
  j = 50;
  while(j -- )
  {
    asm("nop");
  }
  DATA_HIGH;
  j = 50;
  while(j -- )
  {
    asm("nop");
```

```
        }
        SCK_HIGH;
        j = 100;
        while(j--)
        {
          asm("nop");
        }
        SCK_LOW;
        j = 100;
        while(j--)
        {
          asm("nop");
        }
        SCK_HIGH;
        j = 100;
        while(j--)
        {
          asm("nop");
        }
        DATA_INPUT;
        SCK_LOW;
        j = 100;
        while(j--)
        {
          asm("nop");
        }
      }
      else
      {
        return 0;
      }

      SCK_HIGH;
      j = 100;
      while(j--)
      {
        asm("nop");
      }
      SCK_LOW;
      j = 100;
      while(j--)
      {
        asm("nop");
      }
      //等待测量结束
      while(P0_7 == 1);
      //读取 3 个字节数据
      j = 50;
      while(j--)
      {
        asm("nop");
      }
      //高 2/4 位无效
      SCK_HIGH;
      j = 100;
      while(j--)
      {
        asm("nop");
      }
      SCK_LOW;
      j = 100;
      while(j--)
      {
        asm("nop");
      }
      SCK_HIGH;
      j = 100;
      while(j--)
      {
        asm("nop");
      }
      SCK_LOW;
      j = 100;
      while(j--)
      {
        asm("nop");
      }
      SCK_HIGH;
      j = 50;
      while(j--)
      {
        asm("nop");
      }
      if(param == TEMPERATURE)
      {
        SORH |= (P0_7<<13);
      }
      j = 50;
      while(j--)
      {
        asm("nop");
      }
```

```
SCK_LOW;
j = 100;
while(j -- )
{
  asm("nop");
}
SCK_HIGH;
j = 50;
while(j -- )
{
  asm("nop");
}
if(param ==  TEMPERATURE)
{
SORH | =  (P0_7<<12);
}
j = 50;
while(j -- )
{
  asm("nop");
}
SCK_LOW;
j = 100;
while(j -- )
{
  asm("nop");
}
SCK_HIGH;
j = 50;
while(j -- )
{
  asm("nop");
}
SORH | =  (P0_7<<11);
j = 50;
while(j -- )
{
  asm("nop");
}
SCK_LOW;
j = 100;
while(j -- )
{
  asm("nop");
}
SCK_HIGH;
j = 50;
while(j -- )
{
  asm("nop");
}
SORH | =  (P0_7<<10);
j = 50;
while(j -- )
{
  asm("nop");
}
SCK_LOW;
j = 100;
while(j -- )
{
  asm("nop");
}
SCK_HIGH;
j = 50;
while(j -- )
{
  asm("nop");
}
SORH | =  (P0_7<<9);
j = 50;
while(j -- )
{
  asm("nop");
}
SCK_LOW;
j = 100;
while(j -- )
{
  asm("nop");
}
SCK_HIGH;
j = 50;
while(j -- )
{
  asm("nop");
}
SORH | =  (P0_7<<8);
j = 50;
while(j -- )
{
  asm("nop");
```

```
    }
    SCK_LOW;
    j = 50;
    while(j--)
    {
      asm("nop");
    }
    //发 ACK
    DATA_OUTPUT;
    DATA_LOW;
    j = 50;
    while(j--)
    {
      asm("nop");
    }
    SCK_HIGH;
    j = 100;
    while(j--)
    {
      asm("nop");
    }
    SCK_LOW;
    j = 50;
    while(j--)
    {
      asm("nop");
    }
    DATA_INPUT;
    j = 50;
    while(j--)
    {
      asm("nop");
    }
    //低 8 数据位
    SCK_HIGH;
    j = 50;
    while(j--)
    {
      asm("nop");
    }
    SORH |= (P0_7<<7);
    j = 50;
    while(j--)
    {
      asm("nop");
    }
    SCK_LOW;
    j = 100;
    while(j--)
    {
      asm("nop");
    }
    SCK_HIGH;
    j = 50;
    while(j--)
    {
      asm("nop");
    }
    SORH |= (P0_7<<6);
    j = 50;
    while(j--)
    {
      asm("nop");
    }
    SCK_LOW;
    j = 100;
    while(j--)
    {
      asm("nop");
    }
    SCK_HIGH;
    j = 50;
    while(j--)
    {
      asm("nop");
    }
    SORH |= (P0_7<<5);
    j = 50;
    while(j--)
    {
      asm("nop");
    }
    SCK_LOW;
    j = 100;
    while(j--)
    {
      asm("nop");
    }
    SCK_HIGH;
    j = 50;
    while(j--)
    {
```

```
    asm("nop");
  }
  SORH |= (P0_7<<4);
  j=50;
  while(j--)
  {
    asm("nop");
  }
  SCK_LOW;
  j=100;
  while(j--)
  {
    asm("nop");
  }
  SCK_HIGH;
  j=50;
  while(j--)
  {
    asm("nop");
  }
  SORH |= (P0_7<<3);
  j=50;
  while(j--)
  {
    asm("nop");
  }
  SCK_LOW;
  j=100;
  while(j--)
  {
    asm("nop");
  }
  SCK_HIGH;
  j=50;
  while(j--)
  {
    asm("nop");
  }
  SORH |= (P0_7<<2);
  j=50;
  while(j--)
  {
    asm("nop");
  }
  SCK_LOW;
  j=100;
  while(j--)
  {
    asm("nop");
  }
  SCK_HIGH;
  j=50;
  while(j--)
  {
    asm("nop");
  }
  SORH |= (P0_7<<1);
  j=50;
  while(j--)
  {
    asm("nop");
  }
  SCK_LOW;
  j=100;
  while(j--)
  {
    asm("nop");
  }
  SCK_HIGH;
  j=50;
  while(j--)
  {
    asm("nop");
  }
  SORH |= (P0_7<<0);
  j=50;
  while(j--)
  {
    asm("nop");
  }
  SCK_LOW;
  j=50;
  while(j--)
  {
    asm("nop");
  }
  DATA_OUTPUT;
  DATA_LOW;
  j=50;
  while(j--)
  {
    asm("nop");
```

```
    }
    SCK_HIGH;
    j = 100;
    while(j--)
    {
      asm("nop");
    }
    SCK_LOW;
    j = 50;
    while(j--)
    {
      asm("nop");
    }
    DATA_HIGH;
    j = 50;
    while(j--)
    {
      asm("nop");
    }
  if(param == TEMPERATURE)
  {
    temp = 0.01 * SORH - 39.635;
    result = (uint16)(temp * 100);
  }
  else if(param == HUMIDITY)
  {
    temp = (-2.8) * 0.000001 * SORH * SORH;
    temp = temp + 0.0405 * SORH - 4;
    result = (uint16)(temp * 100);
  }
  else
  {
    return 0;
  }
  return result;
}
```

9.1.3 软件设计

协调器和温湿度传感器节点工作流程如图 9-8 所示。

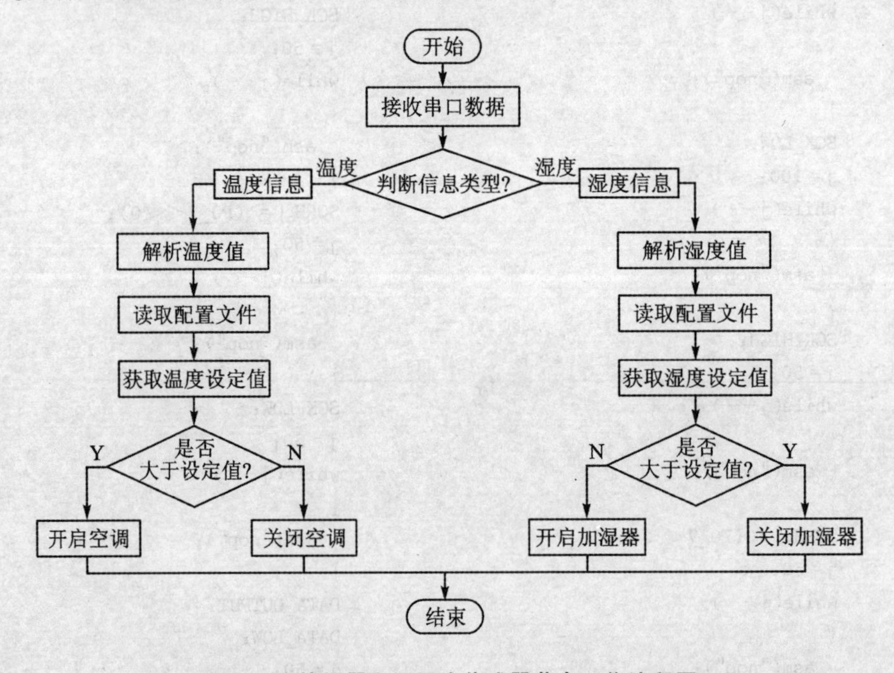

图 9-8　协调器和温湿度传感器节点工作流程图

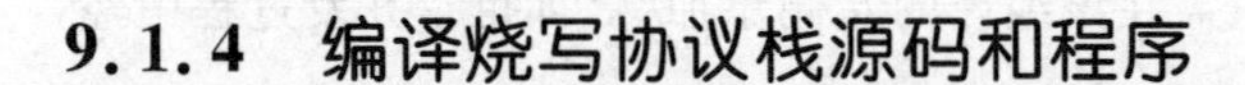

9.1.4　编译烧写协议栈源码和程序

1. 与Z-Stack相关的IAR工程选项设置

解压ZStack-1.4.2-1.1_5.rar，进入路径：ZStack-1.4.2-1.1_5\ZStack-1.4.2-1.1_5\ZStack-1.4.2-1.1.0\ZStack-1.4.2-1.1.0\Projects\zstack\Samples\SampleApp\CC2430DB中的 SampleApp.eww IAR IDE Workspace 2 KB 图标，就可以打开我们的工程，打开完成后会进入如图9-9所示界面。

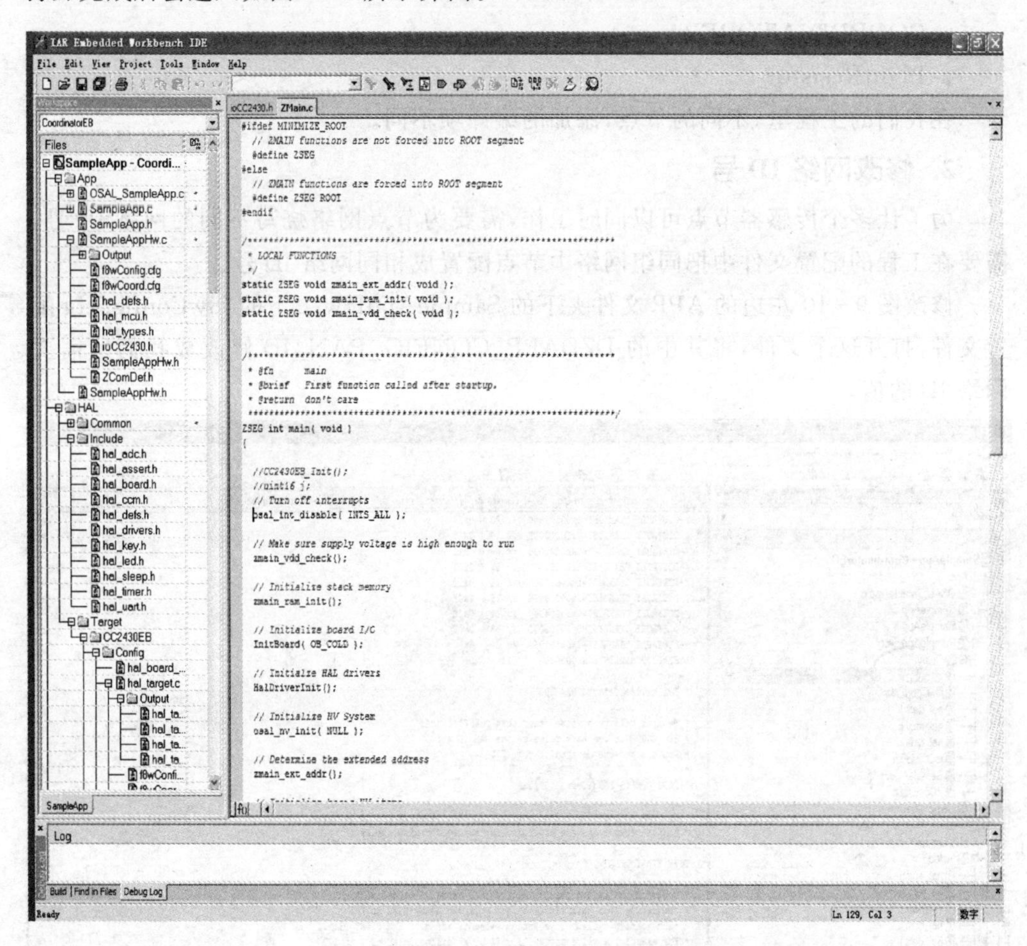

图9-9　打开工程后的界面

然后选择Project→Options，选择C/C++Compiler条目下的Preprocessor标签，如图3-46所示，便可以进入Z-Stack的编译选项设置界面。其他设置详细说明见第3章。

要为工程添加一条编译选项，只需要在Defined symbols框内添加一条新选项即

可(另起一行);要取消编译选项,只需在该编译的左侧添加“x”即可。开发过程中经常使用的编译选项如下:

- CC2430EB
- MT_TASK
- ZTOOL_P1
- MT_ZDO_FUNC
- SOFT_START
- POWER_SAVING
- COORDINATOREB
- LightResistor

在我们的工程里,不同的节点,添加的编译项不同。

2. 修改网络ID号

为了让多个传感器节点可以同时工作,需要为节点网络烧写不同的网络ID号,需要在工程的配置文件中把同组网络中节点配置成相同网络ID号。

修改图9-10左边的APP文件夹下的SampleAppHw.c下的f8wConfig.cfg配置文件,打开这个文件,将其中的-DZDAPP_CONFIG_PAN_ID修改成我们所需要网络ID的值。

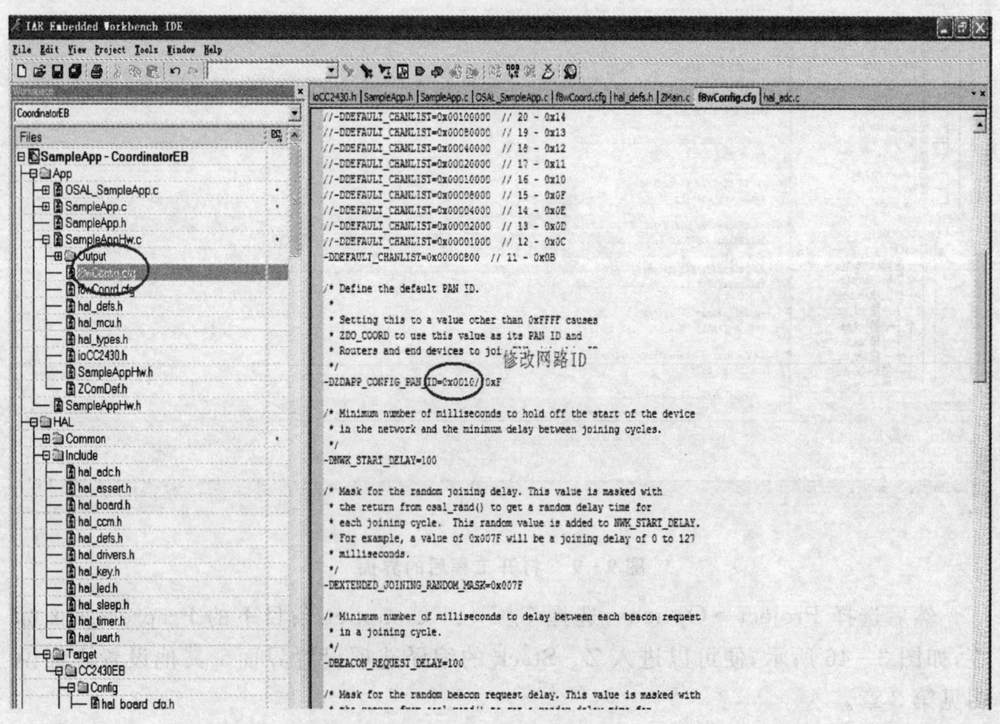

图9-10 修改网络ID号

3. 烧写协调器程序

如图 9－11 所示，首先在左上方的模块选择区域选择 CoordinatorEB 模块，也就是协调器模块。然后选择 Project 菜单中的 Rebuild 或者是 Make，如图 9－12 所示，就可以重新编译文件。

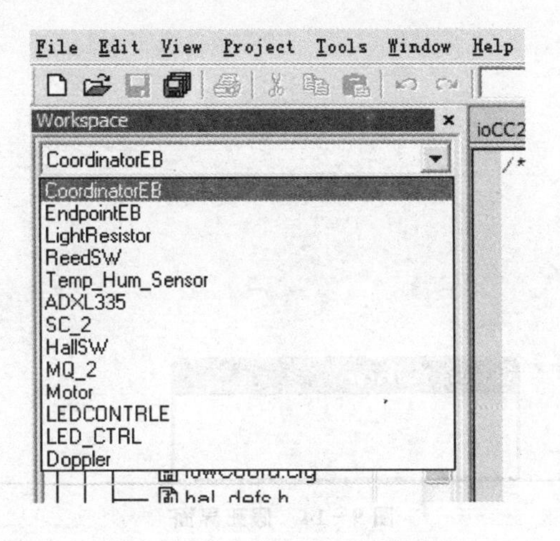

图 9－11　选择协调器模块

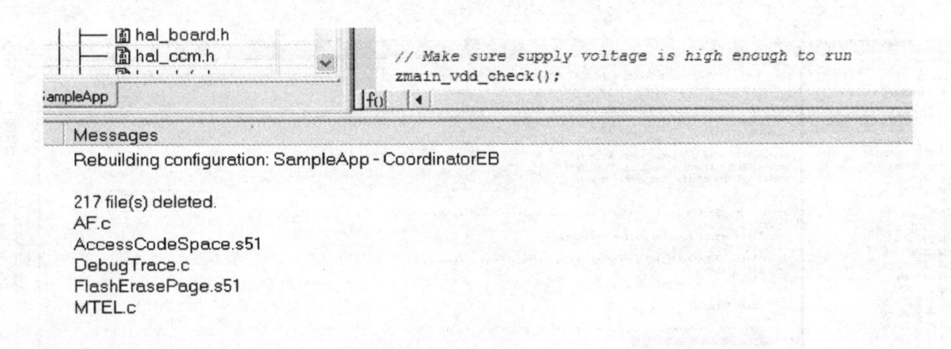

图 9－12　编译文件

编译成功后在下方的监视窗口当中会看到如图 9－13 所示界面。

这就说明编译成功了，能够进行下载了。

在确定协调器状态正确并连接完成后，单击 Debug 图标，然后进入一个假死界面，如图 9－14 所示。

稍后系统进入仿真界面，如图 9－15 所示。

这样，程序就烧写完成了。

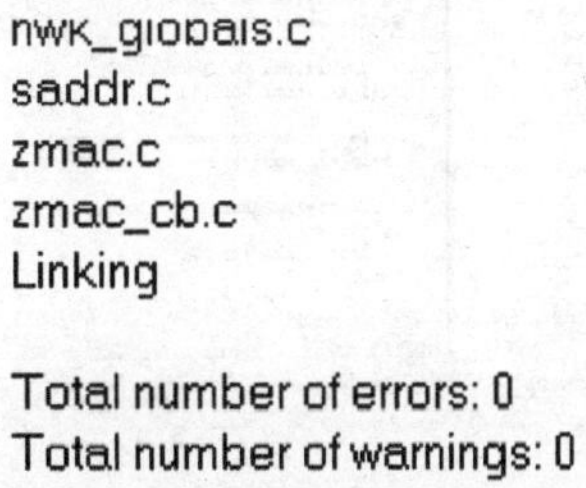

```
nwk_globals.c
saddr.c
zmac.c
zmac_cb.c
Linking

Total number of errors: 0
Total number of warnings: 0
```

图 9－13　编译文件后的错误与警告

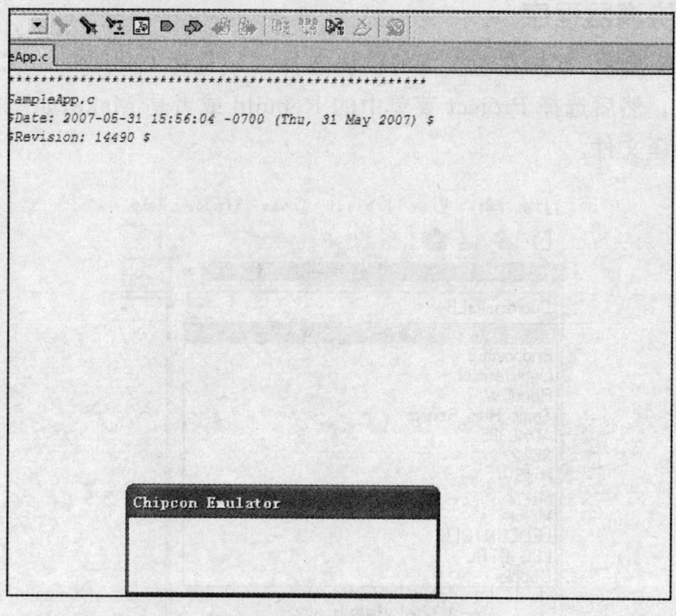

图 9-14 假死界面

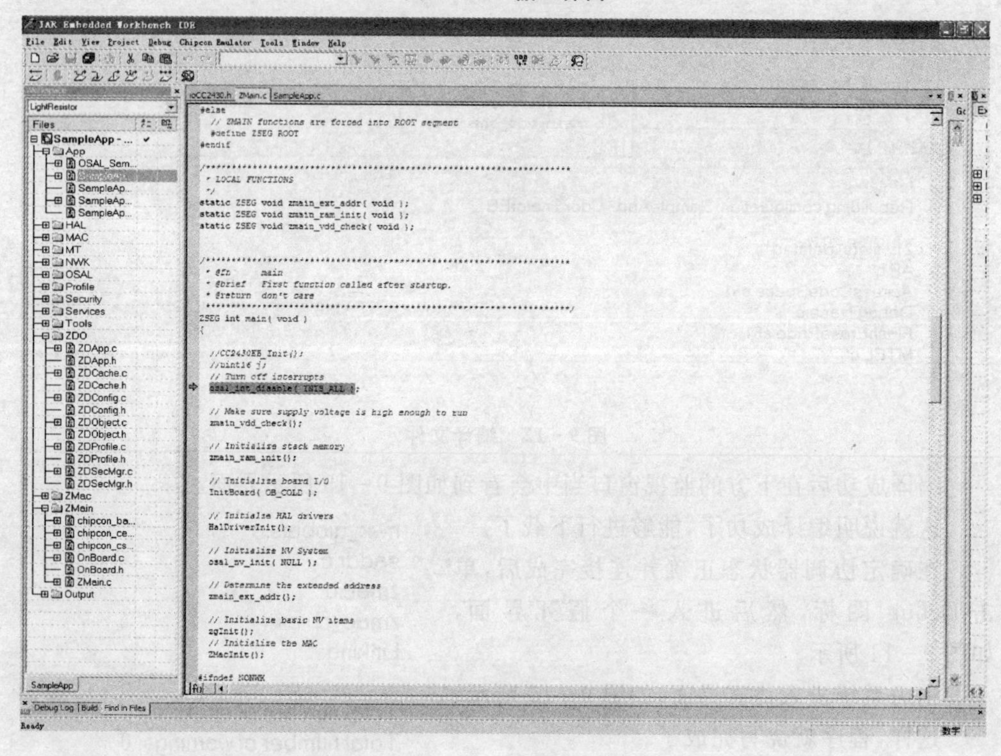

图 9-15 仿真界面

以同样的操作方式选择 Temp_Hum_Sensor 模块，如图 9－16 所示，就可以烧写温湿度模块了。

以同样的操作方式选择 LightResistor 模块，如图 9－17 所示，就可以烧写光敏电阻模块了。

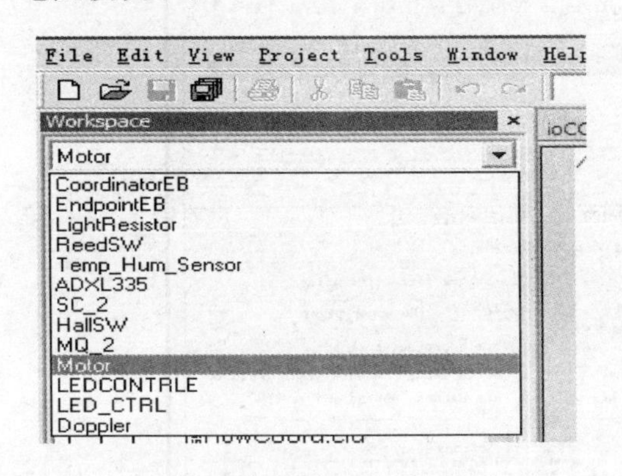

图 9－16　烧写 Motor 模块

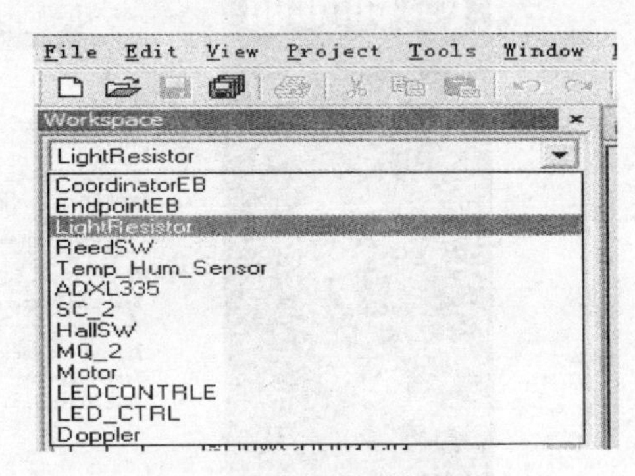

图 9－17　烧写光敏电阻模块

4. 烧写 CC2430 核心模块的物理地址的补充说明

首先保证核心板和仿真器正确连接，然后就可以使用已经安装好的工具软件去烧写物理地址了。选择 SmartRF04Prog. exe，如图 9－18 所示，然后就可以进入主界面，如图 9－19 所示。

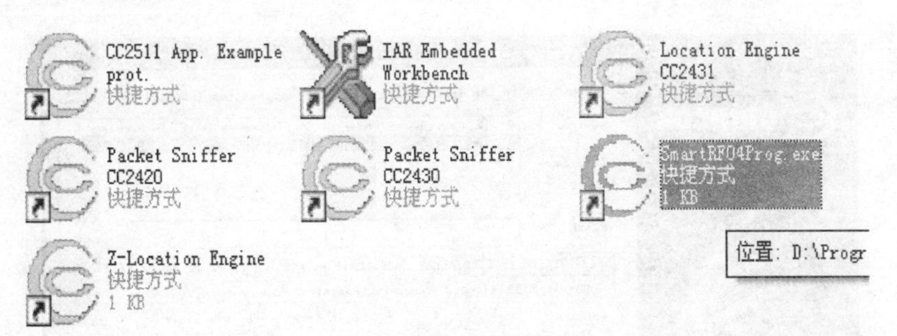

图 9－18　选择 SmartRF04Prog. exe

单击图 9－19 中的 Read IEEE，就可以读出当前核心板的地址，如图 9－20 所示。

在图 9－21 中可以修改右边的十六进制数来进行修改 MAC 地址。

单击图 9－21 所示的 Write IEEE，就可以成功烧写好硬件地址了。

温馨提示：所有的 ZigBee 核心板在出厂前都已经烧写了互相不同的地址，使用者也可以自己烧写，但是一定要注意，所有的核心板必须烧写上不同的硬件地址，不能够出现相同的硬件地址，否则在使用 ZigBee 协议栈进行节点间通信的过程中将会出现无法相互通信的状况。

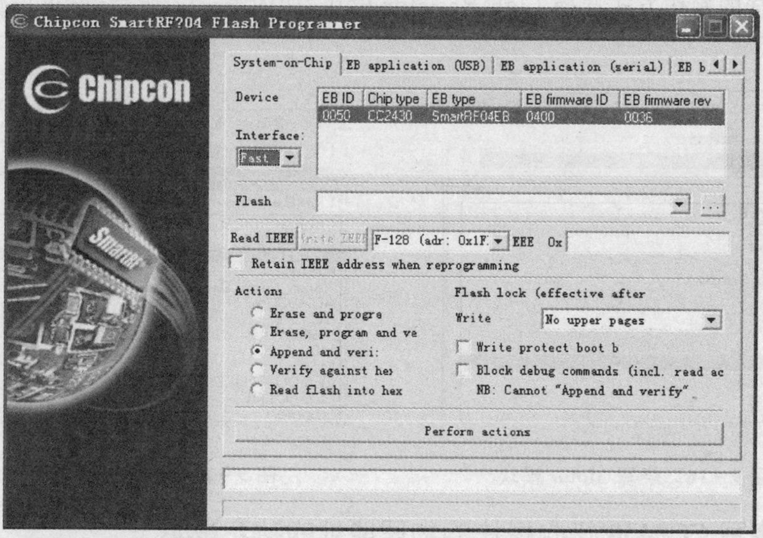

图9-19 SmartRF04Prog. exe主界面

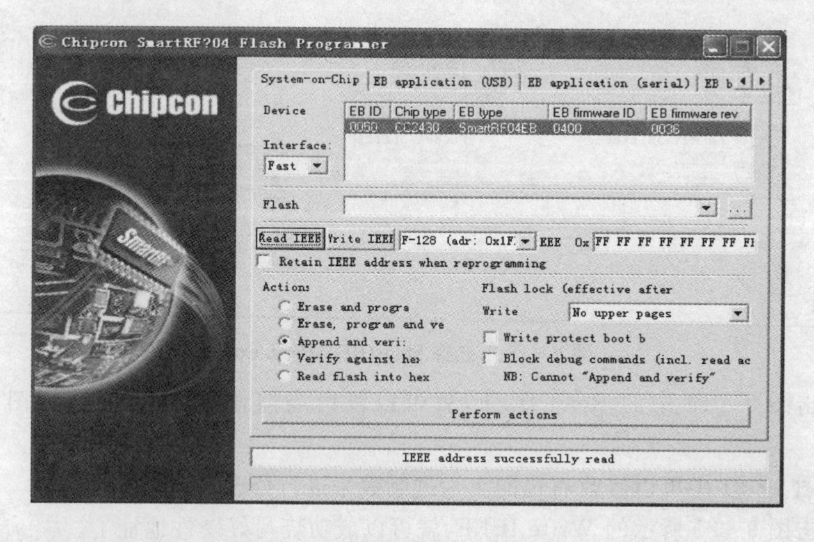

图9-20 查看当前核心板的地址

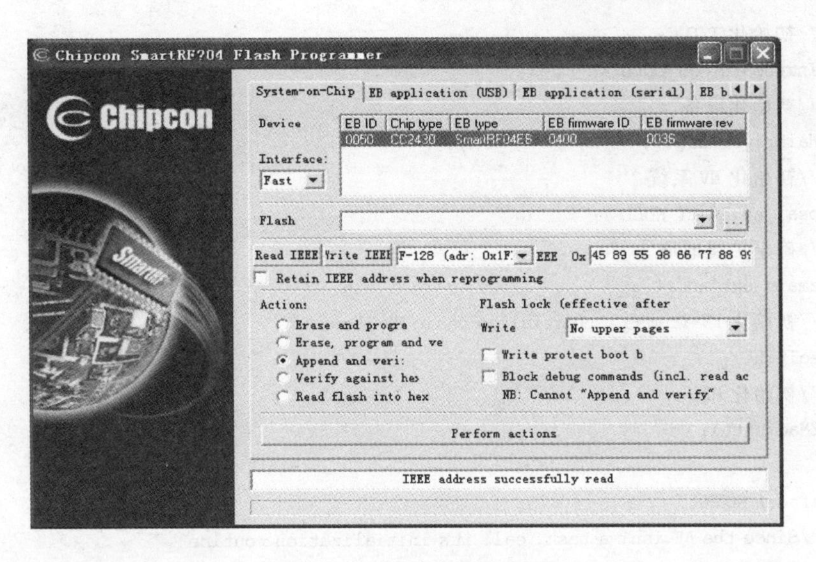

图 9-21　修改 MAC 地址

9.1.5　代码剖析

TI Z-Stack 是基于一个轮转查询式操作系统的(具体参考第 7 章轮询式操作系统介绍)，当各层初始化之后，系统进入低功耗模式，当事件发生时，唤醒系统，开始进入中断处理事件，结束后继续进入低功耗模式。如果同时有几个事件发生，判断优先级，逐次处理事件。整个 Z-Stack 的主要工作流程，大致可分为系统启动、驱动初始化、OSAL 初始化和启动、进入任务轮循几个阶段。

系统上电后，通过执行 ZMain 文件夹中的 ZMain.c 中的 ZSEG int main()函数实现硬件初始化，其代码如程序清单 9.2 所示。

程序清单 9.2

```
/*************************************************************
 * @函数名称:ZSEG int main( void )
 * @函数描述:主函数初始化设备、进入操作系统
 * @函数返回值:无
*************************************************************/
ZSEG int main( void )
{
  //关闭所有中断
  osal_int_disable( INTS_ALL );
  //确认电压充足才开始运行
  zmain_vdd_check();
  //初始化闪存
  zmain_ram_init();
```

```
    //初始化 I/O
    InitBoard( OB_COLD );
    //初始化设备
    HalDriverInit();
    //初始化 NV 系统
    osal_nv_init( NULL );
    //确定扩展地址
    zmain_ext_addr();
    //初始化 NV items    Initialize basic NV items
    zgInit();
    //初始化 MAC
    ZMacInit();

  #ifndef NONWK
    //Since the AF isn't a task, call it's initialization routine
    afInit();
  #endif
    //初始化操作系统
    osal_init_system();
    //允许中断
    osal_int_enable( INTS_ALL );

    //最终硬件初始化
    InitBoard( OB_READY );
  #ifdef COORDINATOREB
    initUARTtest();
    Uart_Baud_rate(1152);
  #endif
  #ifdef LEDCONTRLE
     initUARTtest();
     Uart_Baud_rate(144);
  #endif
  #ifdef ENDPOINT
    osal_pwrmgr_device(PWRMGR_BATTERY);
  #endif

    osal_start_system();                    //进入操作系统
  }
```


OSAL是协议栈的核心，Z-Stack的任何一个子系统都可作为OSAL的一个任务，因此在开发应用层的时候，必须通过创建OSAL任务来允许应用程序。通过osalInitTasks()函数创建OSAL任务，其中TaskID为每个任务的唯一标号，其代码如程序清单9.3所示。

程序清单9.3

```
/*************************************************************
 * @函数名称:osalInitTasks
 * @函数描述:调用各自任务的初始化函数
 * @函数参数:无
 * @函数返回值:无
 *************************************************************/
void osalInitTasks( void )
{
  //起始处开始
  activeTask = tasksHead;
  //终点处结束
  while ( activeTask )
  {
    if (  activeTask->pfnInit  )
      activeTask->pfnInit( activeTask->taskID );
    activeTask = activeTask->next;
  }
  activeTask = (osalTaskRec_t *)NULL;
}
```


任何OSAL任务的添加必须完成两个回调函数:任务初始化函数和时间处理函数。

1. 任务初始化函数

任务初始化函数主要初始化应用服务变量、分配ID、堆栈内存、在AF中注册应用对象、注册相应的OSAL或HAL系统服务等,其代码如程序清单9.4所示。

程序清单9.4

```
/*************************************************************
 * @函数名称:SampleApp_Init
 * @函数描述:SampleApp的初始化函数
 * @函数参数:task_id—OSAL分配的任务ID,这个ID用于发送消息和设置定时器
 * @函数返回值:无
 *************************************************************/
void SampleApp_Init( uint8 task_id )
{
  int i,j;
  SampleApp_TaskID = task_id;                  //分配任务ID
  SampleApp_NwkState = DEV_INIT;               //网络类型
  SampleApp_TransID = 0;
```

```
    CorShorAddr = 0x0000;

    for(i = 0; i < MAX_ENDPOINTKIND; i++)
    {
      for(j = 0; j < MAX_NUMBER; j++)
      {
        AddGroup[i][j] = 0xFFFE;
      }
    }
    //初始化协议栈
      EndPointMessage[0] = 0xEE;
      EndPointMessage[1] = 0xCC;
      EndPointMessage[7] = 0xFF;

  //硬件初始化程序添加在此处或main()函数中(Zmain.c)
  //若硬件为特定的应用,添加到此处;若硬件为设备的其他模块,添加到main()函数

   #if defined ( SOFT_START )

  // SOFT_START为编译选项,若协调器未发现,允许使用此设备作为协调器启动
  //若跳线相连,需启动协调器,否则设备作为路由启动
    if(AddID == 0)
    zgDeviceLogicalType = ZG_DEVICETYPE_COORDINATOR;
    else
     zgDeviceLogicalType = ZG_DEVICETYPE_ROUTER;

  #endif // SOFT_START
    //设置发送数据的方式和目的地址
    //广播到所有设备
    SampleApp_Periodic_DstAddr.addrMode = (afAddrMode_t)AddrBroadcast;
    SampleApp_Periodic_DstAddr.endPoint = SAMPLEAPP_ENDPOINT;
    SampleApp_Periodic_DstAddr.addr.shortAddr = 0xFFFF;
  //设定Flash中命令即按键命令要发送的目的地址
    SampleApp_Flash_DstAddr.addrMode = (afAddrMode_t)afAddrGroup;
    SampleApp_Flash_DstAddr.endPoint = SAMPLEAPP_ENDPOINT;
    SampleApp_Flash_DstAddr.addr.shortAddr = SAMPLEAPP_FLASH_GROUP;

  //定义本设备用来通信的APS层端点描述符
  //端点号
    SampleApp_epDesc.endPoint = SAMPLEAPP_ENDPOINT;
```

```
//任务 ID
  SampleApp_epDesc.task_id = &SampleApp_TaskID;
//简单描述符
  SampleApp_epDesc.simpleDesc
            = (SimpleDescriptionFormat_t *)&SampleApp_SimpleDesc;
  //延时策略
  SampleApp_epDesc.latencyReq = noLatencyReqs;

  //向 AF 层注册端点描述符
  afRegister( &SampleApp_epDesc );

  //登记所有的按键事件
  //向 osal 层注册按键消息
  RegisterForKeys( SampleApp_TaskID );

  //定义一个新组
  //组号
  SampleApp_Group.ID = 0x0001;
  //设定组名
  osal_memcpy( SampleApp_Group.name, "Group 1", 7  );
  //把该组添加到网络中
  aps_AddGroup( SAMPLEAPP_ENDPOINT, &SampleApp_Group );
}
```


2. 任务处理函数

任务处理函数是对任务发生后的事件进行处理，在本项目中，主要需要进行两个时间的处理：①设备启动，网络状态发生改变后向网络中的其他设备广播自己的存在；②接收到协调器发送过来的控制命令后将自身传感器所得温湿度信息发送给协调器。具体处理函数如程序清单 9.5 所示。

程序清单 9.5

```
/*****************************************************************
 * @函数名称:SampleApp_ProcessEvent
 * @函数描述:任务事件处理函数
 * @函数参数:task_id—OSAL 分配的任务 ID
 *           events—准备处理的事件
 * @函数返回值:无
*****************************************************************/
uint16 SampleApp_ProcessEvent( uint8 task_id, uint16 events )
{
  uint8 buffer[4];      //用来传输我们节点的通信消息
  afIncomingMSGPacket_t *MSGpkt;    //定义应用层数据包
```

```
    //判断 osal 层的消息类型
    //如果系统消息到来
  if ( events & SYS_EVENT_MSG )
  {
    //接收数据包
    MSGpkt = (afIncomingMSGPacket_t *)osal_msg_receive( SampleApp_TaskID );
    //如果数据包不为空
    while ( MSGpkt )
    {
     //判断消息类型
      switch ( MSGpkt->hdr.event )
      {
        //如果消息来自组设备
        case AF_INCOMING_MSG_CMD:
        //调用消息处理函数
          SampleApp_MessageMSGCB( MSGpkt );
          break;
        //节点本身在网络中的地位发生变化才会调用此函数
        case ZDO_STATE_CHANGE:
            buffer[0] = 0xCC;
            buffer[1] = 0xDD;
            buffer[2] = ENDPOINT_NUMBER;  //节点的组号
            buffer[3] = (uint8)AddID;     //节点的地位
            //发送节点的状态信息给我们的所有的节点
             AF_DataRequest( &SampleApp_Periodic_DstAddr, &SampleApp_epDesc,
                             SAMPLEAPP_PERIODIC_CLUSTERID,
                             4,
                             buffer,
                             &SampleApp_TransID,
                             AF_BROADCAST_ENDPOINT,
                             AF_DEFAULT_RADIUS );
          break;

          default:
          break;
      }
      //释放消息占用的存储区
      osal_msg_deallocate( (uint8 *)MSGpkt );
      //判断操作系统层是否有未处理的数据包,继续处理缓冲区中的包
      MSGpkt = (afIncomingMSGPacket_t *)osal_msg_receive( SampleApp_TaskID );
    }
   //判断是否有未处理的系统消息,有则接收数据包,放到缓冲区一个个处理
```

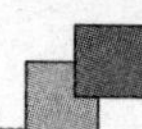


```
    return (events ^ SYS_EVENT_MSG);
  }
  //其他事件不予处理,直接返回
  return 0;
}
```

9.1.6 实验内容

协调器的很重要的一个工作是将网络建立起来。下面将介绍网络形成的原理及过程。

1. 网络形成

每个设备都有一组被配置的参数,整个配置参数在代码中已经定义了默认值(在 f8wConfig.cfg 中),在同个网络中,所有设备的"网络细节"配置参数(如 PANID、Channel 等)应该被设置成相同的值。每个设备的"设备细节"配置参数(Coordinator、Router EndDevice 等)可能配置为不同的值。

但是,ZCD_NV_LOGICAL_TYPE 必须被设置,确保:

① 有正确的一个设备作为协调器被配置。

② 所有电池供电的设备作为终端设备被配置。一旦这些工作都完成,这个设备就可以以任意方式启动,协调器设备将建立网络,其他设备将发现和加入这个网络。

协调器将扫描所有被 ZCD_NV_CHANLIST 参数制定的通道和选择 1 个最小能量的通道,如果有 2 个以上的最小能量通道,则协调器选择在 ZigBee 网络中存在的序号最小的通道,协调器将选择用 ZCD_NV_PANID 参数指定的网络 ID,路由器和终端设备将扫描用 ZCD_NV_CHANLIST 配置参数指定的通道和试图发现 ID 为 ZCD_NV_PANID 参数指定的网络。

(1) 协调器格式化网络

协调器将扫描 DEFAULT_CHANLIST 指定的通道,最后在其中之一上形成网络,在 f8wConfig.cfg 文件中,可以看到其定义如下:

```
-DDEFAULT_CHANLIST=0x00000800? // 11 - 0x0B
```

还可以查看到 PANID 的定义:

```
-DZDAPP_CONFIG_PAN_ID=0xFFFF
```

如果 ZDAPP_CONFIG_PAN_ID 被定义为 0xFFFF,那么协调器将根据自身的 IEEE 地址建立一个随机的 PAN ID,如果 ZDAPP_CONFIG_PAN_ID 没有被定义为 0xFFFF,那么协调器建立网络的 PAN ID 将由 ZDAPP_CONFIG_PAN_ID 指定。

可以在下面的函数发现 PID 的判断:

```
ZStatus_t ZDO_NetworkDiscoveryConfirmCB( byte ResultCount,
                                         networkDesc_t * NetworkList )
```

```
{
...
for ( i = 0; i < ResultCount; i++ , pNwkDesc = pNwkDesc->nextDesc )
    {
    if ( zgConfigPANID != 0xFFFF )
    {
    //预配置 PAN ID,查看是否匹配
    //PAN ID 号只用 14 位
    if ( pNwkDesc->panId != ( zgConfigPANID & 0x3FFF ) )
    continue;
    }
...
}
```

当所有的参数配置好后，可以调用下面的函数来格式化网络：

```
ZStatus_t NLME_NetworkFormationRequest(uint16 PanId,uint32 ScanChannels,
            byte ScanDuration, byte BeaconOrder,byte SuperframeOrder,
            byte BatteryLifeExtension );
```

(2) 路由器和终端设备加入网络

路由器和终端设备启动后，将扫描 DEFAULT_CHANLIST 指定的频道，如果 ZDAPP_CONFIG_PAN_ID 没有被定义为 0xFFFF，则路由器将强制加入 ZDAPP_CONFIG_PAN_ID 定义的网络。

发现一个网络可以调用下面的函数：

```
ZStatus_t NLME_NetworkDiscoveryRequest(uint32 ScanChannels,byte scanDuration);
```

该函数要求网络层去发现邻居路由器节点，并且应该在进行网络扫描之前调用，扫描的结果由 ZDO_NetworkDiscoveryConfirmCB()函数返回。其中：

ScanChannels，准备扫描的信道号，信道号范围为 11～26，即 2.4 GHz 频段有效)；

ScanDuration，规定在新网络开始建立之前，其他网络扫描每个信道的时间长度。

发现网络存在后，就调用下面的函数加入网络：

```
ZStatus_t NLME_OrphanJoinRequest( uint32 ScanChannels, byte ScanDuration );
```

该函数要求网络层以孤节点的形式加入网络，函数调用的结果由 ZDO_JoinConfirmCB()返回。其中：

ScanChannels，准备扫描的信道号；

ScanDuration，规定在新网络开始建立之前，其他网络扫描每个信道的时间长度。

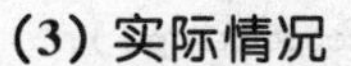

(3) 实际情况

实际上，ZigBee设备启动时不直接调用上面的三个函数，而是通过调用ZDO_StartDevice()函数来启动设备。

当在sapi_Init()函数的最后，调用osal_set_event(task_id,ZB_ENTRY_EVENT)函数，触发ZB_ENTRY_EVENT事件后，ZCD_NV_STARTUP_OPTION被设置为ZCD_STARTOPT_AUTO_START后，在zb_HandleKeys()函数中，也就是按下SW1键后，会在SAPI_ProcessEvent(byte task_id, UINT16 events)函数中执行下面的语句。

```
if ( events & ZB_ENTRY_EVENT )
  {
    uint8 startOptions;
    //设备运行标志
    zb_HandlcOsalEvent( ZB_ENTRY_EVENT );
    // LED 关闭取消堆栈中 HOLD_AUTO_START 闪烁
    HalLedSet (HAL_LED_4, HAL_LED_MODE_OFF);
    zb_ReadConfiguration( ZCD_NV_STARTUP_OPTION, sizeof(uint8), &startOptions );
    if ( startOptions & ZCD_STARTOPT_AUTO_START )
    {
      zb_StartRequest();
    }
    else
    {
      //LED 闪烁等待外部输入配置及重启
      HalLedBlink(HAL_LED_2, 0, 50, 500);
    }
    return (events ^ ZB_ENTRY_EVENT );
  }
```

下面是zb_StartRequest()函数的源代码：

```
void zb_StartRequest()
{
  uint8 logicalType;
  //Start the device
  // start delay = min(NWK_START_DELAY, zgStartDelay) + rand() - only for fresh
start, not restore
  if ( zgStartDelay < NWK_START_DELAY )
    zgStartDelay = 0;
  else
    zgStartDelay - = NWK_START_DELAY;
   //读取设备的逻辑设备
```

```
  zb_ReadConfiguration( ZCD_NV_LOGICAL_TYPE, sizeof(uint8), &logicalType );
//判断设备配置是否正确
  if ( ( logicalType > ZG_DEVICETYPE_ENDDEVICE ) ||...  )
  {
    SAPI_SendCback( SAPICB_START_CNF, ZInvalidParameter, 0 );//配置错误
  }
  else
  {
    ZDOInitDevice(zgStartDelay);
  }
  return;
}
```

设备打开电源之后，由于还没有形成网络，所以经过设备逻辑类型的判断后，程序会跳转到 ZDOInitDevice(zgStartDelay). 下面是 ZDOInitDevice(zgStartDelay)的程序定义。

```
uint8 ZDOInitDevice( uint16 startDelay )
{
...
#if defined ( NV_RESTORE )
//获取键值，查看是否需要复位。当加载跳过前次 NV 还原时，保持 SW_BYPASS_NV 键
//(在 OnBoard.h 中有定义)的状态
  if ( HalKeyRead() == SW_BYPASS_NV )
    networkStateNV = ZDO_INITDEV_NEW_NETWORK_STATE;
  else
  {
    //决定 NV 是否应该被重新载入
    networkStateNV = ZDApp_ReadNetworkRestoreState();
  }

  if ( networkStateNV == ZDO_INITDEV_RESTORED_NETWORK_STATE )
  {
    networkStateNV = ZDApp_RestoreNetworkState();
  }
  else
  {
    NLME_InitNV();//清除 NV 中的网络状态
    NLME_SetDefaultNV();
  }
#endif
  if ( networkStateNV == ZDO_INITDEV_NEW_NETWORK_STATE )
```

```
  {
    ZDAppDetermineDeviceType();
    //加入网络的时延
    extendedDelay = (uint16)((NWK_START_DELAY + startDelay)
        + (osal_rand() & EXTENDED_JOINING_RANDOM_MASK));
  }
  //初始化设备的安全属性
  ZDApp_SecInit( networkStateNV );
  //开始网络的形成
  ZDApp_NetworkInit( extendedDelay );
  return ( networkStateNV );
}
```

其中,ZDApp_NetworkInit(extendedDelay)函数会触发 ZDO_NETWORK_INIT 事件,其源代码为:

```
void ZDApp_NetworkInit( uint16 delay )
{
  if ( delay )
  {
    //等待一段时间后启动设备
    osal_start_timerEx( ZDAppTaskID, ZDO_NETWORK_INIT, delay );
  }
  else
  {
    osal_set_event( ZDAppTaskID, ZDO_NETWORK_INIT );
  }
}
```


而 ZDO_NETWORK_INIT 事件的处理函数位于 Z-Stack 应用层的任务事件处理函数 ZDApp_event_loop()中,其代码如下:

```
UINT16 ZDApp_event_loop( byte task_id, UINT16 events )
{
  ...
  if ( events & ZDO_NETWORK_INIT )
  {
  //初始化网络应用程序并启动网络
  devState = DEV_INIT;
  ZDO_StartDevice( (uint8)ZDO_Config_Node_Descriptor.LogicalType, devStartMode,
  DEFAULT_BEACON_ORDER, DEFAULT_SUPERFRAME_ORDER );
  //返回没有处理的事件
  return (events ^ ZDO_NETWORK_INIT);
```

```
    }
    ...
    return 0;
}
```

其实在 ZDO_StartDevice()函数中，分别调用 NLME_NetworkFormationRequest()、NLME_NetworkDiscoveryReques 和 NLME_OrphanJoinRequestt 函数。所以它会自动启动设备，并根据类型的不同做相应的工作，用户可以完全不用关心这些工作，而全部交给 Z-Stack 来完成。

```
void ZDO_StartDevice( byte logicalType,                 //设备逻辑类型
                      devStartModes_t startMode,        //启动模式
                      byte beaconOrder,                 //信标的时间
                      byte superframeOrder )            //超帧长度
{
  ZStatus_t ret;
  ret = ZUnsupportedMode;

 #if defined(ZDO_COORDINATOR)
  if ( logicalType == NODETYPE_COORDINATOR )
  {
    if ( startMode == MODE_HARD )
    {
      devState = DEV_COORD_STARTING;
      ret = NLME_NetworkFormationRequest( zgConfigPANID, zgDefaultChannelList,
                      zgDefaultStartingScanDuration, beaconOrder,
                      superframeOrder, false );
    }
 ...

 #if ! defined ( ZDO_COORDINATOR ) || defined( SOFT_START )
  if ( logicalType == NODETYPE_ROUTER || logicalType == NODETYPE_DEVICE )
  {
    if ( (startMode == MODE_JOIN) || (startMode == MODE_REJOIN) )
    {
      devState = DEV_NWK_DISC;//设置设备的属性

  #if defined( MANAGED_SCAN )
    ZDOManagedScan_Next();
      ret = NLME_NetworkDiscoveryRequest( managedScanChannelMask, BEACON_ORDER_15_MSEC );
  #else
      ret = NLME_NetworkDiscoveryRequest( zgDefaultChannelList, zgDefaultStarting-
```

```
ScanDuration );
    #endif
      }
      else if ( startMode == MODE_RESUME )
      {
        if ( logicalType == NODETYPE_ROUTER )
        {
          ZMacScanCnf_t scanCnf;
          devState = DEV_NWK_ORPHAN;

          /* if router and nvram is available, fake successful orphan scan */
          scanCnf.hdr.Status = ZSUCCESS;
          scanCnf.ScanType = ZMAC_ORPHAN_SCAN;
          scanCnf.UnscannedChannels = 0;
          scanCnf.ResultListSize = 0;
          nwk_ScanJoiningOrphan(&scanCnf);

          ret = ZSuccess;
        }
        else
        {
          devState = DEV_NWK_ORPHAN;
          ret = NLME_OrphanJoinRequest( zgDefaultChannelList,
                                        zgDefaultStartingScanDuration );
        }
      }
      else
      {
  #if defined( LCD_SUPPORTED )
        HalLcdWriteScreen( "StartDevice ERR", "MODE unknown" );
  #endif
      }
    }
  #endif  //! ZDO COORDINATOR || SOFT_START

    if ( ret != ZSuccess )
      osal_start_timerEx(ZDAppTaskID, ZDO_NETWORK_INIT, NWK_RETRY_DELAY );
  }
```


2. 数据传输

只有建立了网络并加入到网络中,ZigBee 设备才可以传输数据。在温湿度传感器实验中计算机不断向协调器串口发送查询命令,代码如程序清单 9.6 所示,而对于温湿度传感器节点，在接收到查询命令后，将温度、湿度的变化值则存至缓存进行数据传输，发送数据和接收数据的程序代码如程序清单 9.7、9.8 所示。

程序清单 9.6

```
/**********************************************************
 * @函数名称:SPIMgr_ProcessZToolData
 * @函数描述:
 * @函数参数:
 * @函数返回值:无
**********************************************************/
void SPIMgr_ProcessZToolData ( uint8 port, uint8 event )
{
  Uart_len = 0;
  //uint16 RH;
  //uint8 RH_H,RH_L;
  //uint16 j;
  /* Verify events */
#ifdef COORDINATOREB
  if (event == HAL_UART_TX_FULL)
  {
      UartTX_Send_Single(0xEE);
      UartTX_Send_Single(0xCC);
    // Do something when TX if full
    return;
  }
  if (event & (HAL_UART_RX_FULL | HAL_UART_RX_ABOUT_FULL | HAL_UART_RX_TIMEOUT))
  {
   // HalLedBlink(0x08, 1, 50, (1000 / 2) );          //绿色 LED 闪动一次
    while (Hal_UART_RxBufLen(SPI_MGR_DEFAULT_PORT))
    {
      //读取串口数据
      HalUARTRead (SPI_MGR_DEFAULT_PORT, &Uart_Rx_Data[Uart_len], 1);
      //for test
      //UartTX_Send_Single(Uart_Rx_Data[Uart_len]);
      Uart_len++;
    }
    if( zgDeviceLogicalType == ZG_DEVICETYPE_COORDINATOR )//协调器
    {
      if( (Uart_Rx_Data[0] == 0xCC)&&(Uart_Rx_Data[1] == 0xEE) )
      {
        //command_analysis(Uart_Rx_Data);       //命令解析，验证命令是否正确
        if(Uart_Rx_Data[3] == 0x0a)
```

```
        {
        //告知节点自己的ID地址
            SendData(&Uart_Rx_Data[2],AddGroup[Uart_Rx_Data[3]][Uart_Rx_Data[2]],4);
        }
        else
        {
        //告知节点自己的ID地址
           SendData(&Uart_Rx_Data[2],AddGroup[Uart_Rx_Data[3]][Uart_Rx_Data[2]],3);
        }
        //把命令字节发送到相应的节点
        // SendData(&Uart_Rx_Data[4],AddGroup[Uart_Rx_Data[3]],1);
      }
    }
  }
}
```

(1) 发送数据

程序清单 9.7

```
/*************************************************************
 * @函数名称:SendData
 * @函数描述:发送数据
 *  *输入参数
*************************************************************/
uint8 SendData(uint8 *buf, uint16 addr, uint8 Leng)
{
   afAddrType_t SendDataAddr;

   SendDataAddr.addrMode = (afAddrMode_t)Addr16Bit;          //短地址发送
   SendDataAddr.endPoint = SAMPLEAPP_ENDPOINT;
   SendDataAddr.addr.shortAddr = addr;
       if ( AF_DataRequest( &SendDataAddr, //发送的地址和模式
                        &SampleApp_epDesc, //终端(比如操作系统中任务ID等)
                        SAMPLEAPP_FLASH_CLUSTERID,//发送串ID
                        Leng,
                        buf,
                        &SampleApp_TransID,  //信息ID(操作系统参数)
                        AF_DISCV_ROUTE,
                        AF_DEFAULT_RADIUS ) == afStatus_SUCCESS )
   {
       return 1;
   }
   else
```

```
    {
        return 0;// Error occurred in request to send.
    }
}
```

(2) 数据接收

程序清单9.8

```
/****************************************************************
 * @函数名称:SampleApp_MessageMSGCB
 * @函数描述:回调数据信息处理程序,此函数处理任何到来的数据,包括其他设备的数据,
         根据设备的簇ID号进行相应的处理 *
 * @函数参数:无
 * @函数返回值:无
 */
void SampleApp_MessageMSGCB( afIncomingMSGPacket_t * pkt )
{
  uint16 i;
  uint8 buffer[4];   //用来传输我们节点的通信消息

  if(zgDeviceLogicalType == ZG_DEVICETYPE_COORDINATOR)    //协调器
  {
    switch ( pkt->clusterId )
    {
      case SAMPLEAPP_PERIODIC_CLUSTERID:      //收到广播信号
        //有新节点加入网络
        if ((pkt->cmd.Data[0] == 0xCC)&&(pkt->cmd.Data[1] == 0xDD)&&(pkt->
cmd.Data[3]!= 0x00))
        {
          HalLedBlink( HAL_LED_4, 1, 50, (1000 / 2) );        //绿色LED闪动一次
          AddGroup[pkt->cmd.Data[3]][pkt->cmd.Data[2]] = pkt->srcAddr.addr.
shortAddr;
            buffer[0] = 0xCC;
            buffer[1] = 0xDD;
            buffer[2] = ENDPOINT_NUMBER;  //节点的组号
            buffer[3] = (uint8)AddID;     //节点的地位
            SendData(buffer,pkt->srcAddr.addr.shortAddr,4);
        }
        break;

      case SAMPLEAPP_FLASH_CLUSTERID:
        HalLedBlink( HAL_LED_4, 1, 50, (1000 / 2) );        //绿色LED闪动一次
        //有新节点加入网络
        if ((pkt->cmd.Data[0] == 0xCC)&&(pkt->cmd.Data[1] == 0xDD)&&(pkt->
```

```
cmd.Data[3]! = 0x00))
            {
             AddGroup[pkt->cmd.Data[3]][pkt->cmd.Data[2]] = pkt->srcAddr.addr.
shortAddr;
            }
          else                                          //协调器收到节点发送的消息
            {
          //如果是加速度传感器的特殊值
           if((pkt->cmd.Data[1] == 0x06)&&(pkt->cmd.Data[2] == 0x04))
           {
              EndPointMessage[2] = pkt->cmd.Data[0];
              //告知节点类型
              EndPointMessage[3] = pkt->cmd.Data[1];
              //节点只需要发送 3 个数据位分别为 1 个命令位,2 个数据位
              EndPointMessage[4] = pkt->cmd.Data[2];
              EndPointMessage[5] = pkt->cmd.Data[3];
              EndPointMessage[6] = pkt->cmd.Data[4];
              EndPointMessage[7] = pkt->cmd.Data[5];
              EndPointMessage[8] = pkt->cmd.Data[6];
              EndPointMessage[9] = pkt->cmd.Data[7];
              EndPointMessage[10] = pkt->cmd.Data[8];
              EndPointMessage[11] = 0xFF;
              for( i = 0; i<12; i++)
              {
                  UartTX_Send_Single(EndPointMessage[i]);     //发送到串口
              }
              EndPointMessage[7] = 0xFF;                     //以便下次使用使备用
           }
           else
           {
              EndPointMessage[2] = pkt->cmd.Data[0];
              //告知节点类型
              EndPointMessage[3] = pkt->cmd.Data[1];
              //节点只需要发送 3 个数据位分别为 1 个命令位,2 个数据位
              EndPointMessage[4] = pkt->cmd.Data[2];
              EndPointMessage[5] = pkt->cmd.Data[3];
              EndPointMessage[6] = pkt->cmd.Data[4];
              for( i = 0; i<8; i++)
              {
                  UartTX_Send_Single(EndPointMessage[i]);          //发送到串口
              }
           }
          }
```

```
            break;
        }
    }
```

9.1.7 实验结果

本实验中，协调器节点负责建立网络，查询串口是否有变化，传感器节点为温湿度传感器具有路由的功能。如果网络中没有协调器，该节点可以临时充当协调器的角色；当网络中有协调器存在，则以路由的身份加入网络，同时该节点能够采集温湿度的变化并传输到协调器。

本实验将两块CC2430模块分别插入协调器节点和温湿度节点，分别烧写CoordinatorEB和Temp_Hum_Sensor的程序。

1. 协调器与节点组网

① 用串口线把主机和协调器直接连接起来；

② 在主机上安装好串口通信工具(需要工具本身能够收发十六进制数据)，这里使用的是SSCOM32；

③ 用DC 5 V电源给协调器供电，现在协调器已经开始工作。

在协调器核心板(也就是装有天线的小板子)上有三个二极管，一个是指示电源接通的绿灯，一个是右下方的两个二极管RLED和YLED。接通电源后我们注意到RLED会首先闪动，然后进入一个常亮的状态。在这个时候我们打开温湿度节点的电源，将会看到协调器上的YLED灯经过几次的闪动之后熄灭，证明ZigBee组网成功。

2. 性能测试

① 打开SSCOM，串口设置：波特率115 200，数据位8，停止位1，无校验位，状态如图9-22所示。

注意选择HEX显示和HEX发送这两个选项，现在需要根据预先设定好的串口通信协议向传感器节点发送命令，具体的协议可以参看附录D。

② 用串口通信工具根据协议发送命令(最好采用定时发送功能，这样可以明显的看到现象)，发送命令去查询当前传感器的状态，也就是温湿度传感器的状态，命令格式如表9-2所列，然后根据协议去分析收到的命令。

表9-2 温湿度传感器节点控制命令列表

功 能	发 送	返 回	意 义
查询温度	CC EE NO 03 01 00 00 FF	EE CC NO 03 01 XH XL FF	温度值
查询湿度	CC EE NO 03 02 00 00 FF	EE CC NO 03 02 XH XL FF	湿度值
查询温湿度	CC EE NO 03 03 00 00 FF	EE CC NO 03 03 XH XL YH YL FF	温湿度值

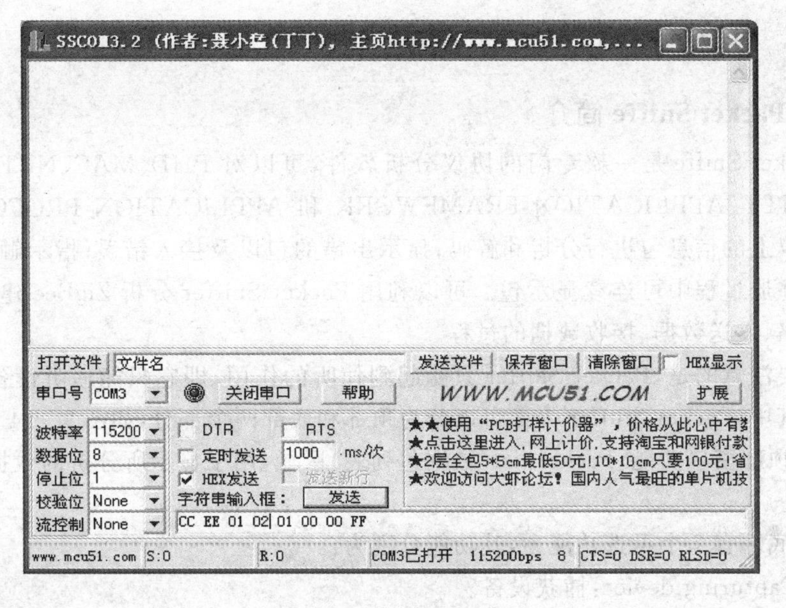

图 9-22　串口设置

在得到温湿度传感器数据以后，还需要用协议中的计算公式去解析和拼接高位数据和低位数据，温湿度的参数均以 0.01 为单位，(XH＊256＋XL)/100 为最终结果，单位分别为摄氏度和%。

在上位机编程的时候同样可以通过这些串口返回的数据进行解析，来得到传感器的温湿度值，如图 9-23 所示。

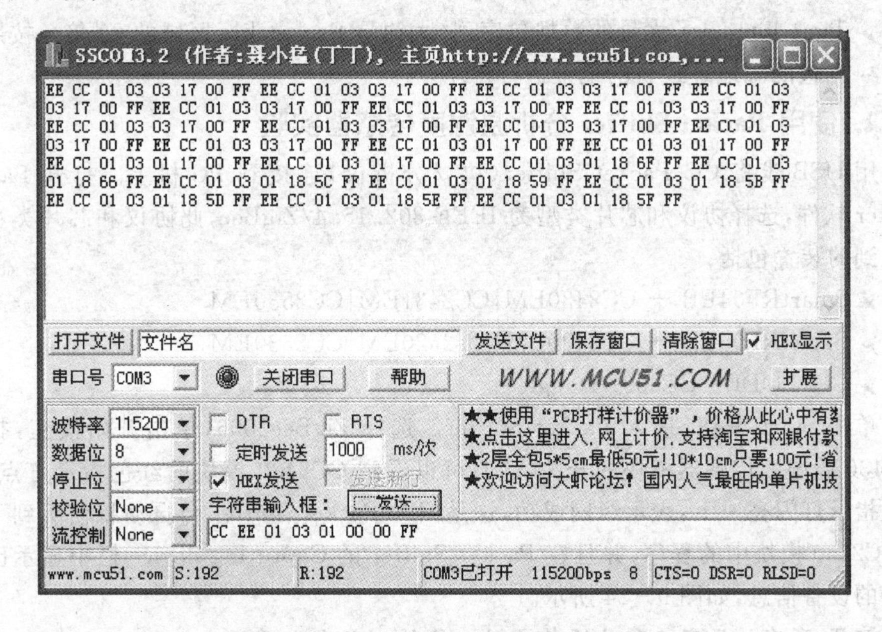

图 9-23　温度传感器节点实验串口通信

9.1.8 协议分析仪分析数据包

1. Packet Sniffe 简介

Packet Sniffe 是一款专门的协议分析软件，可以对 PHD、MAC、NETWORK/SECURITY、APPLICATION FRAMEWORK 和 APPLICATION PROFOCES 等各层协议上的信息包进行分析和解码；显示出错的包以及接入错误；指示触发包；在接收和注册过程中可连续显示包。可以利用 Packet Sniffer 分析 ZigBee 建立网络、加入网络、发送数据、接收数据的过程。

需要注意的是，Packet Sniffer 只能起到侦听的作用，即它只能侦听设备发送的数据。其中，Packet Sniffer 界面可以分为顶部和底部两个部分，如图 9-24 所示。

① 顶部窗口功能：Packet list(数据包列表)区域，用于显示所分析的数据包的各个字段。

② 底部有 7 个可选功能项，其功能分别为：

- Capturing device：捕获设备。
- Radio Configuration：无线配置，选择信号道。
- Select fields：Packet list 区域所显示的字段。
- Packet details：显示数据包的原始信息。
- Adddress book：包含了当前环境下所有已知节点的地址信息。
- Display filter：用户可根据自己的需求设定过滤选项，以便在 Packet list 区域显示所需要的各种信息。
- Time line：显示大量的数据包序列(大约是 Packet list 区域的 20 倍)，按照数据包的源地址或目的地址进行排序。

2. 使用 Packet Sniffer 分析温湿度传感器实验

用 USB 线将 CC Packet Sniffer(协议分析仪)连接到 PC 机上。打开 Packet Sniffer 软件，选择协议和芯片类型为 IEEE 802.15.4/ZigBee，此协议和芯片类型能捕捉到的装置包括：

- SmartRF04EB ＋ CC2430EM|CC2431EM|CC2530EM
- SmartRF05EB ＋ CC2430EM|CC2520EM|CC2530EM
- CC2430DB CC2531 Dongle

单击 Start 按钮，进入 Packet Sniffer。选择 ZigBee2006，单击开始按钮，打开 CC2430 温湿度传感器模块的开关，这时可以看到 CC2430 模块的红色指示灯点亮，绿色指示灯闪亮一下，表示组网成功，这是因为 Packet Sniffer 会自动将侦听到下载在 CC2430 模块中的程序，并且在 Packet Sniffer 的 Capturing device 栏中显示已经链接的设备信息，如图 9-24 所示。

注意：所有的设定工作必须在 Packet Sniffer 运行之前设定。

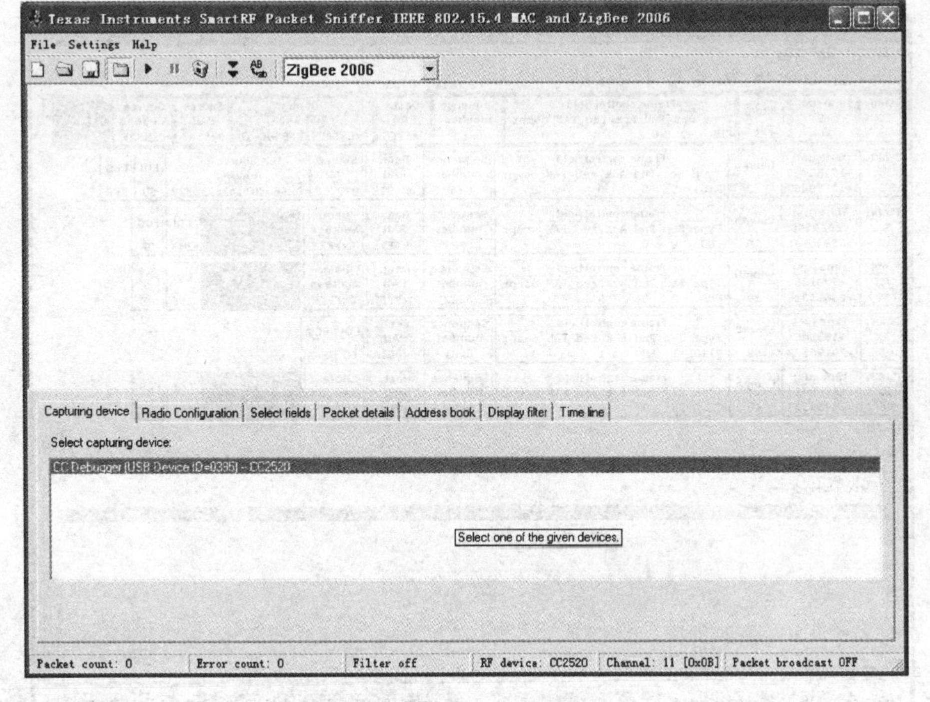

图9-24　Setup中显示的链接设备

Packet Sniffer的数据包列表区域显示所捕获的各类数据包，如图9-25所示，然后用户就可以通过Packet Sniffer中自带的各种功能对ZigBee网络中的数据包进行分析。

(1) Radio Configuration

无线配置，用户可根据需求选择不同的配置，选择信道（0x0B～0x1A，2 405～2 480 MHz）。

(2) Select fields

使用Select fields可以选择在数据包列表中显示的字段，这对于分辨率较低的显示器（小于1024×768）非常有用，不同字段的显示颜色不同，如图9-26所示。

用户可以选择时间戳的显示单位是毫秒还是微秒，负载数据以十六进制显示还是文本格式显示；当使用文本格式时，不可打印的字符以"*"显示。

用户还可以选择显示接收数据帧的是LQI（Link Quality Indication，链路状态显示）还是RSSI（Received Signal Strength Indicator，接收信号强度，单位dbm）。

(3) Packet details

双击数据包列表中的某一个数据包，在Packet details栏中观察数据包的详细信息，如图9-27所示。

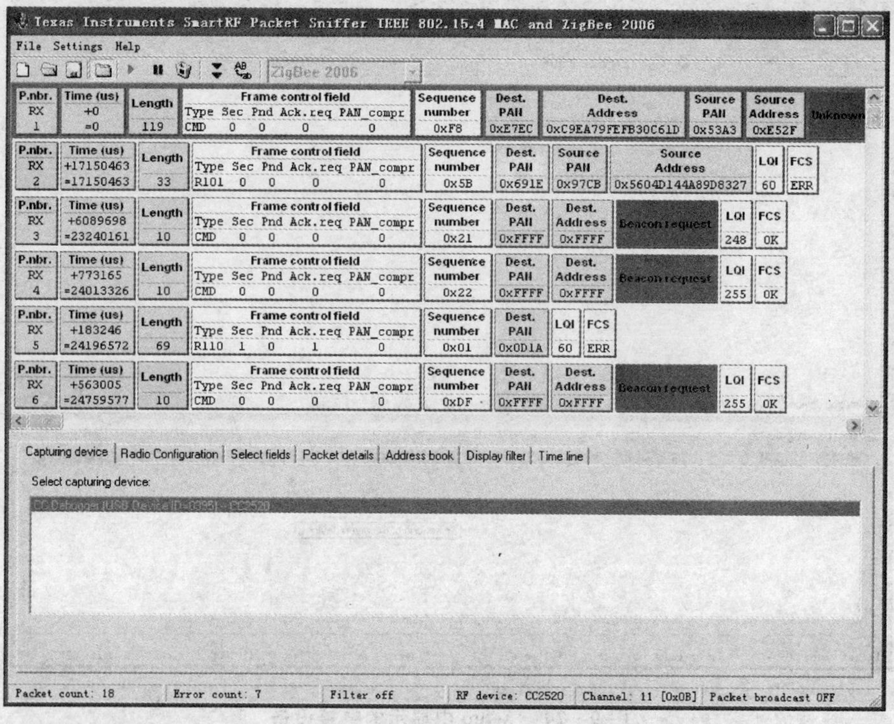

图 9－25　Packet Sniffer 捕获的数据包

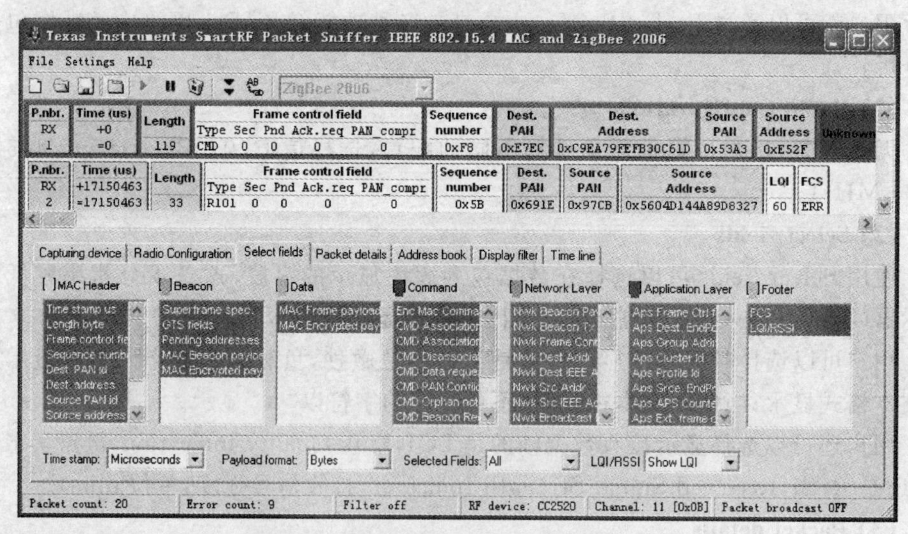

图 9－26　Packet Sniffer 的 Select fields 栏

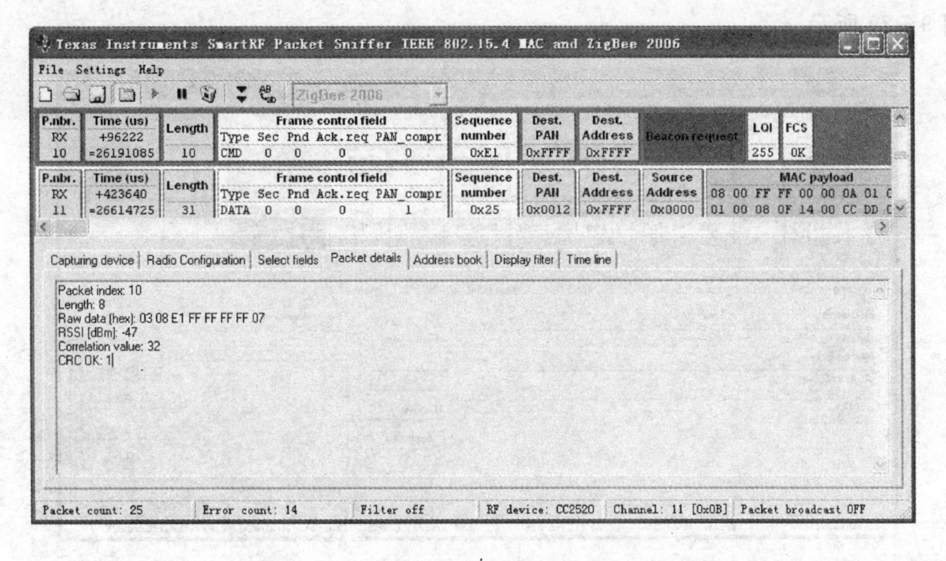

图 9-27 Packet Sniffer 的 Packet details 栏

(4) Address book

Address book 包含了检测到的所有节点。选择 Auto-regsister(默认选项),Packet Sniffer 将自动添加所有检测到节点的地址信息,如图 9-28 所示。

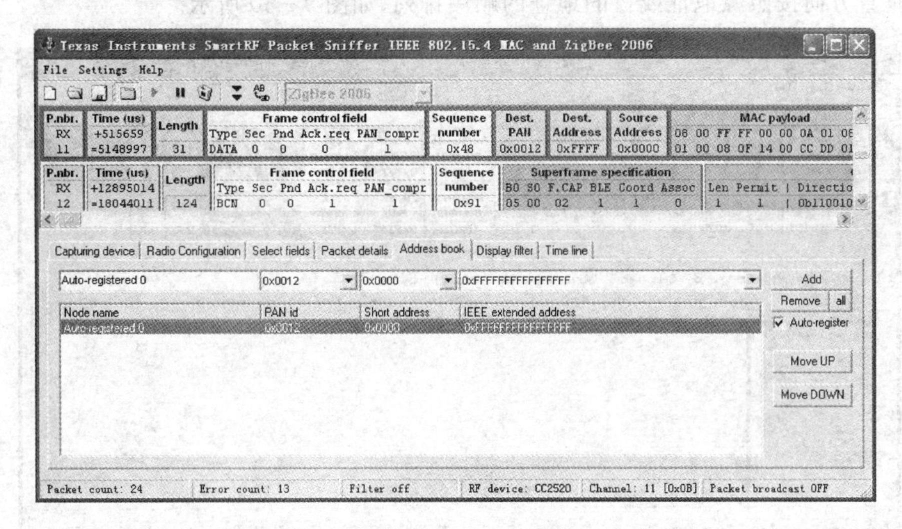

图 9-28 Packet Sniffer 的 Address book 栏

(5) Display filter

Display filter 栏允许使用 Field Name 中规定的字段过滤 Packet list 中的显示。选择 Field Name 中的一个字段,对应的 Template(模板)中会显示具体字段的名称,如果还包含子字段,则位于后面的括号中。用户可以通过 First、And、Add 等按钮将过滤选项添加至 Filter Condition 中,这样 Packet list 中只显示用户关心的信息,如

图 9 - 29 所示。

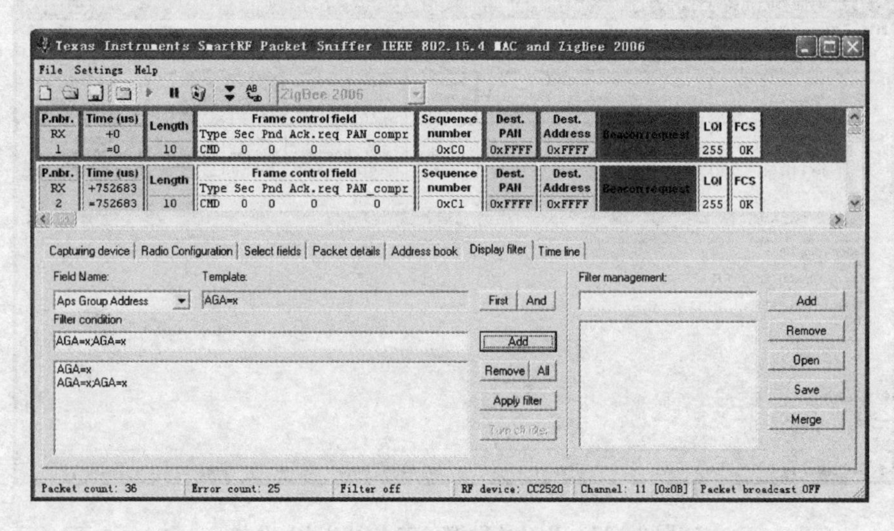

图 9 - 29　Packet Sniffer 的 Display filter 栏

(6) Time line

Time line 显示了所有接收到的数据包，水平方向按照接收数据包的时间顺序排列，垂直方向按照源地址或目的地址的顺序排列，如图 9 - 30 所示。

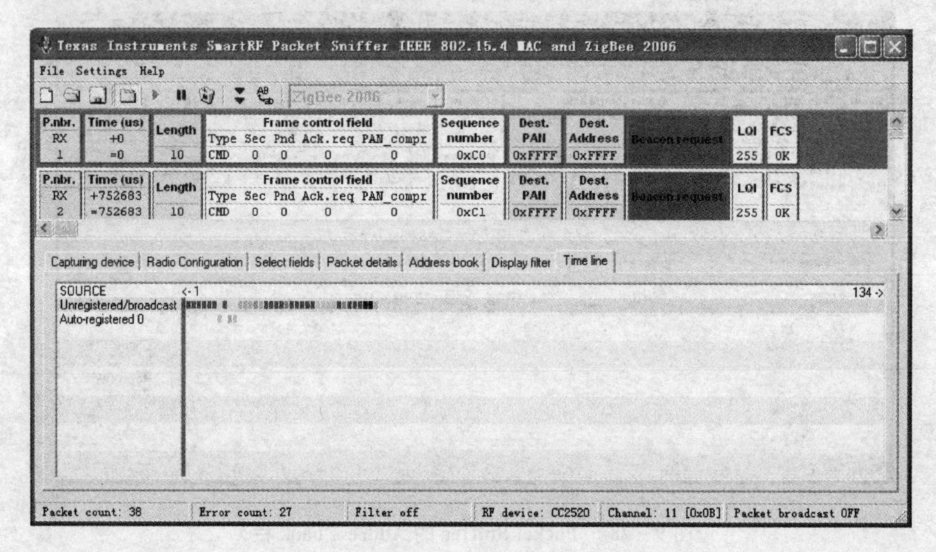

图 9 - 30　Packet Sniffer 的 Time line 栏

9.2　光敏传感器节点实验

9.2.1　实验环境及要求

1. 实验环境

- 硬件平台：ZigBee 仿真器和 ZigBee 协议分析仪各一台；ZigBee 模块 CC2430 两个(协调器节点，光敏传感器节点)；
- 软件环境：安装 IAR For C80517.30B 或以上版本软件集成开发环境；安装 ZigBee 协议分析仪软件。

2. 实验要求

- 协调器开启后自动形成一个网络；
- 传感器节点必须能自动加入网络；
- 传感器节点采集数据通过协调器串口传至 PC 机。

光敏传感器实验代码下载方法同 9.1.3 小节，此处不再赘述。

9.2.2　基本原理及硬件设计

光敏电阻又称光导管，如图 9－31 所示，常用的制作材料为硫化镉，另外还有硒、硫化铝、硫化铅和硫化铋等材料。这些制作材料具有在特定波长的光照射下，其阻值迅速减小的特性。这是由于光照产生的载流子都参与导电，在外加电场的作用下作漂移运动，电子奔向电源的正极，空穴奔向电源的负极，从而使光敏电阻器的阻值迅速下降。

光敏电阻器是利用半导体的光电效应制成的一种电阻值随入射光的强弱而改变的电阻器；入射光强，电阻减小，入射光弱，电阻增大。光敏电阻器一般用于光的测量、光的控制和光电转换(将光的变化转换为电的变化)。常用的光敏电阻器硫化镉光敏电阻器，它是由半导体材料制成的。光敏电阻器的阻值随入射光线(可见光)的强弱变化而变化，在黑暗条件下，它的阻值(暗阻)可达 1～10 MΩ，在强光条件(100LX)下，它阻值(亮阻)仅有几百至数千欧姆。光敏电阻器对光的敏感性(即光谱特性)与人眼对可见光(0.4～0.76 μm)的响应很接近，只要人眼可感受的光，都会引起它的阻值变化。设计光控电路时，都用白炽灯泡(小电珠)光线或自然光线作控制光源，使设计大为简化。

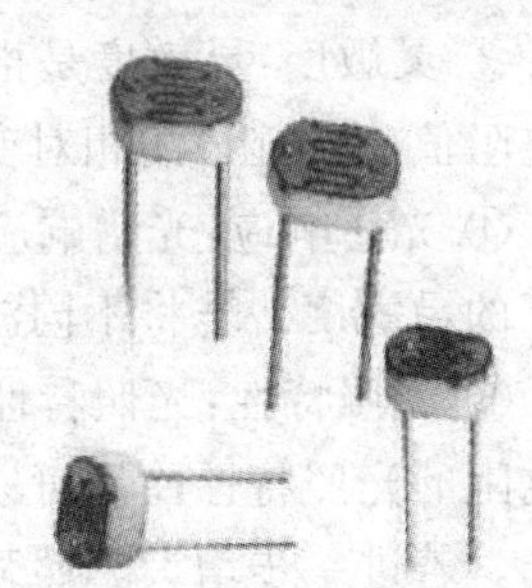

图 9－31　光敏电阻器实物图

通常，光敏电阻器都制成薄片结构，以便吸收更多的光能。当它受到光的照射时，半导体片（光敏层）内就激发出电子—空穴对参与导电，使电路中电流增强。为了获得高的灵敏度，光敏电阻的电极常采用梳状图案，它是在一定的掩膜下向光电导薄膜上蒸镀金或铟等金属形成的。

光敏电阻器通常由光敏层、玻璃基片（或树脂防潮膜）和电极等组成。光敏电阻器在电路中用字母“R”或“RL”、“RG”表示。

1. 分类、特点及应用

根据光敏电阻的光谱特性，可分为三种光敏电阻器。

① 紫外光敏电阻器：对紫外线较灵敏，包括硫化镉、硒化镉光敏电阻器等，用于探测紫外线。

② 红外光敏电阻器：主要有硫化铅、碲化铅、硒化铅。锑化铟等光敏电阻器，广泛用于导弹制导、天文探测、非接触测量、人体病变探测、红外光谱、红外通信等国防、科学研究和工农业生产中。

③ 可见光光敏电阻器：包括硒、硫化镉、硒化镉、碲化镉、砷化镓、硅、锗、硫化锌光敏电阻器等。主要用于各种光电控制系统，如光电自动开关门户，航标灯、路灯和其他照明系统的自动亮灭，自动给水和自动停水装置，机械上的自动保护装置和“位置检测器”，极薄零件的厚度检测器，照相机自动曝光装置，光电计数器，烟雾报警器，光电跟踪系统等方面。

2. 光敏电阻的主要参数

① 光电流、亮电阻：光敏电阻器在一定的外加电压下，当有光照射时，流过的电流称为光电流。外加电压与光电流之比称为亮电阻，常用“100LX”表示。

② 暗电流、暗电阻：光敏电阻在一定的外加电压下，当没有光照射时，流过的电流称为暗电流。外加电压与暗电流之比称为暗电阻，常用“0LX”表示。

③ 灵敏度：灵敏度是指光敏电阻不受光照射时的电阻值（暗电阻）与受光照射时的电阻值（亮电阻）的相对变化值。

④ 光谱响应：光谱响应又称光谱灵敏度，是指光敏电阻在不同波长的单色光照射下的灵敏度。若将不同波长下的灵敏度画成曲线，就可以得到光谱响应的曲线。

⑤ 光照特性：光照特性指光敏电阻输出的电信号随光照度而变化的特性。从光敏电阻的光照特性曲线可以看出，随着的光照强度的增加，光敏电阻的阻值开始迅速下降。若进一步增大光照强度，则电阻值变化减小，然后逐渐趋向平缓。在大多数情况下，该特性为非线性。

⑥ 伏安特性曲线：伏安特性曲线用来描述光敏电阻的外加电压与光电流的关系，对于光敏器件来说，其光电流随外加电压的增大而增大。

⑦ 温度系数：光敏电阻的光电效应受温度影响较大，部分光敏电阻在低温下的光电灵敏较高，而在高温下的灵敏度则较低。

⑧ 额定功率：额定功率是指光敏电阻用于某种线路中所允许消耗的功率，当温

度升高时，其消耗的功率就降低。

3. 工作原理

光敏电阻的工作原理是基于内光电效应。在半导体光敏材料两端装上电极引线，将其封装在带有透明窗的管壳里就构成光敏电阻，为了增加灵敏度，两电极常做成梳状。用于制造光敏电阻的材料主要是金属的硫化物、硒化物和碲化物等半导体。通常采用涂敷、喷涂、烧结等方法在绝缘衬底上制作很薄的光敏电阻体及梳状欧姆电极，接出引线，封装在具有透光镜的密封壳体内，以免受潮影响其灵敏度。在黑暗环境里，它的电阻值很高，当受到光照时，只要光子能量大于半导体材料的禁带宽度，则价带中的电子吸收一个光子的能量后可跃迁到导带，并在价带中产生一个带正电荷的空穴，这种由光照产生的电子—空穴对了半导体材料中载流子的数目，使其电阻率变小，从而造成光敏电阻阻值下降。光照愈强，阻值愈低。入射光消失后，由光子激发产生的电子—空穴对将复合，光敏电阻的阻值也就恢复原值。在光敏电阻两端的金属电极加上电压，其中便有电流通过，受到波长的光线照射时，电流就会随光强的增大而变大，从而实现光电转换。光敏电阻没有极性，纯粹是一个电阻器件，使用时既可加直流电压，也可加交流电压。半导体的导电能力取决于半导体导带内载流子数目的多少。

4. 光敏传感器节点电路原理

光敏传感器（光敏电阻）的电路原理如图 9－32 所示，在非强光照射条件下，LightDS 口保持高电平状态，LMV331 是一个单路比较器，当 1 的电平高于参考电平 3 的时候，会输出高电平，否则二极管将会导通。我们的 S1 是光敏电阻，利用光敏电阻的特性，收到光照以后光敏电阻的阻值会变小，LightResistor 流过 R3 的电流会增大，LightResistor 的电位就会升高，然后就会与脚 3 进行比较，当其电位高于 3 时就会输出高电平，就会关闭二极管 D2。

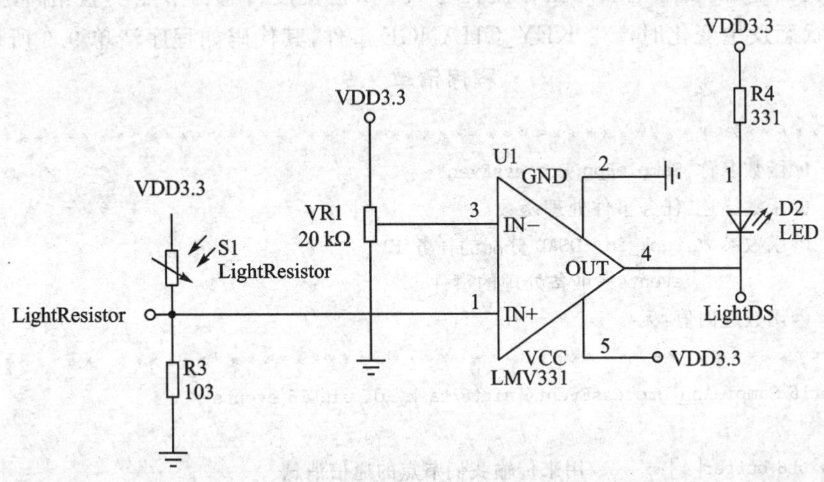

图 9－32 光敏电阻应用原理电路图

光敏电阻在打开时首先有一个自定义的阈值，这个阈值是可调的，主要依靠调节光敏电阻右边的可变电阻来调节阈值。在外围的光线大于阈值时发光二极管 D2 会亮，在外围的光线小于阈值时发光二极管 D2 将熄灭。

9.2.3　软件设计

协调器和光敏电阻节点工作流程如图 9－33 所示。

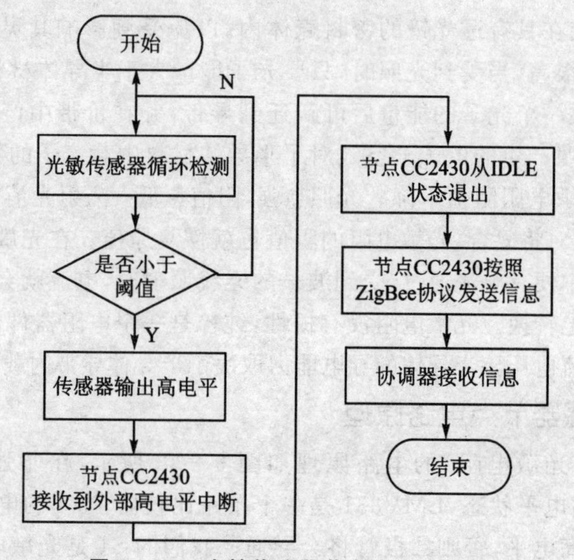

图 9－33　光敏传感器节点工作流程图

9.2.4　代码剖析

本实验中，设备上电后的工作流程与 9.1 节温湿度传感器节点实验相同，当光敏电阻的状态发生变化时产生 KEY_CHANGE 事件，其代码如程序清单 9.9 所示。

程序清单 9.9

```
/**************************************************************
  * @函数名称:SampleApp_ProcessEvent
  * @函数描述:任务事件处理函数
  * @函数参数:task_id—OSAL 分配的任务 ID
              events—准备处理的事件
  * @函数返回值:无
**************************************************************/
uint16 SampleApp_ProcessEvent( uint8 task_id, uint16 events )
{
  uint8 buffer[4];      //用来传输我们节点的通信消息
  afIncomingMSGPacket_t * MSGpkt;
  if ( events & SYS_EVENT_MSG )
```

```
{
  MSGpkt = (afIncomingMSGPacket_t *)osal_msg_receive( SampleApp_TaskID );
  while ( MSGpkt )
  {
    switch ( MSGpkt->hdr.event )
    {
      // Received when a messages is received (OTA) for this endpoint
      case AF_INCOMING_MSG_CMD:
        SampleApp_MessageMSGCB( MSGpkt );
        break;
   #if (defined LightResistor)
      case KEY_CHANGE:      //光敏电阻状态发生改变后,产生 KEY_CHANGE 事件
            CmdSendBuffer[0] = ENDPOINT_NUMBER;
            CmdSendBuffer[1] = AddID;
            CmdSendBuffer[2] = 0x01;
            CmdSendBuffer[3] = 0x00;
            LightResistor_temp = LightSensor_DATA;
            for(int i = 0;i < 1000; i++)    //延时适当时间
              for(int j = 0;j < 500; j++);
            if(LightResistor_temp != LightSensor_DATA)
              break;
            if(LightResistor_stat != LightSensor_DATA)
            {
            CmdSendBuffer[4] = LightSensor_DATA;     //需要有一个延时来确定中断
                                                     //是否有效
            LightResistor_stat = LightSensor_DATA;  //保存现在的状态
            }
            else
            {
              break;
            }
            SendData(CmdSendBuffer,CorShorAddr,5);
            HalLedBlink( HAL_LED_4, 1, 50, (1000 / 4) );
        break;
#endif
        //节点本身在网络中的地位发生变化才会调用此函数
        case ZDO_STATE_CHANGE:
            buffer[0] = 0xCC;
            buffer[1] = 0xDD;
            buffer[2] = ENDPOINT_NUMBER;  //节点的组号
            buffer[3] = (uint8)AddID;     //节点的地位
            AF_DataRequest( &SampleApp_Periodic_DstAddr, &SampleApp_epDesc,
```

```
                                    SAMPLEAPP_PERIODIC_CLUSTERID,
                                    4,
                                    buffer,
                                    &SampleApp_TransID,
                                    AF_BROADCAST_ENDPOINT,
                                    AF_DEFAULT_RADIUS );
            break;
          default:
            break;
        }
        // Release the memory
        osal_msg_deallocate( (uint8 * )MSGpkt );
        // Next - if one is available
        MSGpkt = (afIncomingMSGPacket_t * )osal_msg_receive( SampleApp_TaskID );
      }
      // return unprocessed events
      return (events ^ SYS_EVENT_MSG);
    }
    // Discard unknown events
    return 0;
  }
```


9.2.5 数据传输

本实验的数据传输流程与 9.1 节中的温湿度传感器实验类似,协调器与光敏节点形成网络后就可以进行数据的传输了。计算机不断向协调器串口发送查询命令,查询光敏传感器节点的状态,当传感器状态发生变化后节点与协调器进行数据传输,如程序清单 9.10、9.11 所示。

程序清单 9.10

```
//*******************************************************************
//* * 以短地址方式发送数据
//buf ::发送的数据
//addr::目的地址
//Leng::数据长度
//*******************************************************************
uint8 SendData(uint8 * buf, uint16 addr, uint8 Leng)
{
    afAddrType_t SendDataAddr;

    SendDataAddr.addrMode = (afAddrMode_t)Addr16Bit;        //短地址发送
    SendDataAddr.endPoint = SAMPLEAPP_ENDPOINT;
```

```
SendDataAddr.addr.shortAddr = addr;
    if ( AF_DataRequest( &SendDataAddr, //发送的地址和模式
                        &SampleApp_epDesc,   //终端(比如操作系统中任务 ID 等)
                        SAMPLEAPP_FLASH_CLUSTERID,//发送串 ID
                        Leng,
                        buf,
                        &SampleApp_TransID, //信息 ID(操作系统参数)
                        AF_DISCV_ROUTE,
                        AF_DEFAULT_RADIUS ) == afStatus_SUCCESS )
    {
        return 1;
    }
    else
    {
        return 0;// Error occurred in request to send.
    }
}
```

程序清单 9.11

```
/***********************************************************
 * @fn      SampleApp_MessageMSGCB
 * @brief   回调数据信息处理程序,此函数处理任何到来的数据,包括其他设备的数据,
 *          根据设备的簇 ID 号进行相应的处理
 * @param   none
 * @return  none
 */
void SampleApp_MessageMSGCB( afIncomingMSGPacket_t *pkt )
{
  if(zgDeviceLogicalType == ZG_DEVICETYPE_ROUTER)//路由器
  {
    switch ( pkt->clusterId )
    {
      case SAMPLEAPP_PERIODIC_CLUSTERID:
        if
//收到协调器的广播命令,知道哪个是协调器后
((pkt->cmd.Data[0] == 0xCC)&&(pkt->cmd.Data[1] == 0xDD)&&(pkt->cmd.Data[3]
== 0x00))
        {
          HalLedBlink( HAL_LED_4, 1, 50, (1000 / 2) );    //绿色 LED 闪动一次
          CorShorAddr = pkt->srcAddr.addr.shortAddr; //存储协调器的短地址以方便
                                                     //传输数据
            CmdSendBuffer[0] = 0xCC;
```

```
                CmdSendBuffer[1] = 0xDD;
                CmdSendBuffer[2] = ENDPOINT_NUMBER;
                CmdSendBuffer[3] = (uint8)AddID;
                SendData(CmdSendBuffer,CorShorAddr,4);
            }
              break;
        case SAMPLEAPP_FLASH_CLUSTERID:
            //收到协调器的广播命令,知道哪个是协调器后
            if ((pkt->cmd.Data[0] == 0xCC)&&(pkt->cmd.Data[1] == 0xDD)&&(pkt->
cmd.Data[3] == 0x00))
            {
              HalLedBlink( HAL_LED_4, 1, 50, (1000 / 2) );       //绿色 LED 闪动一次
              CorShorAddr = pkt->srcAddr.addr.shortAddr;        //存储协调器的短地址以
                                                                //方便传输数据
              break;
            }
            else if(pkt->srcAddr.addr.shortAddr == CorShorAddr)
            {
    #ifdef  LightResistor
              if((pkt->cmd.Data[2] == 0x01)&&(pkt->cmd.Data[0] == ENDPOINT_
NUMBER))//查询光照强度
              {
                CmdSendBuffer[0] = ENDPOINT_NUMBER;
                CmdSendBuffer[1] = pkt->cmd.Data[1];
                CmdSendBuffer[2] = 0x01;
                CmdSendBuffer[3] = 0x00;
                CmdSendBuffer[4] = LightSensor_DATA;
                SendData(CmdSendBuffer,CorShorAddr,5);
                HalLedBlink( HAL_LED_4, 1, 50, (1000 / 4) );
              }
    #endif
            }
            break;
      }
    }
}
```


9.2.6 实验结果

1. 协调器与节点组网

实验步骤为:

① 用串口线把主机和协调器直接连接；

② 在主机上安装好串口通信工具(需要工具本身能够收发十六进制数据)，此处使用SSCOM32；

③ 用DC 5 V电源给协调器供电，现在协调器已经开始工作。

在协调器核心板(也就是装有天线的小板子)上有三个二极管，一个是指示电源接通的绿灯，另外是右下方的两个二极管RLED和YLED。在接通电源后，我们注意到RLED会首先闪动，然后会进入一个常亮的状态，在这个时候打开光敏传感器节点的电源。将会看到协调器上的YLED灯经过几次的闪动之后熄灭，证明ZigBee组网成功。

2. 性能测试

① 打开SSCOM，串口设置：波特率115 200，数据位8，停止位1，无校验位，操作与图9-22所示相同。

同样的，此处也要注意选择HEX显示和HEX发送这两个选项，现在需要根据预先设定好的串口通信协议向传感器节点发送命令，具体的协议可以参看附录D。

② 用串口通信工具根据协议发送命令(最好采用定时发送功能，这样可以明显看到现象)，发送命令查询光照的状态：CC EE 01 02 01 00 00 FF。

在测试的过程中可以用手去遮挡光敏电阻，然后就可以观察串口的返回信息，进而来判断光照，如图9-34所示。

EE CC 01 02 01 00 00 FF　　小于阈值

EE CC 01 02 01 00 01 FF　　大于阈值

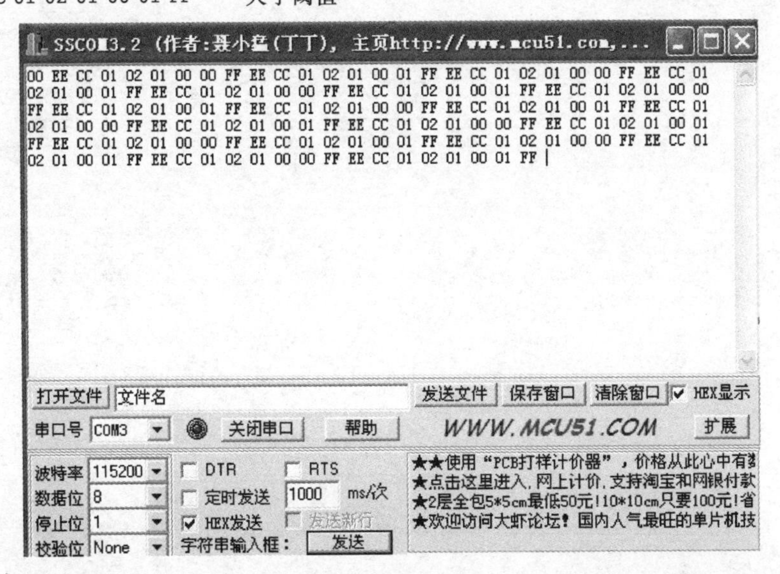

图9-34　测试过程

9.3　本章小结

本章主要介绍了ZigBee仿真器及协议分析仪的设置和使用方法，以及怎样修改ID号和烧写协调器程序。重点以温湿度传感器节点和光敏传感器节点为例介绍了节点工作原理，协调器与传感器节点组网工作的过程。

在温湿度传感器节点实验中介绍了仿真器的使用，使用仿真器下载协调器节点程序和传感器节点程序以及网络ID的修改。详细剖析了协议栈工作的代码，TI Z-Stack是在轮询式操作系统下工作的，设备上电后从Main函数开始，先进行初始化，然后进入轮询式操作系统等待任务的发生，分析了任务初始化函数和任务处理函数。在温湿度传感器节点实验中详细讲述了协调器节点和传感器节点的组网过程，对数据传输代码进行分析。实验演示是通过串口线将协调器和计算机主机相连，使用串口助手并显示了结果。在这部分还介绍了如何使用协议分析仪分析数据传输过程中的数据包。

本章的重点是协议栈的工作流程及代码分析，这也是本书的技术重点和技术难点。

第10章

TOP－WSN 物联网 ZigBee 综合系统

第9章主要介绍了温湿度传感器和光敏传感器的硬件原理、温湿度传感器节点和协调器节点的组网通信，以及如何使用协议分析仪分析数据包。本章的主要内容是用一个 ZigBee 协调器节点和若干个 ZigBee 传感器节点组成 ZigBee 的综合应用案例，即 ZigBee 物联网综合系统。

10.1 系统概述

TOP－WSN 是一款融合了传感器技术、嵌入式技术、分布式信息处理技术、无线通信技术、网络安全技术等一系列先进技术的物联网产品，在网络安全协议、大规模传感器网络中的节点移动性管理、网络的自组织、自愈性和系统功耗问题等一系列关键技术方面处于市场的前沿。

该解决方案囊括了从底层数据采集一直到上层应用软件全部物联网工作链，整套方案基于 TOP－WSN2.0 框架设计，灵活易用。用户甚至可以不需要开发一行代码，就可以完成自己研究领域的应用开发工作。TOP－WSN 系统主要分为两大方向：教学实验系统和应用开发系统。

目前该系统已成功应用于多个领域：精准农业、智能交通、医疗卫生、环境监测、公共安全、工业监控和煤矿安全等。

物联网是众多学科交叉的技术，在实际应用中，需要跟应用领域紧密的结合起来，形成有机的整体，才能最大限度地发挥物联网的能力。针对各个应用领域，主要解决如下问题：

➢ 传感器的多样性；

➢ 数据采集参数的要求；

➢ 存储数据的多样性；

➢ 决策终端的多样性；

➢ 传输协议的特殊性。

TOP－WSN 应用开发系统秉承 TOP－WSN 解决方案的框架优势，在传感器设置、数据采集、数据库存储、数据访问等各个部分均提供了合理易用的二次开发接口，用户可以将注意力集中在自己所关注的部分，进行合理的改造，就可以实现应用系统的开发工作。

同时更为重要的是：TOP－WSN 应用开发系统提供了一套“TOP－WSN 应用配置系统”，利用该配置系统可以轻松地实现面向各种应用领域的配置，主要包括：

➢ 配置各种传感器；
➢ 配置节点参数；
➢ 选择各种节点传输协议；
➢ 配置数据解析方式及公式；
➢ 配置数据存储方式；
➢ 配置数据分析方式。

10.2　系统组成

本系统主要有传感器节点模块、控制模块、协调器和网关组成，如图 10－1 所示。常见的传感器节点模块主要包括：

➢ 温湿度传感器模块；
➢ 光照传感器模块；
➢ 烟雾传感器模块；
➢ 有害气体传感器模块；
➢ 热释红外感器模块；
➢ 霍尔传感器模块；
➢ 干簧管传感器模块；
➢ 三轴加速度模块；
➢ 温湿度传感器模块；
➢ 振动传感器模块；
➢ 网络通信模块。

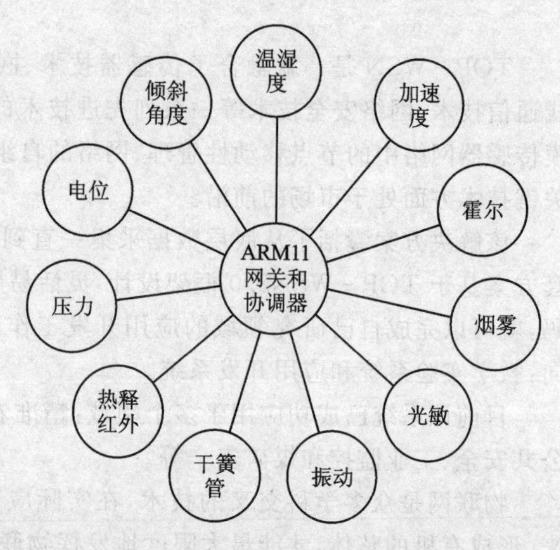

图 10－1　ARM11 网关和协调器

温湿度传感器节点和光敏传感器节点的工作原理见第 9 章，这里主要介绍烟雾传感器节点、霍尔传感器节点、加速度传感器节点、热释红外传感器节点、干簧管传感器节点和振动传感器节点的工作原理、软件编程、功能演示及系统集成调试等内容。

10.3　ZigBee 烟雾传感器节点设计

10.3.1　原理及硬件设计

系统中使用的是 MQ－2 烟雾传感器，适用于家庭或工厂的气体泄漏监测装置，适宜于液化气、丁烷、丙烷、甲烷、酒精、氢气、烟雾等监测装置。其功能及性能特点如下：

- 具有信号输出指示；
- 双路信号输出(模拟量输出及 TTL 电平输出)；
- TTL 输出,有效信号为低电平(当输出低电平时信号灯亮,可直接接单片机)；
- 模拟量输出 0～5 V 电压,浓度越高输出电压越高；
- 对液化气、天然气、城市煤气均有较好的灵敏度；
- 使用寿命长、稳定可靠；
- 快速的响应恢复特性。

烟雾传感器原理如图 10-2 所示,图中的 GAS 脚是实验中需要关注的检测点,它的电平状态的变化决定了传感器状态的变化,我们需要使用单片机去读取这个引脚的值,从而去确定目前引脚的状态变化情况。当有烟雾发生时,此引脚为高电平,没有烟雾发生时为低电平。烟雾传感器上电位计 VR1 的主要作用是调节和控制烟雾传感器的灵敏度,通过调节设置可以用于检测不同的气体和设置不同的报警阈值。

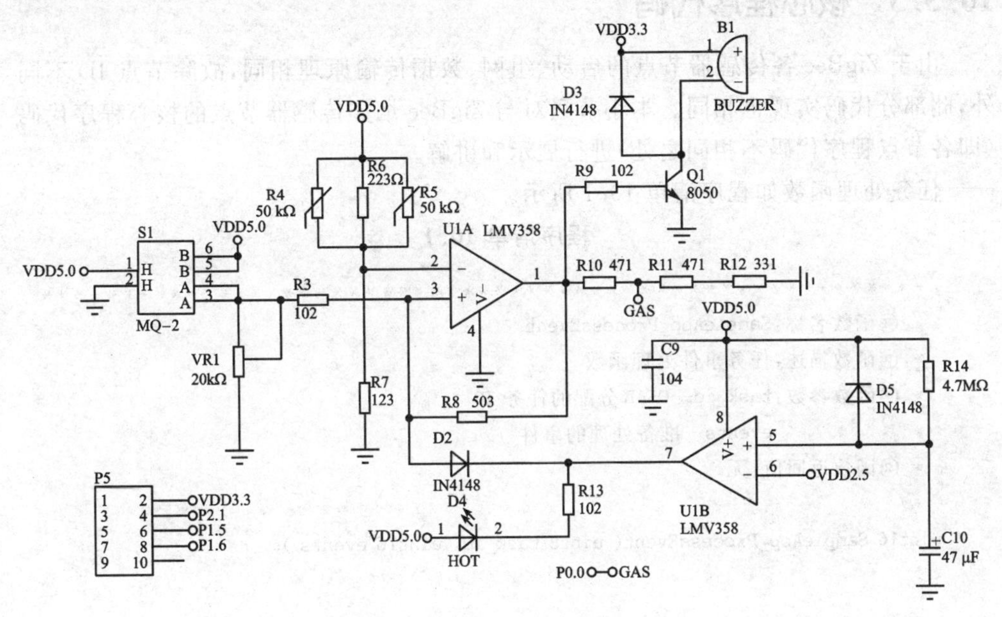

图 10-2 烟雾传感器原理图

10.3.2 软件设计

协调器和烟雾传感器节点工作流程如图 10-3 所示。

烟雾传感器程序下载部分与 9.1 节温湿度传感器程序下载相同,在此不再赘述。

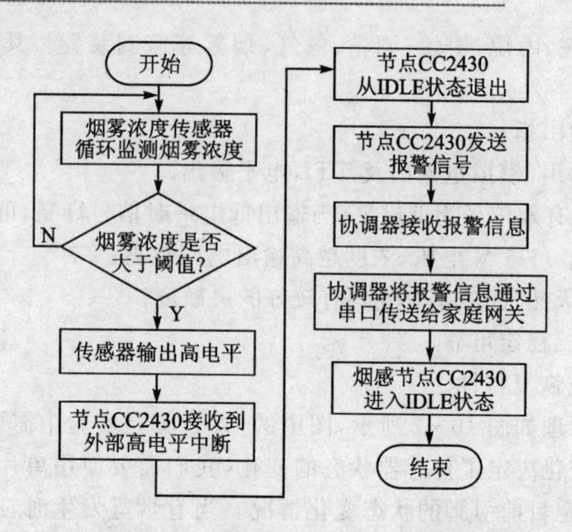

图 10-3 烟雾传感器节点工作流程图

10.3.3 核心程序代码

由于 ZigBee 各传感器节点的启动、组网、数据传输原理相同,故除节点 ID 不同外,此部分代码实现也相同。本小节只对与 ZigBee 烟雾传感器节点的核心程序代码(即各节点程序代码不相同之处)进行展示和讲解。

任务处理函数如程序清单 10.1 所示。

程序清单 10.1

```
/************************************************************
 * @函数名称:SampleApp_ProcessEvent
 * @函数描述:任务事件处理函数
 * @函数参数:task_id—OSAL 分配的任务 ID
 *            events—准备处理的事件
 * @函数返回值:无
 */
uint16 SampleApp_ProcessEvent( uint8 task_id, uint16 events )
{

  uint8 buffer[4];     //用来传输我们节点的通信消息
  afIncomingMSGPacket_t *MSGpkt;

  if ( events & SYS_EVENT_MSG )
  {
    MSGpkt = (afIncomingMSGPacket_t *)osal_msg_receive( SampleApp_TaskID );
    while ( MSGpkt )
    {
```

```
    switch ( MSGpkt->hdr.event )
    {
      // Received when a messages is received (OTA) for this endpoint
      case AF_INCOMING_MSG_CMD:
        SampleApp_MessageMSGCB( MSGpkt );
        break;
  #if (defined MQ_2)
      case KEY_CHANGE:
           CmdSendBuffer[0] = ENDPOINT_NUMBER;
           CmdSendBuffer[1] = AddID;
           CmdSendBuffer[2] = 0x01;
           CmdSendBuffer[3] = 0x00;
           CmdSendBuffer[4] = MQ2_DATA;

           SendData(CmdSendBuffer,CorShorAddr,5);
           HalLedBlink( HAL_LED_4, 1, 50, (1000 / 4) );
        break;
#endif
      //节点本身在网络中的地位发生变化才会调用此函数
      case ZDO_STATE_CHANGE:
         buffer[0] = 0xCC;
         buffer[1] = 0xDD;
         buffer[2] = ENDPOINT_NUMBER;  //节点的组号
         buffer[3] = (uint8)AddID;     //节点的地位
         //发送节点的状态信息给我们的所有的节点
          AF_DataRequest( &SampleApp_Periodic_DstAddr, &SampleApp_epDesc,
                      SAMPLEAPP_PERIODIC_CLUSTERID,
                         4,
                         buffer,
                         &SampleApp_TransID,
                         AF_BROADCAST_ENDPOINT,
                         AF_DEFAULT_RADIUS );
        break;
        default:
        break;
    }
    // Release the memory
    osal_msg_deallocate( (uint8 *)MSGpkt );
    // Next - if one is available
    MSGpkt = (afIncomingMSGPacket_t *)osal_msg_receive( SampleApp_TaskID );
  }
  // return unprocessed events
```

```
    return (events ^ SYS_EVENT_MSG);
  }
  // Discard unknown events
  return 0;
}
```

节点上电后，判断消息的类型，如果接收来自组的消息，则调用SampleApp_MessageMSGCB(MSGpkt)函数，代码如程序清单10.2所示。

程序清单10.2

```
/*************************************************************
  * @函数名称:SampleApp_MessageMSGCB
  * @函数描述:回调数据信息处理程序,此函数处理任何到来的数据,包括其他设备的数
              据,根据设备的簇 ID 号进行相应的处理
  * @函数参数:无
  * @函数返回值:无
  */
void SampleApp_MessageMSGCB( afIncomingMSGPacket_t *pkt )
{
  if(zgDeviceLogicalType == ZG_DEVICETYPE_ROUTER)//路由器
  {
    switch ( pkt->clusterId )
    {
      case SAMPLEAPP_PERIODIC_CLUSTERID:
        if
//收到协调器的广播命令,知道哪个是协调器后
 ((pkt->cmd.Data[0] == 0xCC)&&(pkt->cmd.Data[1] == 0xDD)&&(pkt->cmd.Data[3]
== 0x00))
        {
          HalLedBlink( HAL_LED_4, 1, 50, (1000 / 2) ); //绿色 LED 闪动一次
          CorShorAddr = pkt->srcAddr.addr.shortAddr; //存储协调器的短地址以方便
                                                      //传输数据
            CmdSendBuffer[0] = 0xCC;
            CmdSendBuffer[1] = 0xDD;
            CmdSendBuffer[2] = ENDPOINT_NUMBER;
            CmdSendBuffer[3] = (uint8)AddID;
            SendData(CmdSendBuffer,CorShorAddr,4);
        }
          break;
      case SAMPLEAPP_FLASH_CLUSTERID:
        //收到协调器的广播命令,知道哪个是协调器后
        if ((pkt->cmd.Data[0] == 0xCC)&&(pkt->cmd.Data[1] == 0xDD)&&(pkt->
```

```
cmd.Data[3] == 0x00))
          {
            HalLedBlink( HAL_LED_4, 1, 50, (1000 / 2) );       //绿色LED闪动一次
            CorShorAddr = pkt->srcAddr.addr.shortAddr;         //存储协调器的短地址以
                                                               //方便传输数据
             break;
          }
          else if(pkt->srcAddr.addr.shortAddr == CorShorAddr)
          {
    #ifdef MQ_2
               if((pkt->cmd.Data[2] == 0x01)&&(pkt->cmd.Data[0] == ENDPOINT_
NUMBER))//查询烟雾
               {
                 CmdSendBuffer[0] = ENDPOINT_NUMBER;
                 CmdSendBuffer[1] = pkt->cmd.Data[1];
                 CmdSendBuffer[2] = 0x01;
                 CmdSendBuffer[3] = 0x00;
                 CmdSendBuffer[4] = MQ2_DATA;
                 SendData(CmdSendBuffer,CorShorAddr,5);
                 HalLedBlink( HAL_LED_4, 1, 50, (1000 / 4) );
               }
    #endif
          }
          break;
      }
    }
}
```


烟感传感器状态发生变化，产生KEY_CHANGE，发送数据的程序见程序清单9.11。

10.4 ZigBee干簧管传感器节点设计

10.4.1 原理及硬件设计

干簧管节点电路板如图10-4所示。干簧管是一种磁敏的特殊开关。它通常由两个或三个既导磁又导电的材料做成的簧片触点，被封装在充有惰性气体（如氮、氦等）或真空的玻璃管里，玻璃管内管内平行封装的簧片端部重叠，并留有一定间隙或相互接触以构成开关的常开或常闭接点。

当永久磁铁靠近干簧管时，或者由绕在干簧管上面的线圈通电后形成磁场使簧片磁化时，簧片的接点就会感应出极性相反的磁极。由于磁极极性相反而相互吸引，

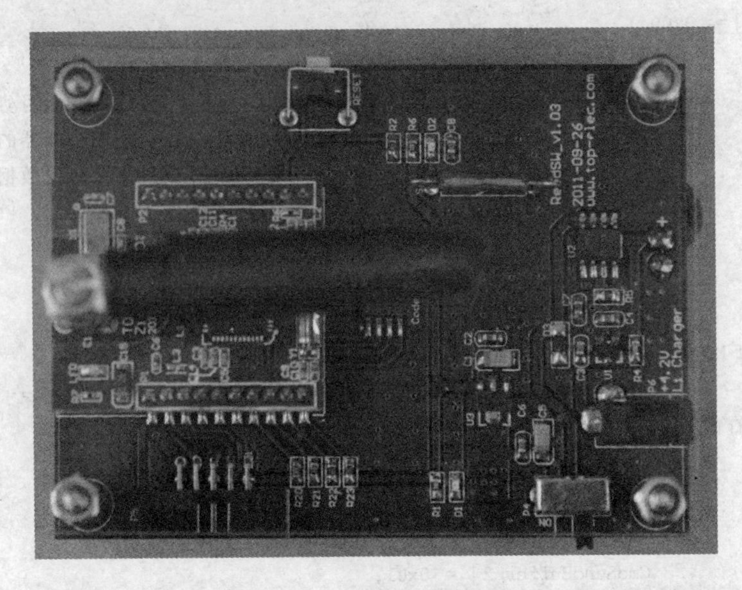

图 10 - 4　干簧管节点电路板

当吸引的磁力超过簧片的抗力时，分开的接点便会吸合；当磁力减小到一定值时，在簧片抗力的作用下接点又恢复到初始状态。这样便完成了一个开关的作用。干簧管实物和等效电路如图 10 - 5 所示，干簧管节点的电路原理图如图 10 - 6 所示。

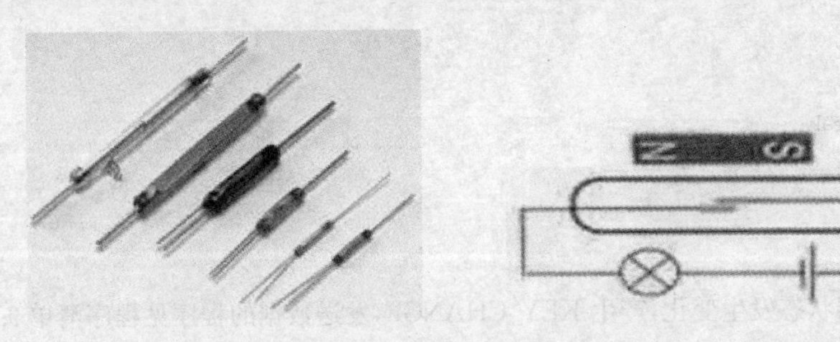

图 10 - 5　干簧管实物和原理图

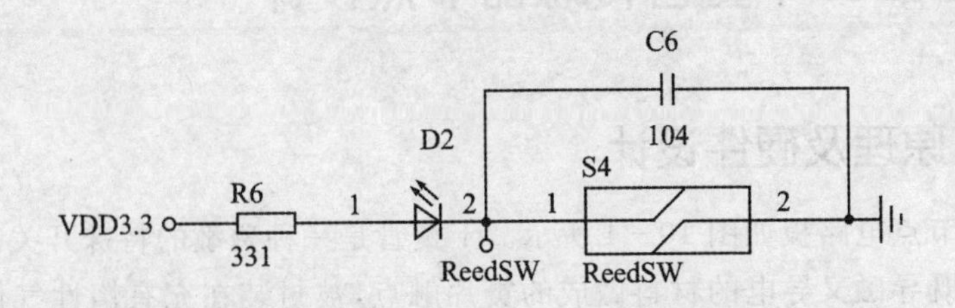

图 10 - 6　干簧管节点的电路原理图

操作时，程序只需要读取图 10 - 6 中 ReedSW 引脚的相应状态，就可以知道周围是否拥有变化的磁场存在。当用磁铁去靠近干簧管传感器时，干簧管接通，ReedSW 引脚变为低电平，从而驱动发光二极管 D2 发光。

干簧管作为传感器，可用于计数、限位等。有一种自行车公里计，就是在轮胎上粘上磁铁，在一旁固定上两个簧片的干簧管构成的。装在门上，可作为开门时的报警、问候等。

10.4.2　核心程序代码

由于 ZigBee 各传感器节点的启动、组网、数据传输原理相同，故除节点 ID 不同外，此部分代码实现也相同。本小节只对与 ZigBee 烟雾传感器节点的核心程序代码（即各节点程序代码不相同之处）进行展示和讲解。

任务处理函数如程序清单 10.3 所示。

程序清单 10.3

```
/***************************************************************
 * @函数名称:SampleApp_ProcessEvent
 * @函数描述:任务事件处理函数
 * @函数参数:task_id—OSAL 分配的任务 ID
 *          events—准备处理的事件
 * @函数返回值:无
 ***************************************************************/
uint16 SampleApp_ProcessEvent( uint8 task_id, uint16 events )
{

  uint8 buffer[4];     //用来传输我们节点的通信消息
  afIncomingMSGPacket_t * MSGpkt;
  if ( events & SYS_EVENT_MSG )
  {
    MSGpkt = (afIncomingMSGPacket_t *)osal_msg_receive( SampleApp_TaskID );
    while ( MSGpkt )
    {
      switch ( MSGpkt->hdr.event )
      {
        // Received when a messages is received (OTA) for this endpoint
        case AF_INCOMING_MSG_CMD:
          SampleApp_MessageMSGCB( MSGpkt );
          break;
     #if (defined ReedSW)
        case KEY_CHANGE:
              CmdSendBuffer[0] = ENDPOINT_NUMBER;
              CmdSendBuffer[1] = AddID;
              CmdSendBuffer[2] = 0x01;
              CmdSendBuffer[3] = 0x00;
              CmdSendBuffer[4] = ! (ReedSW_DATA);
```

```
                SendData(CmdSendBuffer,CorShorAddr,5);
                HalLedBlink( HAL_LED_4, 1, 50, (1000 / 4) );
            break;
#endif
            //节点本身在网络中的地位发生变化才会调用此函数
          case ZDO_STATE_CHANGE:
              buffer[0] = 0xCC;
              buffer[1] = 0xDD;
              buffer[2] = ENDPOINT_NUMBER;  //节点的组号
              buffer[3] = (uint8)AddID;     //节点的地位
              //发送节点的状态信息给我们所有的节点
              AF_DataRequest( &SampleApp_Periodic_DstAddr, &SampleApp_epDesc,
                              SAMPLEAPP_PERIODIC_CLUSTERID,
                              4,
                              buffer,
                              &SampleApp_TransID,
                              AF_BROADCAST_ENDPOINT,
                              AF_DEFAULT_RADIUS );

            break;
            default:
            break;
        }
        // Release the memory
        osal_msg_deallocate( (uint8 *)MSGpkt );
        // Next - if one is available
        MSGpkt = (afIncomingMSGPacket_t *)osal_msg_receive( SampleApp_TaskID );
      }
      // return unprocessed events
      return (events ^ SYS_EVENT_MSG);
    }
    // Discard unknown events
    return 0;
}
```


接收数据的程序代码如程序清单10.4所示。

程序清单10.4

```
//***********************************************************
 * @函数名称:SampleApp_MessageMSGCB
 * @函数描述:回调数据信息处理程序,此函数处理任何到来的数据,包括其他设备的数
             据,根据设备的簇 ID 号进行相应的处理
 * @函数参数:无
```

```
  * @函数返回值:无
  *************************************************************/
void SampleApp_MessageMSGCB( afIncomingMSGPacket_t * pkt )
{
  if(zgDeviceLogicalType == ZG_DEVICETYPE_ROUTER)//路由器
  {
    switch ( pkt->clusterId )
    {
      case SAMPLEAPP_PERIODIC_CLUSTERID:
        if
//收到协调器的广播命令,知道哪个是协调器后
 ((pkt->cmd.Data[0] == 0xCC)&&(pkt->cmd.Data[1] == 0xDD)&&(pkt->cmd.Data[3]
== 0x00))
{
          HalLedBlink( HAL_LED_4, 1, 50, (1000 / 2) ); //绿色 LED 闪动一次
          //存储协调器的短地址以方便传输数据
          CorShorAddr = pkt->srcAddr.addr.shortAddr;
              CmdSendBuffer[0] = 0xCC;
              CmdSendBuffer[1] = 0xDD;
              CmdSendBuffer[2] = ENDPOINT_NUMBER;
              CmdSendBuffer[3] = (uint8)AddID;
              SendData(CmdSendBuffer,CorShorAddr,4);
        }
          break;
      case SAMPLEAPP_FLASH_CLUSTERID:
        //收到协调器的广播命令,知道哪个是协调器后
        if ((pkt->cmd.Data[0] == 0xCC)&&(pkt->cmd.Data[1] == 0xDD)&&(pkt->
cmd.Data[3] == 0x00))
          {
            HalLedBlink( HAL_LED_4, 1, 50, (1000 / 2) );    //绿色 LED 闪动一次
            CorShorAddr = pkt->srcAddr.addr.shortAddr;    //存储协调器的短地址以
                                                          //方便传输数据
          break;
        }
         else if(pkt->srcAddr.addr.shortAddr == CorShorAddr)
         {
    #ifdef   ReedSW
            if((pkt->cmd.Data[2] == 0x01)&&(pkt->cmd.Data[0] == ENDPOINT_NUM-
BER))//查询金属//干簧管
              {
                CmdSendBuffer[0] = ENDPOINT_NUMBER;
                CmdSendBuffer[1] = pkt->cmd.Data[1];
```

```
                CmdSendBuffer[2] = 0x01;
                CmdSendBuffer[3] = 0x00;
                CmdSendBuffer[4] = ! (ReedSW_DATA);
                SendData(CmdSendBuffer,CorShorAddr,5);
                HalLedBlink( HAL_LED_4, 1, 50, (1000 / 4) );
            }
#endif
        }
        break;
    }
  }
}
```

发送数据的程序代码同程序清单 9.11。

干簧管传感器程序下载部分与光敏传感器程序下载相同,在此不再赘述。

10.5　ZigBee 电机和灯光传感器节点设计

10.5.1　原理及硬件设计

电机和灯光传感器节点电路板实物图和硬件原理图分别如图 10 - 7 和图 10 - 8 所示。灯光电路由二极管(LED1～LED4)和限流电阻(R3～R6)组成,限流电阻的作用主要是控制二极管的亮度和保护二极管。电机的控制通过控制芯片 LG9110 实

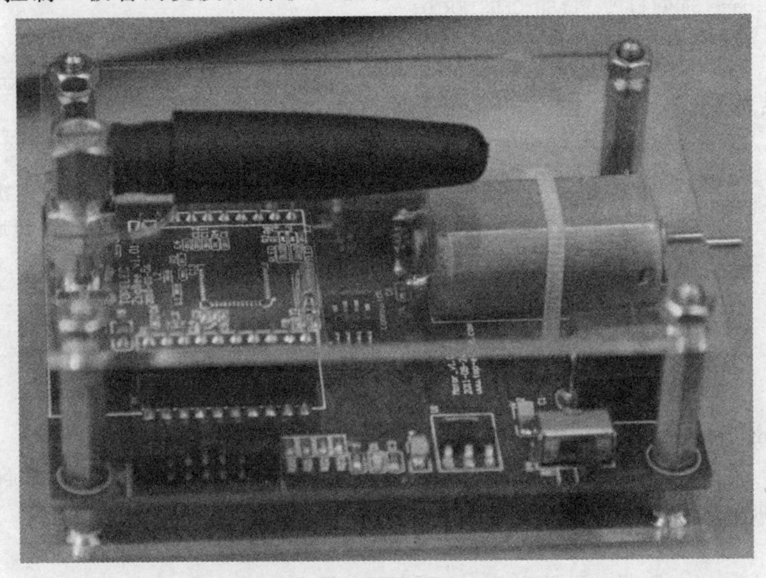

图 10 - 7　传感器实物图

现，CC2430 芯片 I/O 口控制 LG9110 引脚(IA 和 IB)的电流方向就可以控制其转向和起停。控制电机启动和停止的方法是：给 M_R 和 M_F 加上不同的电平，然后就可以让电机向不同的方向旋转。

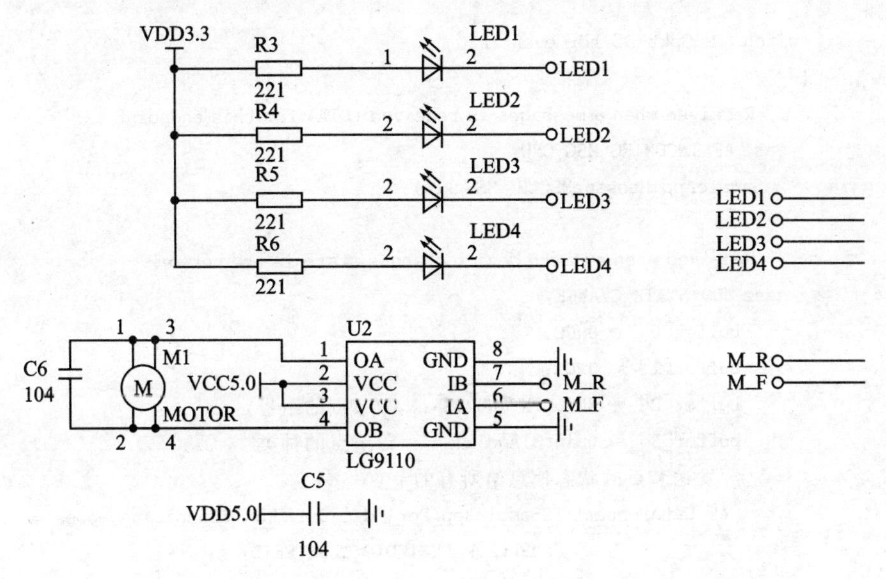

图 10－8　传感器硬件原理图

10.5.2　核心程序代码

由于 ZigBee 各传感器节点的启动、组网、数据传输原理相同，故除节点 ID 不同外，此部分代码实现也相同。本小节只对与 ZigBee 烟雾传感器节点的核心程序代码(即各节点程序代码不相同之处)进行展示和讲解。任务处理函数如程序清单 10.5 所示。

程序清单 10.5

```
/**********************************************************************
 * @函数名称:SampleApp_ProcessEvent
 * @函数描述:任务事件处理函数
 * @函数参数:task_id—OSAL 分配的任务 ID
 *          events—准备处理的事件
 * @函数返回值:无
 **********************************************************************/
uint16 SampleApp_ProcessEvent( uint8 task_id, uint16 events )
{
  uint8 buffer[4];      //用来传输我们节点的通信消息
  afIncomingMSGPacket_t *MSGpkt;
  if ( events & SYS_EVENT_MSG )
```

```
    {
      MSGpkt = (afIncomingMSGPacket_t *)osal_msg_receive( SampleApp_TaskID );
      while ( MSGpkt )
      {
        switch ( MSGpkt->hdr.event )
        {
          // Received when a messages is received (OTA) for this endpoint
          case AF_INCOMING_MSG_CMD:
            SampleApp_MessageMSGCB( MSGpkt );
            break;
          // Received whenever the device changes state in the network
          case ZDO_STATE_CHANGE:
              buffer[0] = 0xCC;
              buffer[1] = 0xDD;
              buffer[2] = ENDPOINT_NUMBER;  //节点的组号
              buffer[3] = (uint8)AddID;     //节点的种类
              //发送节点的状态信息给所有的节点
               AF_DataRequest( &SampleApp_Periodic_DstAddr, &SampleApp_epDesc,
                              SAMPLEAPP_PERIODIC_CLUSTERID,
                              4,
                              buffer,
                              &SampleApp_TransID,
                              AF_BROADCAST_ENDPOINT,
                              AF_DEFAULT_RADIUS );
            break;
          default:
            break;
        }

        // Release the memory
        osal_msg_deallocate( (uint8 *)MSGpkt );
        // Next - if one is available
        MSGpkt = (afIncomingMSGPacket_t *)osal_msg_receive( SampleApp_TaskID );
      }
      // return unprocessed events
      return (events ^ SYS_EVENT_MSG);
    }

    return 0;
}
```


接收数据的程序代码如程序清单10.6所示。

程序清单 10.6

```
//*************************************************************
 * @函数名称:SampleApp_MessageMSGCB
 * @函数描述:回调数据信息处理程序,此函数处理任何到来的数据,包括其他设备的数
            据,根据设备的簇 ID 号进行相应的处理
 * @函数参数:无
 * @函数返回值:无
 *************************************************************/
void SampleApp_MessageMSGCB( afIncomingMSGPacket_t * pkt )
{
 if(zgDeviceLogicalType = ZG_DEVICETYPE_ROUTER )//路由器
 {
   switch ( pkt - >clusterId )
    {
      case SAMPLEAPP_PERIODIC_CLUSTERID:
         if
//收到协调器的广播命令,知道哪个是协调器后
 ((pkt - >cmd. Data[0] = 0xCC)&&(pkt - >cmd. Data[1] = 0xDD)&&(pkt - >cmd. Data[3] =
0x00))
         {
           HalLedBlink( HAL_LED_4, 1, 50, (1000 / 2) );     //绿色 LED 闪动一次
           CorShorAddr =  pkt - >srcAddr. addr. shortAddr;   //存储协调器的短地址以
                                                              //方便传输数据

              CmdSendBuffer[0]  =  0xCC;
              CmdSendBuffer[1]  =  0xDD;
              CmdSendBuffer[2]  =  ENDPOINT_NUMBER;
              CmdSendBuffer[3]  =  (uint8)AddID;
              SendData(CmdSendBuffer,CorShorAddr,4);
         }
            break;
      case SAMPLEAPP_FLASH_CLUSTERID:
         //收到协调器的广播命令,知道哪个是协调器后
         if ((pkt - >cmd. Data[0] = 0xCC) &&(pkt - >cmd. Data[1] = 0xDD) &&(pkt - >
cmd. Data[3] = 0x00))
         {
           HalLedBlink( HAL_LED_4, 1, 50, (1000 / 2) );     //绿色 LED 闪动一次
           CorShorAddr =  pkt - >srcAddr. addr. shortAddr;    //存储协调器的短地址以
                                                               //方便传输数据

            break;
         }
         else if(pkt - >srcAddr. addr. shortAddr = CorShorAddr)
```

```
        {

    #ifdef Motor //在 Project->Option->Preprocessor 中定义
            //打开 LED_1
            if((pkt->cmd.Data[2] = 0x01)&&(pkt->cmd.Data[0] = ENDPOINT_NUMBER))
            {
              P0DIR = 0xFF;
              LED_1 = 0;
              HalLedBlink( HAL_LED_4, 1, 50, (1000 / 4) );
            }
            //关闭 LED_1
            else if((pkt->cmd.Data[2] == 0x02)&&(pkt->cmd.Data[0] ==
ENDPOINT_NUMBER))
            {
              P0DIR = 0xFF;
              LED_1 = 1;
              HalLedBlink( HAL_LED_4, 1, 50, (1000 / 4) );
            }
            //打开 LED_2
            else if((pkt->cmd.Data[2] == 0x03)&&(pkt->cmd.Data[0] ==
ENDPOINT_NUMBER))
            {
              P0DIR = 0xFF;
              LED_2 = 0;
              HalLedBlink( HAL_LED_4, 1, 50, (1000 / 4) );
            }
            //关闭 LED_2
            else if((pkt->cmd.Data[2] == 0x04)&&(pkt->cmd.Data[0] ==
ENDPOINT_NUMBER))
            {
              P0DIR = 0xFF;
              LED_2 = 1;
              HalLedBlink( HAL_LED_4, 1, 50, (1000 / 4) );
            }
            //打开 LED_3
            else if((pkt->cmd.Data[2] == 0x05)&&(pkt->cmd.Data[0] ==
ENDPOINT_NUMBER))
            {
              P0DIR = 0xFF;
              LED_3 = 0;
              HalLedBlink( HAL_LED_4, 1, 50, (1000 / 4) );
            }
```

```
            //关闭 LED_3
            else if((pkt - >cmd. Data[2] = =  0x06) && (pkt - >cmd. Data[0] = =
ENDPOINT_NUMBER))
            {
              P0DIR = 0xFF;
              LED_3 = 1;
              HalLedBlink( HAL_LED_4, 1, 50, (1000 / 4));
            }
            //打开 LED_4
            else if((pkt - >cmd. Data[2] = =  0x07) && (pkt - >cmd. Data[0] = =
ENDPOINT_NUMBER))
            {
              P0DIR = 0xFF;
              LED_4 = 0;
              HalLedBlink( HAL_LED_4, 1, 50, (1000 / 4) );
            }
            //关闭 LED_4
            else if((pkt - >cmd. Data[2] = =  0x08) && (pkt - >cmd. Data[0] = =
ENDPOINT_NUMBER))
            {
              P0DIR = 0xFF;
              LED_4 = 1;
              HalLedBlink( HAL_LED_4, 1, 50, (1000 / 4) );
            }
            //电机正转
            else if((pkt - >cmd. Data[2] = =  0x09) && (pkt - >cmd. Data[0] = =
ENDPOINT_NUMBER))
            {
              P0DIR = 0xFF;
             Motor_R = 1;
             Motor_F = 0;
              HalLedBlink( HAL_LED_4, 1, 50, (1000 / 4) );
            }
            //电机反转
            else if((pkt - >cmd. Data[2] = =  0x10) && (pkt - >cmd. Data[0] = =
ENDPOINT_NUMBER))
            {
              P0DIR = 0xFF;
              Motor_R = 0;
              Motor_F = 1;
              HalLedBlink( HAL_LED_4, 1, 50, (1000 / 4) );
            }
```

```
            //电机停止
            else if((pkt - > cmd. Data[2] = = 0x11) && (pkt - > cmd. Data[0] = =
ENDPOINT_NUMBER))
            {
              P0DIR = 0xFF;
              Motor_R = 0;
              Motor_F = 0;
              HalLedBlink( HAL_LED_4, 1, 50, (1000 / 4) );
            }
            //LED全亮
            else if((pkt - > cmd. Data[2] = = 0x12) && (pkt - > cmd. Data[0] = =
ENDPOINT_NUMBER))
            {
              P0DIR = 0xFF;
              LED_1 = 1;
              LED_2 = 1;
              LED_3 = 1;
              LED_4 = 1;
              HalLedBlink( HAL_LED_4, 1, 50, (1000 / 4) );
            }
            //LED全灭
            else if((pkt - > cmd. Data[2] = = 0x13) && (pkt - > cmd. Data[0] = =
ENDPOINT_NUMBER))
            {
              P0DIR = 0xFF;
              LED_1 = 0;
              LED_2 = 0;
              LED_3 = 0;
              LED_4 = 0;
              HalLedBlink( HAL_LED_4, 1, 50, (1000 / 4) );
            }
    #endif
        }
        break;
      }
    }
  }
```

发送数据的程序代码见程序清单9.11。

10.6 ZigBee振动传感器节点设计

10.6.1 原理及硬件设计

ZigBee振动传感器节点实物图如图10-9所示。振动传感器是测试设备中的关键部件之一,它的作用主要是将机械量接收下来,并转换为与之成比例的电量。由于它也是一种机电转换装置,所以有时也称它为换能器、拾振器等。

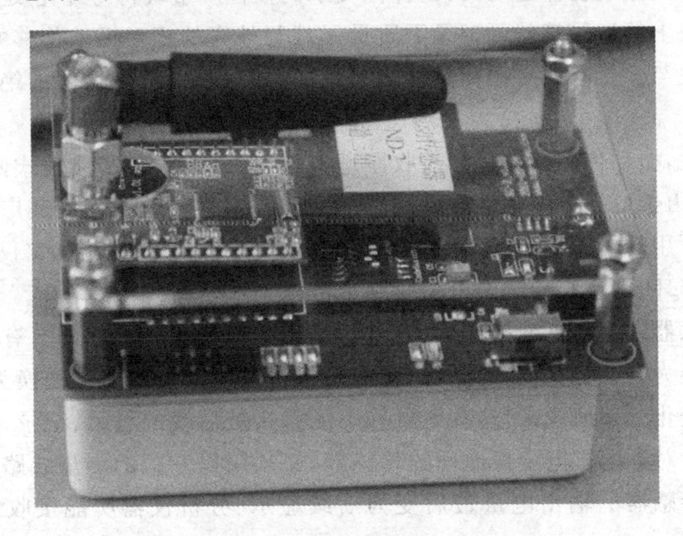

图10-9 振动传感器实物图

振动传感器并不是直接将原始要测的机械量转变为电量,而是将原始要测的机械量作为振动传感器的输入量,然后由机械接收部分加以接收,形成另一个适合于变换的机械量,最后由机电变换部分再将其变换为电量。因此,一个传感器的工作性能是由机械接收部分和机电变换部分的工作性能来决定的。振动传感器主要分为相对式机械接收和惯性式机械接收两类。

(1) 相对式机械接收原理

机械运动是物质运动的最简单的形式,因此人们最先想到的是用机械方法测量振动,从而制造出了机械式测振仪(如盖格尔测振仪等)。传感器的机械接收原理就是建立在此基础上的。相对式测振仪的工作接收原理是在测量时,把仪器固定在不动的支架上,使触杆与被测物体的振动方向一致,并借弹簧的弹性力与被测物体表面相接触。当物体振动时,触杆就跟随它一起运动,并推动记录笔杆在移动的纸带上描绘出振动物体的位移随时间的变化曲线,根据这个记录曲线可以计算出位移的大小、频率等参数。

由此可知,相对式机械接收部分所测得的结果是被测物体相对于参考体的相对振动，只有当参考体绝对不动时，才能测得被测物体的绝对振动。这样，就发生一个问题，当需要测的是绝对振动，但又找不到不动的参考点时，这类仪器就无用武之地。例如：在行驶的内燃机车上测试内燃机车的振动，在地震时测量地面及楼房的振动，都不存在一个不动的参考点。在这种情况下，必须用另一种测量方式的测振仪进行测量，即利用惯性式测振仪。

(2) 惯性式机械接收原理

惯性式机械测振仪测振时，是将测振仪直接固定在被测振动物体的测点上，当传感器外壳随被测振动物体运动时，由弹性支承的惯性质量块将与外壳发生相对运动，则装在质量块上的记录笔就可记录下质量元件与外壳的相对振动位移幅值，然后利用惯性质量块与外壳的相对振动位移的关系式，即可求出被测物体的绝对振动位移波形。

一般来说，振动传感器在机械接收原理方面，只有相对式和惯性式两种，但在机电变换方面，由于变换方法和性质不同，其种类繁多，应用范围也极其广泛。在现代振动测量中所用的传感器，已不是传统概念上独立的机械测量装置，它仅是整个测量系统中的一个环节，且与后续的电子线路紧密相关。

由于传感器内部机电变换原理的不同，输出的电量也各不相同。有的是将机械量的变化变换为电动势、电荷的变化，有的是将机械振动量的变化变换为电阻、电感等电参量的变化。一般说来，这些电量并不能直接被后续的显示、记录、分析仪器所接收。因此针对不同机电变换原理的传感器，必须附以专配的测量线路。测量线路的作用是将传感器的输出电量最后变为后续显示、分析仪器所能接收的一般电压信号。

因此，振动传感器的分类方法包括：

- 按机械接收原理分为：相对式、惯性式；
- 按机电变换原理分为：电动式、压电式、电涡流式、电感式、电容式、电阻式、光电式；
- 按所测机械量分为：位移传感器、速度传感器、加速度传感器、力传感器、应变传感器、扭振传感器、扭矩传感器。

温馨提示：以上三种分类法中的传感器是相互兼容的。

ZigBee振动传感节点采用常见的振动传感器SC-2，其电路原理图如图10-10所示，它可以在接收到振动信号之后对其输出引脚产生一个时间长达5 s的稳定的低电平，然后当这5 s中有新的振动发生时继续延长时间5 s，直到在5 s内没有振动发生，那么输出脚又恢复成低电平。图10-10中的G脚（传感器上的绿色线）为振动信号输出脚，通过CC2430的I/O口去检测这个引脚的状态信息，去接收这个引脚信号的变化情况，在接收到电平跳变，特别是下降沿跳变的时候能够产生相应的变化。

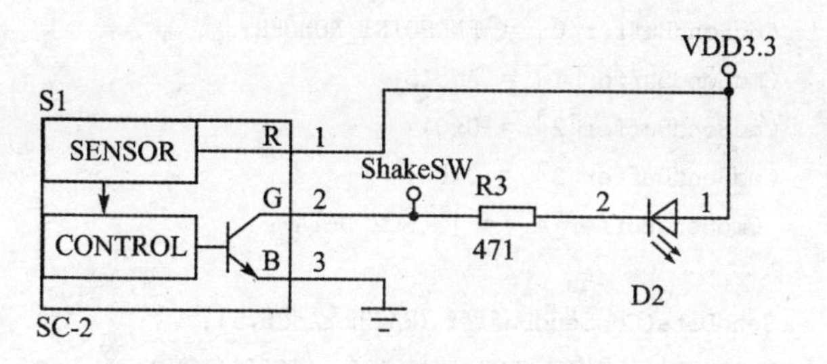

图 10 - 10　振动传感器电路原理图

10.6.2　核心程序代码

由于 ZigBee 各传感器节点的启动、组网、数据传输原理相同，故除节点 ID 不同外，此部分代码实现也相同。本小节只对与 ZigBee 烟雾传感器节点的核心程序代码（即各节点程序代码不相同之处）进行展示和讲解。任务处理函数如程序清单 10.7 所示。

程序清单 10.7

```
/**************************************************************************
 * @函数名称:SampleApp_ProcessEvent
 * @函数描述:任务事件处理函数
 * @函数参数:task_id—OSAL 分配的任务 ID
 *           events—准备处理的事件
 * @函数返回值:无
 **************************************************************************/
uint16 SampleApp_ProcessEvent( uint8 task_id, uint16 events )
{
  uint8 buffer[4];     //用来传输我们节点的通信消息
  afIncomingMSGPacket_t *MSGpkt;
  if ( events & SYS_EVENT_MSG )
  {
    MSGpkt = (afIncomingMSGPacket_t *)osal_msg_receive( SampleApp_TaskID );
    while ( MSGpkt )
    {
      switch ( MSGpkt->hdr.event )
      {
        // Received when a messages is received (OTA) for this endpoint
        case AF_INCOMING_MSG_CMD:
          SampleApp_MessageMSGCB( MSGpkt );
          break;
  #if (defined SC_2)
        case KEY_CHANGE:
```

```
            CmdSendBuffer[0] = ENDPOINT_NUMBER;
            CmdSendBuffer[1] = AddID;
            CmdSendBuffer[2] = 0x01;
            CmdSendBuffer[3] = 0x00;
             CmdSendBuffer[4] = !(SC2_DATA);
#endif
            SendData(CmdSendBuffer,CorShorAddr,5);
            HalLedBlink( HAL_LED_4, 1, 50, (1000 / 4) );
          break;
        //节点本身在网络中的地位发生变化才会调用此函数
        case ZDO_STATE_CHANGE:
          buffer[0] = 0xCC;
          buffer[1] = 0xDD;
          buffer[2] = ENDPOINT_NUMBER;  //节点的组号
          buffer[3] = (uint8)AddID;     //节点的地位
          //发送节点的状态信息给我们的所有的节点
           AF_DataRequest( &SampleApp_Periodic_DstAddr, &SampleApp_epDesc,
                           SAMPLEAPP_PERIODIC_CLUSTERID,
                           4,
                           buffer,
                           &SampleApp_TransID,
                           AF_BROADCAST_ENDPOINT,
                           AF_DEFAULT_RADIUS );
          break;

          default:
          break;
        }

      // Release the memory
      osal_msg_deallocate( (uint8 *)MSGpkt );

      // Next - if one is available
      MSGpkt = (afIncomingMSGPacket_t *)osal_msg_receive( SampleApp_TaskID );
    }

    // return unprocessed events
    return (events ^ SYS_EVENT_MSG);
  }
  // Discard unknown events
  return 0;
}
```

接收数据的程序代码如程序清单 10.8 所示。

程序清单 10.8

```
/************************************************************
  * @函数名称:SampleApp_MessageMSGCB
  * @函数描述:回调数据信息处理程序,此函数处理任何到来的数据,包括其他设备的数
             据,根据设备的簇 ID 号进行相应的处理
  * @函数参数:无
  * @函数返回值:无
  ************************************************************/
void SampleApp_MessageMSGCB( afIncomingMSGPacket_t * pkt )
{
  if(zgDeviceLogicalType == ZG_DEVICETYPE_ROUTER)//路由器
  {
    switch ( pkt->clusterId )
    {
      case SAMPLEAPP_PERIODIC_CLUSTERID:
        //收到协调器的广播命令,知道哪个是协调器后
        if ((pkt->cmd.Data[0] == 0xCC)&&(pkt->cmd.Data[1] == 0xDD)&&(pkt->
cmd.Data[3] == 0x00))
        {
          HalLedBlink( HAL_LED_4, 1, 50, (1000 / 2) );    //绿色 LED 闪动一次
          CorShorAddr = pkt->srcAddr.addr.shortAddr;     //存储协调器的短地址以
                                                         //方便传输数据
              CmdSendBuffer[0] = 0xCC;
              CmdSendBuffer[1] = 0xDD;
              CmdSendBuffer[2] = ENDPOINT_NUMBER;
              CmdSendBuffer[3] = (uint8)AddID;
              SendData(CmdSendBuffer,CorShorAddr,4);
        }
          break;
      case SAMPLEAPP_FLASH_CLUSTERID:
        //收到协调器的广播命令,知道哪个是协调器后
        if ((pkt->cmd.Data[0] == 0xCC)&&(pkt->cmd.Data[1] == 0xDD)&&(pkt->
cmd.Data[3] == 0x00))
        {
          HalLedBlink( HAL_LED_4, 1, 50, (1000 / 2) );    //绿色 LED 闪动一次
          CorShorAddr = pkt->srcAddr.addr.shortAddr;     //存储协调器的短地址以
                                                         //方便传输数据
          break;
        }
        else if(pkt->srcAddr.addr.shortAddr == CorShorAddr)
```

```
        {
    #ifdef   SC_2
                //查询振动情况//振动开关
                if((pkt->cmd.Data[2] == 0x01)&&(pkt->cmd.Data[0] == ENDPOINT_
NUMBER))
                {
                  CmdSendBuffer[0] = ENDPOINT_NUMBER;
                  CmdSendBuffer[1] = pkt->cmd.Data[1];
                  CmdSendBuffer[2] = 0x01;
                  CmdSendBuffer[3] = 0x00;
                  CmdSendBuffer[4] = ! (SC2_DATA);
                  SendData(CmdSendBuffer,CorShorAddr,5);
                  HalLedBlink( HAL_LED_4, 1, 50, (1000 / 4) );
                }
    #endif
        }
        break;
      }
    }
  }
```


发送数据的程序代码见程序清单 9.11。

振动传感器程序下载部分与光敏传感器程序下载相同，在此不再赘述。

10.7 ZigBee 霍尔烟雾传感器节点设计

10.7.1 原理及硬件设计

ZigBee 霍尔传感器实物图如图 10-11 所示。当一块通有电流的金属或半导体薄片垂直地放在磁场中时，薄片的两端就会产生电位差，这种现象就称为霍尔效应。两端具有的电位差值称为霍尔电势 U，其表达式为：

$$U = K \cdot I \cdot B/d \tag{10.1}$$

其中 K 为霍尔系数，I 为薄片中通过的电流，B 为外加磁场（洛伦慈力 Lorrentz）的磁感应强度，d 是薄片的厚度。由此可见，霍尔效应的灵敏度高低与外加磁场的磁感应强度成正比。霍尔开关就属于这种有源磁电转换器件，它是在霍尔效应原理的基础上，利用集成封装和组装工艺制作而成，它可方便地把磁输入信号转换成实际应用中的电信号，同时又具备工业场合实际应用对易操作和可靠性的要求。

霍尔开关输入端以磁感应强度 B 表征，当 B 值达到一定的程度（如 B1）时，霍尔开关内部的触发器翻转，霍尔开关的输出电平状态也随之翻转。输出端一般采用晶体管输出，和接近开关类似，有 NPN、PNP、常开型、常闭型、锁存型(双极性)、双信号输出之分。

霍尔开关具有无触点、功耗低、使用寿命长、响应频率高等特点，内部采用环氧树脂封灌成一体化，能在各类恶劣环境下可靠的工作。霍尔开关可应用于接近开关、压力开关、里程表等，作为一种新型的电器配件。霍尔开关传感器分为单极、双极、锁存和全极四种类型。

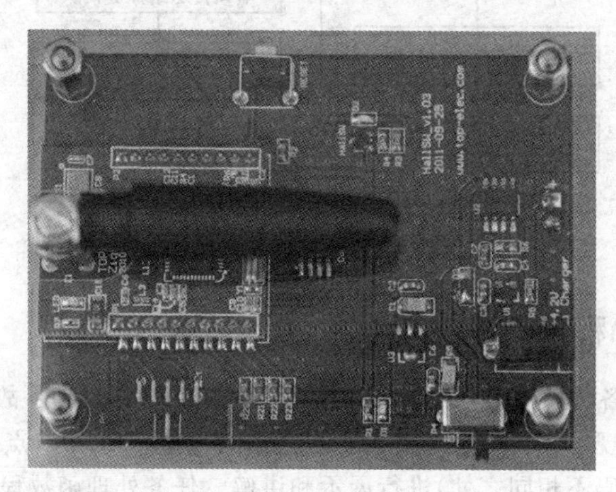

图 10－11　霍尔传感器实物图

霍尔传感器硬件原理图如图 10－12 所示。霍尔传感器在接收到磁场后其引脚就会变成低电平，这是对单片机编程来说最有用的信息，也就是当用磁铁去靠近传感器时，传感器的输出脚就会产生低电平，然后发光二极管 D2 发光，操作时，只需用 CC2430 的 I/O 口去读取这个引脚的电平值即可。

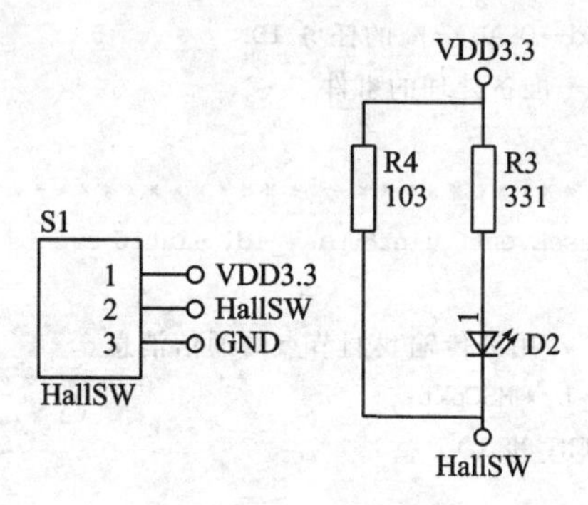

图 10－12　霍尔开关硬件原理图

10.7.2　软件设计

协调器和霍尔传感器节点工作流程如图 10－13 所示。

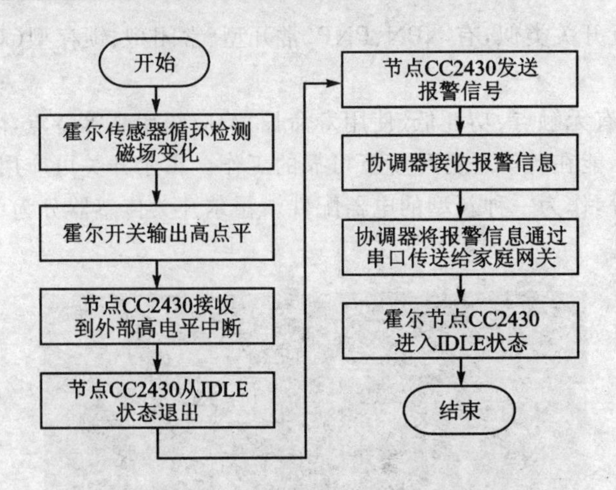

图 10 - 13　霍尔传感器节点工作流程图

10.7.3　核心程序代码

由于 ZigBee 各传感器节点的启动、组网、数据传输原理相同，故除节点 ID 不同外，此部分代码实现也相同。本小节只对与 ZigBee 烟雾传感器节点的核心程序代码(即各节点程序代码不相同之处)进行展示和讲解。任务处理函数程序代码如程序清单 10.9 所示。

程序清单 10.9

```
/*************************************************************
 * @函数名称:SampleApp_ProcessEvent
 * @函数描述:任务事件处理函数
 * @函数参数:task_id—OSAL 分配的任务 ID
 *           events—准备处理的事件
 * @函数返回值:无
*************************************************************/
uint16 SampleApp_ProcessEvent( uint8 task_id, uint16 events )
{
  uint8 buffer[4];    //用来传输我们节点的通信消息
  afIncomingMSGPacket_t *MSGpkt;
  if ( events & SYS_EVENT_MSG )
  {
    MSGpkt = (afIncomingMSGPacket_t *)osal_msg_receive( SampleApp_TaskID );
    while ( MSGpkt )
    {
      switch ( MSGpkt->hdr.event )
      {
        // Received when a messages is received (OTA) for this endpoint
```

```
      case AF_INCOMING_MSG_CMD:
        SampleApp_MessageMSGCB( MSGpkt );
        break;
    #if(defined HallSW)
      case KEY_CHANGE:
            CmdSendBuffer[0] = ENDPOINT_NUMBER;
            CmdSendBuffer[1] = AddID;
            CmdSendBuffer[2] = 0x01;
            CmdSendBuffer[3] = 0x00;
            CmdSendBuffer[4] = ! (HallSW_DATA);
            SendData(CmdSendBuffer,CorShorAddr,5);
            HalLedBlink( HAL_LED_4, 1, 50, (1000 / 4) );
        break;
#endif
        //节点本身在网络中的地位发生变化才会调用此函数
      case ZDO_STATE_CHANGE:
          buffer[0] = 0xCC;
          buffer[1] = 0xDD;
          buffer[2] = ENDPOINT_NUMBER;  //节点的组号
          buffer[3] = (uint8)AddID; //节点的地位
          //发送节点的状态信息给我们的所有的节点
           AF_DataRequest( &SampleApp_Periodic_DstAddr, &SampleApp_epDesc,
                           SAMPLEAPP_PERIODIC_CLUSTERID,
                           4,
                           buffer,
                           &SampleApp_TransID,
                           AF_BROADCAST_ENDPOINT,
                           AF_DEFAULT_RADIUS );
        break;

      default:
        break;
      }
      // Release the memory
      osal_msg_deallocate( (uint8 *)MSGpkt );
      // Next - if one is available
      MSGpkt = (afIncomingMSGPacket_t *)osal_msg_receive( SampleApp_TaskID );
    }
    // return unprocessed events
    return (events ^ SYS_EVENT_MSG);
  }
  // Discard unknown events
```

```
    return 0;
  }
```

接收数据的程序代码如程序清单10.10所示。

程序清单10.10

```
/*************************************************************
 * @函数名称:SampleApp_MessageMSGCB
 * @函数描述:回调数据信息处理程序,此函数处理任何到来的数据,包括其他设备的数
            据,根据设备的簇 ID 号进行相应的处理
 * @函数参数:无
 * @函数返回值:无
 *************************************************************/
void SampleApp_MessageMSGCB( afIncomingMSGPacket_t * pkt )
{

  if(zgDeviceLogicalType == ZG_DEVICETYPE_ROUTER)//路由器
  {
    switch ( pkt->clusterId )
    {
      case SAMPLEAPP_PERIODIC_CLUSTERID:
        if
//收到协调器的广播命令,知道哪个是协调器后
((pkt->cmd.Data[0] == 0xCC)&&(pkt->cmd.Data[1] == 0xDD)&&(pkt->cmd.Data[3]
== 0x00))
        {
          HalLedBlink( HAL_LED_4, 1, 50, (1000 / 2) ); //绿色 LED 闪动一次
          //存储协调器的短地址以方便传输数据
          CorShorAddr = pkt->srcAddr.addr.shortAddr;
              CmdSendBuffer[0] = 0xCC;
              CmdSendBuffer[1] = 0xDD;
              CmdSendBuffer[2] = ENDPOINT_NUMBER;
              CmdSendBuffer[3] = (uint8)AddID;
              SendData(CmdSendBuffer,CorShorAddr,4);
        }
          break;
      case SAMPLEAPP_FLASH_CLUSTERID:
        if
//收到协调器的广播命令,知道哪个是协调器后
((pkt->cmd.Data[0] == 0xCC)&&(pkt->cmd.Data[1] == 0xDD)&&(pkt->cmd.Data[3]
== 0x00))
        {
          HalLedBlink( HAL_LED_4, 1, 50, (1000 / 2) );          //绿色 LED 闪动一次
```

```
            CorShorAddr = pkt->srcAddr.addr.shortAddr;      //存储协调器的短地址以
                                                            //方便传输数据
            break;
        }
        else if(pkt->srcAddr.addr.shortAddr == CorShorAddr)
        {
    #ifdef HallSW
            //查询是否有磁场变化
            if((pkt->cmd.Data[2] == 0x01)&&(pkt->cmd.Data[0] == ENDPOINT_
NUMBER))
            {
              CmdSendBuffer[0] = ENDPOINT_NUMBER;
              CmdSendBuffer[1] = pkt->cmd.Data[1];
              CmdSendBuffer[2] = 0x01;
              CmdSendBuffer[3] = 0x00;
              CmdSendBuffer[4] = ! (HallSW_DATA);
              SendData(CmdSendBuffer,CorShorAddr,5);
              HalLedBlink( HAL_LED_4, 1, 50, (1000 / 4) );
            }
    #endif
        }
        break;
      }
    }
  }
```


发送数据的程序代码见程序清单9.11。

ZigBee霍尔传感器程序下载部分与9.1节温湿度传感器程序下载相同，在此不再赘述。

10.8　ZigBee加速度传感器节点设计

10.8.1　原理及硬件设计

加速度传感器节点实物图如图10－14所示。加速度传感器是一种能够测量加速力的电子设备。加速力就是当物体在加速过程中作用在物体上的力，就好比地球引力，也就是重力。加速力可以是个常量，也可以是变量。加速度计有两种：一种是角加速度计，是由陀螺仪（角速度传感器）改进的；另一种就是线加速度计。

线加速度计的原理是惯性原理，也就是力的平衡，A（加速度）$=F$（惯性力）$/M$（质量），我们只需要测量F就可以了。测量F可通过用电磁力平衡这个力的方法实

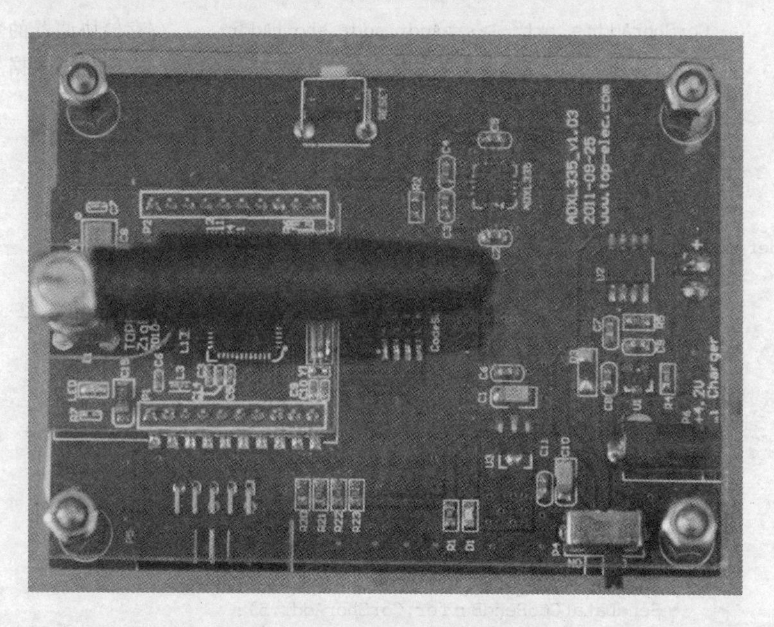

图 10 - 14　加速度传感器实物图

现，得到 F 对应于电流的关系，只需要用实验去标定这个比例系数就行了。当然中间的信号传输、放大、滤波功能的实现由电路来完成。

多数加速度传感器是根据压电效应的原理来工作的。所谓的压电效应就是对于不存在对称中心的异极晶体，加在晶体上的外力除了使晶体发生形变以外，还将改变晶体的极化状态，在晶体内部建立电场，这种由于机械力作用使介质发生极化的现象称为正压电效应。一般的加速度传感器就是利用了其内部的由于加速度造成的晶体变形这个特性。由于这个变形会产生电压，只要计算出产生电压和所施加的加速度之间的关系，就可以将加速度转化成电压输出。当然，还有很多其他方法来制作加速度传感器，比如压阻技术、电容效应、热气泡效应、光效应，但是其最基本的原理都是由于加速度引起某个介质产生变形，通过测量其变形量并用相关电路转化成电压输出。每种技术都有各自的机会和问题。

ZigBee 加速度传感器节点采用 AXDL335 三轴数字加速度传感器，采用 16 脚封装，原理图如图 10 - 15 所示。ADXL335 是 ADI 公司的三轴数字加速度传感器，主要应用于消费电子的微型惯性器件，最大可感知±16g 的加速度，感应精度可达到 3.9 mg/LSB，倾角测量典型误差小于 1°，通过其内置的 ADC 将加速度信号转换为数字量存放在片内缓冲区，使用 SPI 总线读取数据。在实际使用中，为了提高输出数据的稳定性，设置感知范围为±2 g，感应精度为 3.9 mg，可以满足人体动作加速度范围与精度要求，传感器采样速度在 6.25～3 200 Hz 之间可调，因为无线发送数据需要时间较长，并且低采样速度可以降低噪声干扰，故将采样速度设定在 100 Hz，即 10 ms 输出 1 组数据。ADXL335 的功能特性包括：

- 超低功耗：VS=2.5 V时(典型值)，测量模式下低至23 μA，待机模式下为0.1 μA；且功耗随带宽自动按比例变化。
- 分辨率：用户可选分辨率；10位固定分辨率；全分辨率，分辨率随g范围提高而提高，±16g时高达13位；且在所有g范围内保持4mg/LSB的比例系数。
- 宽温度范围(-40～+85 ℃)；
- 抗冲击能力：10 000 g。

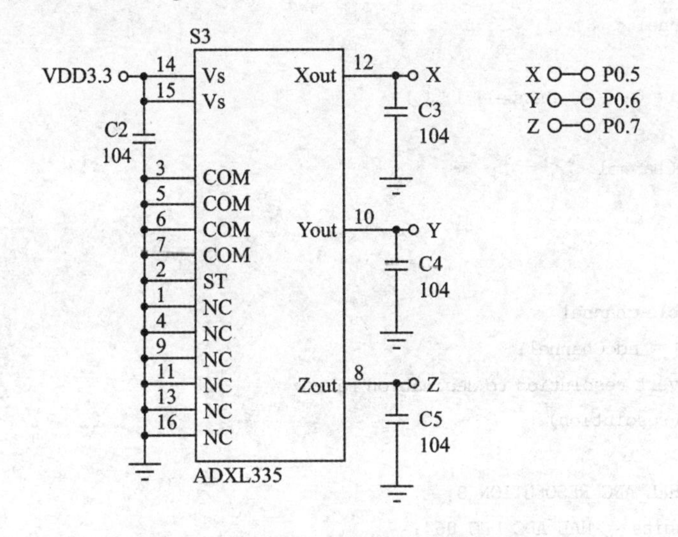

图10-15　ADXL335三轴加速度计原理图

实验中，需要ADC传感器去解析Xout、Yout和Zout 3个输出引脚的电压值，把这个值转换成数字量将其进行采样后，输出瞬间加速度值，因此程序中需要使用单片机的ADC功能。

10.8.2　核心程序代码

由于ZigBee各传感器节点的启动、组网、数据传输原理相同，故除节点ID不同外，此部分代码实现也相同。本小节只对与ZigBee烟雾传感器节点的核心程序代码(即各节点程序代码不相同之处)进行展示和讲解。本实验中用到单片机的ADC功能，ADC转换功能实现的程序代码如程序清单10.11所示。

程序清单10.11

```
/*************************************************************
@函数名称:HalAdcRead
@函数描述:读取A/D转换值
@函数参数:channel—A/D转换通道,resolution—分辨率
@函数返回值:16位A/D转换值,注意:A/D转换具有双极性,GND为中值
*************************************************************/
uint16 HalAdcRead (uint8 channel, uint8 resolution)
```

```
{
    int16   reading = 0;
    #if (HAL_ADC == TRUE)
    uint8    i, resbits;
    uint8    adctemp;
    volatile  uint8 tmp;
    uint8   adcChannel = 1;
    if (channel < 8)
    {
      for (i = 0; i < channel; i ++ )
      {
        adcChannel <<= 1;
      }
    }

    /* Enable channel */
    ADCCFG |= adcChannel;
    /* Convert resolution to decimation rate */
    switch (resolution)
    {
      case HAL_ADC_RESOLUTION_8:
        resbits = HAL_ADC_DEC_064;
        break;
      case HAL_ADC_RESOLUTION_10:
        resbits = HAL_ADC_DEC_128;
        break;
      case HAL_ADC_RESOLUTION_12:
        resbits = HAL_ADC_DEC_256;
        break;
      case HAL_ADC_RESOLUTION_14:
      default:
        resbits = HAL_ADC_DEC_512;
        break;
    }
    /* read ADCL,ADCH to clear EOC */
    tmp = ADCL;
    tmp = ADCH;

    /* Setup Sample */
    adctemp = ADCCON3;
    adctemp &= ~(HAL_ADC_CHN_BITS | HAL_ADC_DEC_BITS | HAL_ADC_REF_BITS);
    adctemp |= channel | resbits | HAL_ADC_REF_VOLT;
```

```
  /* writing to this register starts the extra conversion */
  ADCCON3 = adctemp;
  /* Wait for the conversion to be done */
  while (! (ADCCON1 & HAL_ADC_EOC));
  /* Disable channel after done conversion */
  ADCCFG &= ~adcChannel;
  /* Read the result */
  reading = (int16) (ADCL);
  reading |= (int16) (ADCH << 8);
  /* Treat small negative as 0 */
  if (reading < 0)
    reading = 0;
  switch (resolution)
  {
    case HAL_ADC_RESOLUTION_8:
      reading >>= 8;
      break;
    case HAL_ADC_RESOLUTION_10:
      reading >>= 6;
      break;
    case HAL_ADC_RESOLUTION_12:
      reading >>= 4;
      break;
    case HAL_ADC_RESOLUTION_14:
    default:
    break;
  }
#endif
  return ((uint16)reading);
}
```

任务处理函数如程序清单10.12所示。

程序清单10.12

```
/*************************************************************
 * @函数名称:SampleApp_ProcessEvent
 * @函数描述:任务事件处理函数
 * @函数参数:task_id—OSAL分配的任务ID
 *           events—准备处理的事件
 * @函数返回值:无
 *************************************************************/
uint16 SampleApp_ProcessEvent( uint8 task_id, uint16 events )
{
```

```
uint8 buffer[4];     //用来传输我们节点的通信消息
afIncomingMSGPacket_t *MSGpkt;
if ( events & SYS_EVENT_MSG )
{
  MSGpkt = (afIncomingMSGPacket_t *)osal_msg_receive( SampleApp_TaskID );
  while ( MSGpkt )
  {
    switch ( MSGpkt->hdr.event )
    {
      // Received when a messages is received (OTA) for this endpoint
      case AF_INCOMING_MSG_CMD:
        SampleApp_MessageMSGCB( MSGpkt );
        break;
      //节点本身在网络中的地位发生变化才会调用此函数
      case ZDO_STATE_CHANGE:
          buffer[0] = 0xCC;
          buffer[1] = 0xDD;
          buffer[2] = ENDPOINT_NUMBER;  //节点的组号
          buffer[3] = (uint8)AddID;     //节点的地位
          //发送节点的状态信息给我们的所有的节点
           AF_DataRequest( &SampleApp_Periodic_DstAddr, &SampleApp_epDesc,
                           SAMPLEAPP_PERIODIC_CLUSTERID,
                           4,
                           buffer,
                           &SampleApp_TransID,
                           AF_BROADCAST_ENDPOINT,
                           AF_DEFAULT_RADIUS );
        break;
        default:
        break;
    }

    // Release the memory
    osal_msg_deallocate( (uint8 *)MSGpkt );

    // Next - if one is available
    MSGpkt = (afIncomingMSGPacket_t *)osal_msg_receive( SampleApp_TaskID );
  }

  // return unprocessed events
  return (events ^ SYS_EVENT_MSG);
}
```

```
  // Discard unknown events
  return 0;
}
```

接收数据的程序代码如程序清单10.13所示。

程序清单10.13

```
/************************************************************************
 * @函数名称:SampleApp_MessageMSGCB
 * @函数描述:回调数据信息处理程序,此函数处理任何到来的数据,包括其他设备的数
           据,根据设备的簇ID号进行相应的处理
 * @函数参数:无
 * @函数返回值:无
 ************************************************************************/
void SampleApp_MessageMSGCB( afIncomingMSGPacket_t * pkt )
{
#ifdef    ADXL335
        uint16 ADCRes;
#endif
  if(zgDeviceLogicalType == ZG_DEVICETYPE_ROUTER)//路由器
  {
    switch ( pkt->clusterId )
    {
      case SAMPLEAPP_PERIODIC_CLUSTERID:
        //收到协调器的广播命令,知道哪个是协调器后
        if ((pkt->cmd.Data[0] == 0xCC)&&(pkt->cmd.Data[1] == 0xDD)&&(pkt->
cmd.Data[3]==0x00))
        {
          HalLedBlink( HAL_LED_4, 1, 50, (1000 / 2) );    //绿色LED闪动一次
          CorShorAddr = pkt->srcAddr.addr.shortAddr;    //存储协调器的短地址以
                                                         //方便传输数据

            CmdSendBuffer[0] = 0xCC;
            CmdSendBuffer[1] = 0xDD;
            CmdSendBuffer[2] = ENDPOINT_NUMBER;
            CmdSendBuffer[3] = (uint8)AddID;
            SendData(CmdSendBuffer,CorShorAddr,4);

        }
          break;
      case SAMPLEAPP_FLASH_CLUSTERID:
        //收到协调器的广播命令,知道哪个是协调器后
        if ((pkt->cmd.Data[0] == 0xCC)&&(pkt->cmd.Data[1] == 0xDD)&&(pkt->
cmd.Data[3]==0x00))
```

```
            {
              HalLedBlink( HAL_LED_4, 1, 50, (1000 / 2) );          //绿色 LED 闪动一次
              CorShorAddr = pkt->srcAddr.addr.shortAddr;            //存储协调器的短地址以
                                                                    //方便传输数据
              break;
            }
          else if(pkt->srcAddr.addr.shortAddr == CorShorAddr)
            {
    #ifdef  ADXL335
              //查询 X 轴加速度//加速度计
              if((pkt->cmd.Data[2]  ==  0x01)&&(pkt->cmd.Data[0]  ==  ENDPOINT_
NUMBER))
              {
                ADCRes = HalAdcRead(HAL_ADC_CHANNEL_5, HAL_ADC_RESOLUTION_14);
                CmdSendBuffer[0] = ENDPOINT_NUMBER;
                CmdSendBuffer[1] = pkt->cmd.Data[1];
                CmdSendBuffer[2] = 0x01;
                CmdSendBuffer[3] = (uint8)(ADCRes/256);
                CmdSendBuffer[4] = (uint8)(ADCRes - CmdSendBuffer[2] * 256);
                SendData(CmdSendBuffer,CorShorAddr,5);
                HalLedBlink( HAL_LED_4, 1, 50, (1000 / 4) );
              }
              //查询 Y 轴加速度
              else if((pkt->cmd.Data[2]  ==  0x02)&&(pkt->cmd.Data[0]  ==  END-
POINT_NUMBER))
              {
                ADCRes = HalAdcRead(HAL_ADC_CHANNEL_6, HAL_ADC_RESOLUTION_14);
                CmdSendBuffer[0] = ENDPOINT_NUMBER;
                CmdSendBuffer[1] = pkt->cmd.Data[1];
                CmdSendBuffer[2] = 0x02;
                CmdSendBuffer[3] = (uint8)(ADCRes/256);
                CmdSendBuffer[4] = (uint8)(ADCRes - CmdSendBuffer[2] * 256);
                SendData(CmdSendBuffer,CorShorAddr,5);
                HalLedBlink( HAL_LED_4, 1, 50, (1000 / 4) );
              }
              //查询 Z 轴加速度
              else if((pkt->cmd.Data[2]  ==  0x03)&&(pkt->cmd.Data[0]  ==  END-
POINT_NUMBER))
              {
                ADCRes = HalAdcRead(HAL_ADC_CHANNEL_7, HAL_ADC_RESOLUTION_14);
                CmdSendBuffer[0] = ENDPOINT_NUMBER;
                CmdSendBuffer[1] = pkt->cmd.Data[1];
```

```
            CmdSendBuffer[2] = 0x03;
            CmdSendBuffer[3] = (uint8)(ADCRes/256);
            CmdSendBuffer[4] = (uint8)(ADCRes - CmdSendBuffer[2] * 256);
            SendData(CmdSendBuffer,CorShorAddr,5);
            HalLedBlink( HAL_LED_4, 1, 50, (1000 / 4) );
          }
          //查询 XYZ 轴加速度
          else if((pkt -> cmd.Data[2] == 0x04) && (pkt -> cmd.Data[0] ==
ENDPOINT_NUMBER))
          {
            ADCRes = HalAdcRead(HAL_ADC_CHANNEL_5, HAL_ADC_RESOLUTION_14);
            CmdSendAXD[0] = ENDPOINT_NUMBER;
            CmdSendAXD[1] = pkt->cmd.Data[1];
            CmdSendAXD[2] = 0x04;
            CmdSendAXD[3] = (uint8)(ADCRes/256);
            CmdSendAXD[4] = (uint8)(ADCRes - CmdSendBuffer[2] * 256);
            ADCRes = HalAdcRead(HAL_ADC_CHANNEL_6, HAL_ADC_RESOLUTION_14);
            CmdSendAXD[5] = (uint8)(ADCRes/256);
            CmdSendAXD[6] = (uint8)(ADCRes - CmdSendBuffer[2] * 256);
            ADCRes = HalAdcRead(HAL_ADC_CHANNEL_7, HAL_ADC_RESOLUTION_14);
            CmdSendAXD[7] = (uint8)(ADCRes/256);
            CmdSendAXD[8] = (uint8)(ADCRes - CmdSendBuffer[2] * 256);
            SendData(CmdSendAXD,CorShorAddr,9);
            HalLedBlink( HAL_LED_4, 1, 50, (1000 / 4) );
          }
  #endif
        }
        break;
    }
  }
}
```

发送数据的程序代码见程序清单 9.11。

10.9 单协调器控制多个同类 ZigBee 节点实验

实际的工程中，可能需要用一个协调器去控制 10 个同类的温湿度传感器，如智能家居系统中有多个温湿度传感器节点，用以监测不同房间和环境中的温度和湿度。本节主要解决一个协调器如何来分辨 10 个同类温湿度传感器节点，又如何将命令下发给指定的传感器节点。

10.9.1 基本原理

协调器能够同时控制多个 ZigBee 节点工作，比如在对程序不做大改动的情况下，能够让协调器控制多个节点。其实在整个工程当中已经加入了相应的处理，请读者注意查看附录 D 的传感器通信协议，可以发现在 CC 后面有一个 NO 位，这个 NO 位的作用其实就是为了区分当前节点是目前网络中的第几个节点。默认情况下，烧写程序时都会把这个值设置成 1。当然，如果需要多个传感器节点，比如现在需要 10 个温湿度传感器，只需在烧写每一个传感器的时候使用不同的节点序号就可以了。

10.9.2 协调器程序下载

单协调器控制多个同类节点的实验程序下载与前几个协调器程序下载不完全一样，详细步骤如下。

① 在 IAR 软件左上方的模块选择区域选择 CoordinatorEB 模块（协调器模块），如图 10－16 所示。

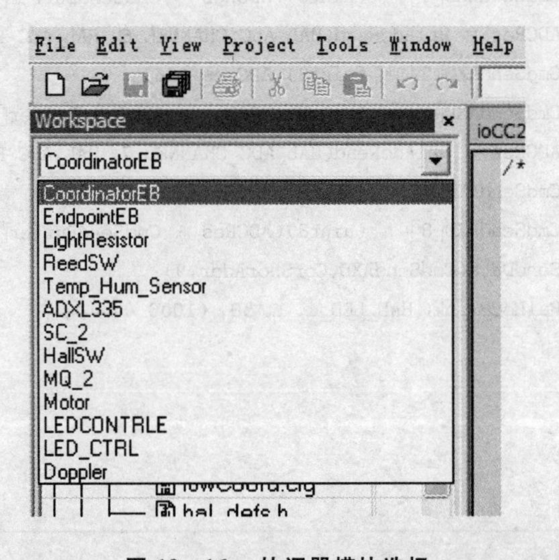

图 10－16 协调器模块选择

② 选择 Project 菜单中的 Rebuild 或者是 Make，重新编译文件，如图 10－17 所示。

③ 编译成功后，在下方的监视窗口出现如图 10－18 所示界面。说明编译成功，能够进行下载了，在确定协调器状态正确并连接完成后，单击工具栏右上方的 图标，系统进入一个假死界面，如图 10－19 所示。

④ 稍后进入仿真界面，如图 10－20 所示。

至此，程序的下载和烧写就完成了。

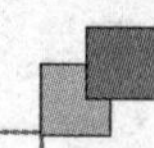

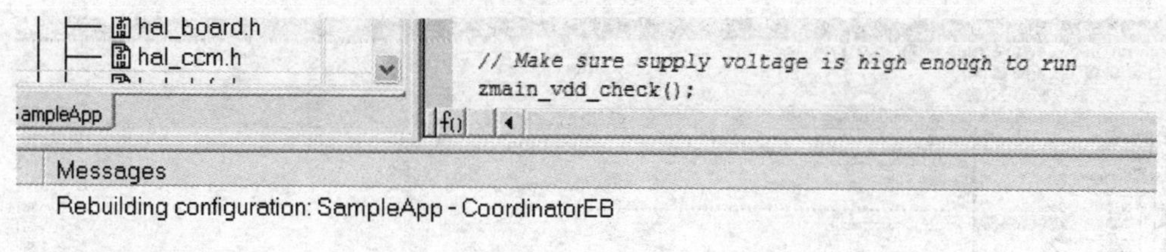


```
217 file(s) deleted.
AF.c
AccessCodeSpace.s51
DebugTrace.c
FlashErasePage.s51
MTEL.c
```

图 10 – 17　重新编译文件

```
nwk_globals.c
saddr.c
zmac.c
zmac_cb.c
Linking

Total number of errors: 0
Total number of warnings: 0
```

图 10 – 18　编译成功界面


```
eApp.c
*****************************************************
SampleApp.c
$Date: 2007-05-31 15:56:04 -0700 (Thu, 31 May 2007) $
$Revision: 14490 $

Chipcon Emulator
```

图 10 – 19　假死界面

需要注意的是，烧写过程中把需要组网的所有节点设置成相同的网络 ID 号。操作如下：修改左边 App 文件夹下的 SampleAppHw. c 下的 f8wConfig. cfg 配置文件，打开这个文件，将其中的- DZDAPP_CONFIG_PAN_ID 修改成统一的值，如图 10 – 21 所示。

```
#else
  // ZMAIN functions are forced into ROOT segment
  #define ZSEG ROOT
#endif

/*********************************************************************
 * LOCAL FUNCTIONS
 */
static ZSEG void zmain_ext_addr( void );
static ZSEG void zmain_ram_init( void );
static ZSEG void zmain_vdd_check( void );

/*********************************************************************
 * @fn      main
 * @brief   First function called after startup.
 * @return  don't care
 *********************************************************************/
ZSEG int main( void )
{

  //CC2430EB_Init();
  //uint16 j;
  // Turn off interrupts
  osal_int_disable( INTS_ALL );

  // Make sure supply voltage is high enough to run
  zmain_vdd_check();

  // Initialize stack memory
  zmain_ram_init();

  // Initialize board I/O
  InitBoard( OB_COLD );

  // Initialze HAL drivers
  HalDriverInit();

  // Initialize NV System
  osal_nv_init( NULL );

  // Determine the extended address
  zmain_ext_addr();

  // Initialize basic NV items
  zgInit();
  // Initialize the MAC
  ZMacInit();

#ifndef NONWK
```

图 10 - 20　仿真界面

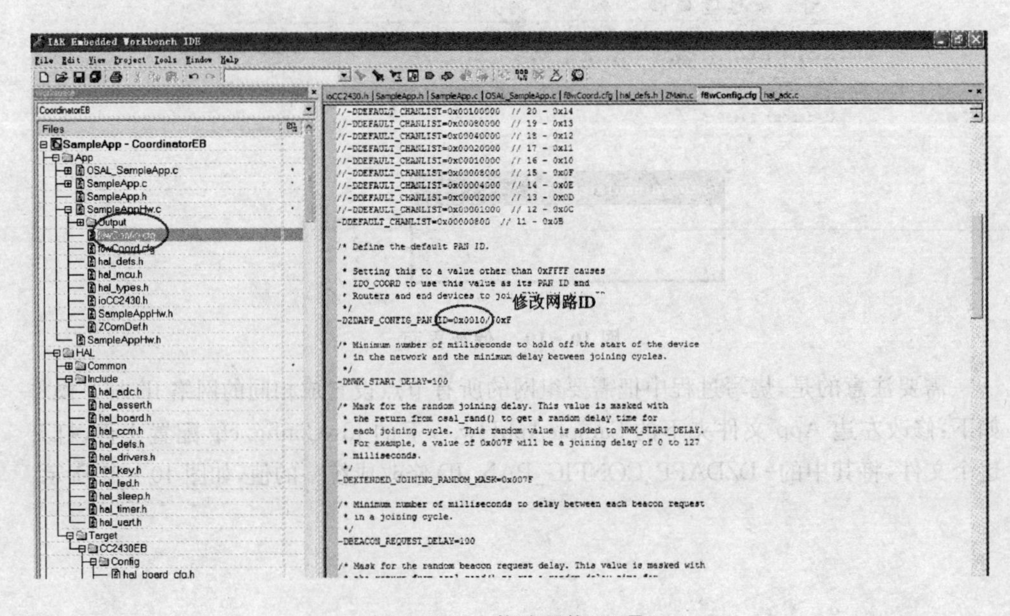

图 10 - 21　修改网络 ID 号

10.9.3 温湿度传感器模块程序下载

首先在图 10－16 的模块选择区域选择 Temp_Hum_Sensor 模块（温湿度传感器模块）。

在烧写每个模块的代码前，需要为每一个温湿度传感器模块设置一个不同的模块 ID 号，目的是在组网的时候能够以这个模块 ID 号来确定这个温湿度传感器的身份标识。

在工程源码中选择 SamppleApp. h 文件，修改其中 ENDPOINT_NUMBER 的值，就可以修改模块在网络中的 ID 号，如图 10－22 所示。

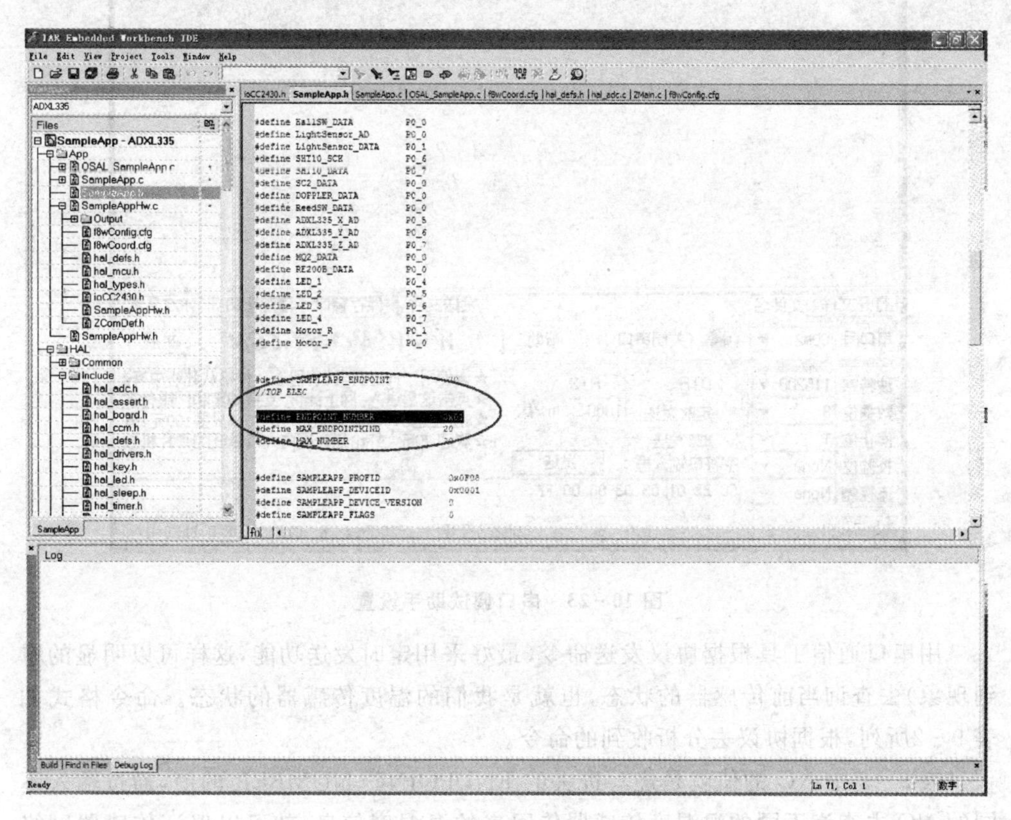

图 10－22 修改模块 ID 号

注意对于同类传感器节点模块，比如一个网络里需要 10 个温湿度传感器模块，这 10 个温湿度传感器模块都需要有不同的 ENDPOINT_NUMBER，这个值是一个十六进制数，可以从 00 到 FF 自由选择。

在每次烧写温湿度传感器之前都需要修改这个值，以保证每个温湿度传感器拥有不同的模块 ID 号。

然后选择 Project 菜单中的 Rebuild 或者是 Make，就可以重新编译文件。编译

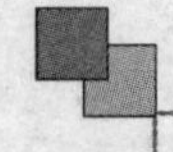

成功后在下方的监视窗口当中会看到如图 10 - 19 所示界面。说明编译成功,能够进行下载了,在下载完成后就可以进行节点功能及性能测试了。

10.9.4　性能测试

首先,通过先打开协调器或者是先打开节点去成功组网,协调器与计算机通过串口相连,打开计算机上的串口调试助手,并且选择 HEX 发送,如图 10 - 23 所示。

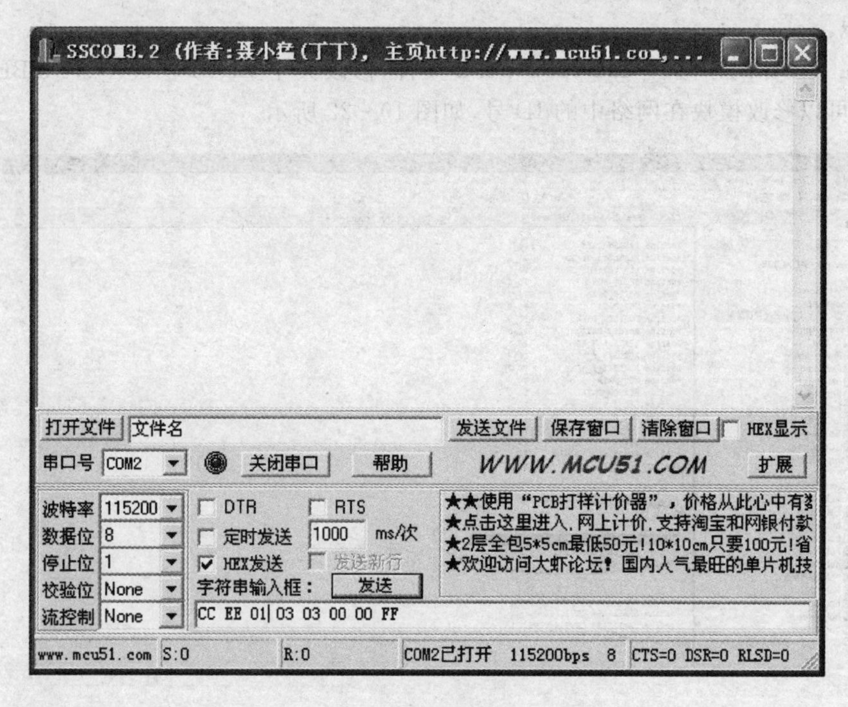

图 10 - 23　串口调试助手设置

用串口通信工具根据协议发送命令(最好采用定时发送功能,这样可以明显的看到现象)去查询当前传感器的状态,也就是我们的温度传感器的状态。命令格式如表 9 - 2所列,根据协议去分析收到的命令。

表 9 - 2 中 NO 的值就是烧写进去的 ENDPOINT_NUMBER 的值,通过输入不同的 NO 去查询不同的温湿度传感器传回来的温湿度信息,就可以保证传感器网络能够正常稳定可靠的通信了。

10.10　ZigBee 综合应用案例——智能家居系统

采用前面章节介绍的温湿度传感器节点、光敏传感器节点、烟雾传感器节点、干簧管传感器节点、电机和灯光传感器节点、振动传感器节点、霍尔传感器节点、加速度传感器节点、协调器节点,每个节点上插入一个 CC2430 通信模块组成传感器网络,

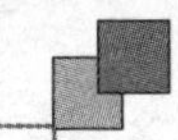

使用 ARM 嵌入式网关作为系统的控制核心，各 ZigBee 传感节点与网关共同组成基于 ZigBee 的智能家居系统。

10.10.1 ARM 增强型网关

智能家居系统的网关采用 TOP6410 开发板，其是北京中芯优电信息技术有限公司推出的高性能、高集成度及强扩展功能的一体化开发板。TOP6410 由底板和核心板两部分组成。其中，核心板命名为 E6CORE，E6CORE 是一款成熟应用于实际产品的核心板。TOP6410 开发板原理框图如图 10－24 所示。

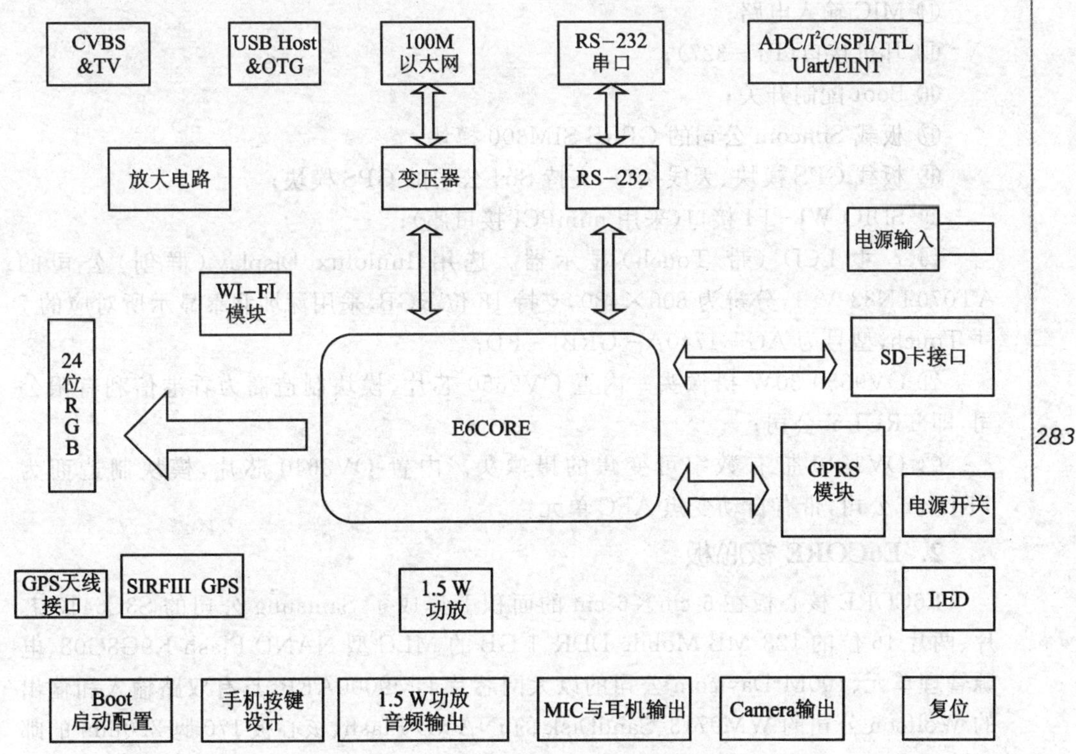

图 10－24 TOP6410 开发板原理框图

1. TOP6410 开发板的功能及特点

① 采用高度集成和成熟运行于商业平台的中芯优电信息技术有限公司研发的 E6CORE 核心板；

② 24 位 RGB 接口，并在接口上引出 I^2C、SPI、TOUCH 总线；

③ CVBS、TV 输出接口（经放大单元放大后输出）；

④ USB Host 1.1 接口；

⑤ USB OTG 2.0 接口；

⑥ RJ45 100M 网络接口，外置 1∶1.414 的变压器；

⑦ RS-232接口；

⑧ 外扩SPI、I²C、ADC(4路)、外部中断(3路)、两路TTL Uart接口，以上除ADC外均可做为I/O口使用；

⑨ SD卡接口；

⑨ 10路手机按键设计；

⑪ 两路LED指示；

⑫ 复位按键；

⑬ 1.5 W喇叭接口；

⑭ MIC输入电路；

⑮ 耳机接口(PJ-327)；

⑯ Boot配制开关；

⑰ 板载Simcom公司的GPRS SIM300模块；

⑱ 板载GPS模块、天线接口，支持Sirf公司的GPS模块；

⑲ SDIO WI-FI接口(采用miniPCI接口座)；

⑳ 7寸LCD（带Touch）显示器。选用Innlolux Display(群创)公司的AT070TN83 V.1，分辨为800×480，支持18位RGB，采用深圳北泰显示所对应的7寸Touch，型号为AG-1740A-GRB1-FD；

㉑ OV9650 30W摄像头。内置OV9650芯片，模块制造商为香港信利有限公司，即TRULY公司；

㉒ OV3640带有数字可变焦的摄像头。内置OV3640芯片，模块制造商为TRULY公司，带有自动变焦AFC单元。

2. E6CORE核心板

E6CORE核心板在6 cm×6 cm的面积上集成了Samsung公司的S3C6410芯片、两片16位的128 MB Mobile DDR、1 GB的MLC型NAND Flash K9G8G08、电源管理单元、100M Davicom公司的以太网芯片DM9000AEP、具有双路输入和输出的Wolfson公司的WM9713、SandDisk的iNAND Flash、核心板170脚2.0mm的邮票孔。E6CORE核心板的功能及特点包括：

① 667 MHz S3C6410X CPU；

② 256 MB Mobile DDR；

③ 1 GB NANDFlash；

④ 单独电源输入管理单元；

⑤ 支持Phone连接模式的音频输入输出管理单元；

⑥ iNAND Flash支持；

⑦ 170脚邮票孔引出。

3. S3C6410处理器性能

S3C6410是SAMSUNG公司基于ARM1176的16/32位高性能低功耗的RSIC

通用微处理器，适用于手持、移动等终端设备。

S3C6410是一款低功率、高性价比、高性能的用于移动电话和通用处理的RSIC处理器。为2.5G和3G通信服务提供了优化的硬件性能，采用64/32位的内部总线架构，融合了AXI、AHB、APB总线。增加了很多强大的硬件加速器，包括运动视频处理、音频处理、2D加速、显示处理和缩放。集成的MFC(Multi-Format video Codec)支持MPEG4/H.263/H.264编解码和VC1的解码，这个硬件编解码器支持实时的视频会议以及NTSC和PAL制式的TV输出。此外还内置一个采用最先进技术的3D加速器，支持OpenGL ES1.1/ 2.0和D3DM API，能够实现4M triangles/s的3D加速。

S3C6410包括优化的外部存储器接口，该接口能满足在高端通信服务中的数据带宽要求。接口分为DRAM和Flash/ROM/DRAM端口。DRAM端口可以通过配置来支持Mobile DDR、DDR、Mobile SDRAM、SDRAM。Flash/ROM/DRAM端口支持NOR Flash、NAND Flash、OneNAND、CF、ROM等类型的外部存储器和任意的Mobile DDR、DDR、Mobile SDRAM、SDRAM存储器。

为了降低整个系统的成本和提升总体功能，S3C6410包括很多硬件功能外设：Camera接口，TFT 24位真彩色LCD控制器，系统管理单元(电源时钟等)，4通道的UART，32通道的DMA，4通道定时器，通用I/O口，I^2S总线，I^2C总线，USB Host，高速USB OTG，SD Host和高速MMC卡接口以及内部的PLL时钟发生器。

S3C6410的内部功能如图10-25所示。

搭建智能家居系统时所用到的ARM增强型网关的功能参数包括：

- 处理器：ARM11 S3C6410(最高800 MHz)，256 MB DDR，1 GB Flash；
- LCD：7寸LCD屏，分辨率：800×480，26万色，LED背光，带四线电阻触摸屏；
- 工业接口：CAN，RS-232，RS-485；
- 网络接口(可选)：100 Mbps网卡；
- USB接口：供电及USB通信；
- SD卡接口：SD卡接口；
- 音频接口：音频输入/输出接口；
- GSM模块(可选)：GPRS网络；
- GPS模块(可选)；
- 蓝牙接口(可选)：BlueTooth 2.0接口；
- WI-FI(可选)：IEEE 802.11a/b；
- 3G模块(可选)：TD-SCDMA/WCDMA/CDMA2000；
- 操作系统：Linux 2.6，Windows CE 6.0。

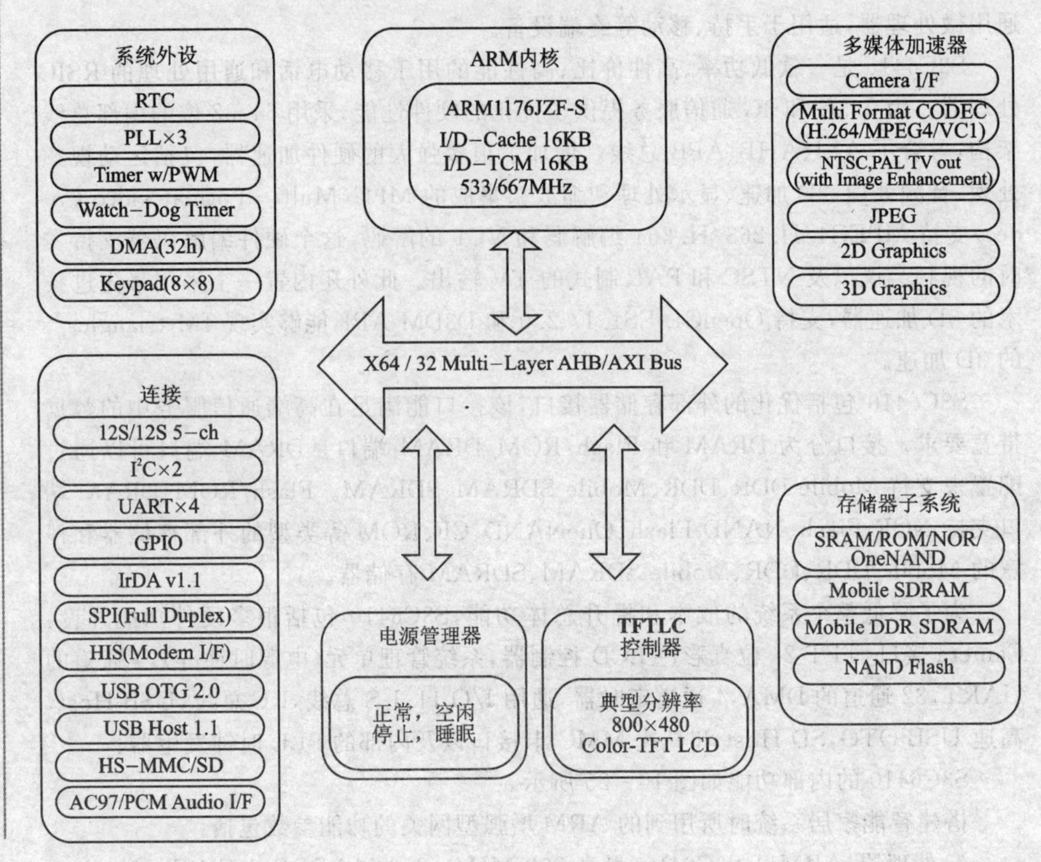

图 10 - 25　S3C6410 内部功能框图

10.10.2　系统硬件平台搭建

在综合案例中，智能家居系统的原理框图如图 10 - 26 所示。智能家居整体演示系统如图 10 - 27 所示，网关与 ZigBee 节点的实验测试如图 10 - 28 所示。

10.10.3　系统初始化及软件流程

系统的工作流程可以分为两类，一类是操作系统启动后执行的初始化工作流程，另一类是用户实现某项具体业务的工作流程。系统上电后初始化的工作流程，简称为初始化工作流程。而用户的业务实现工作流程，可以通过 UML 中的动态行为图来进行描述。下面分别对这两类工作流程做详细的介绍。

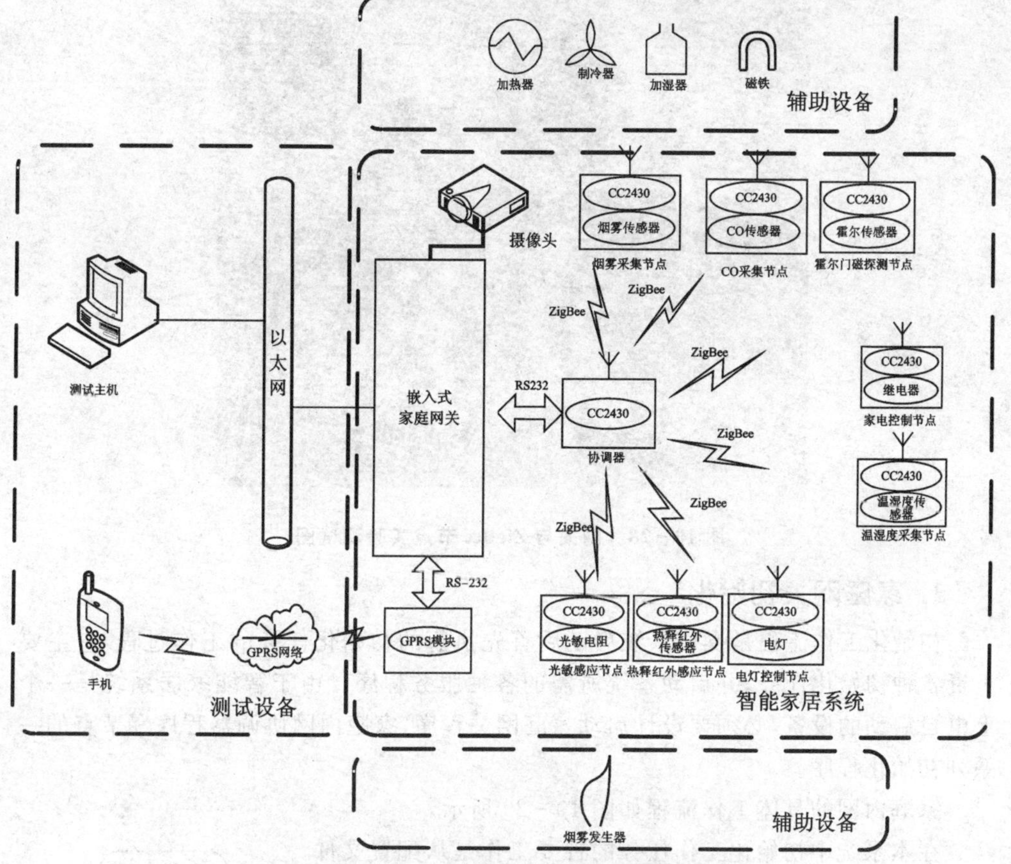

图 10－26　智能家居系统原理框图

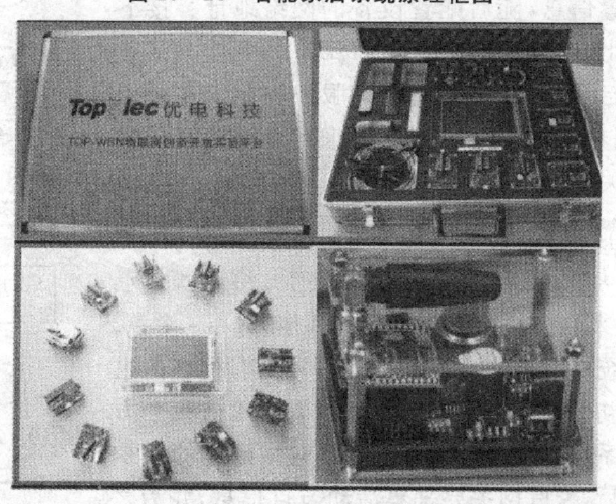

图 10－27　智能家居整体演示系统

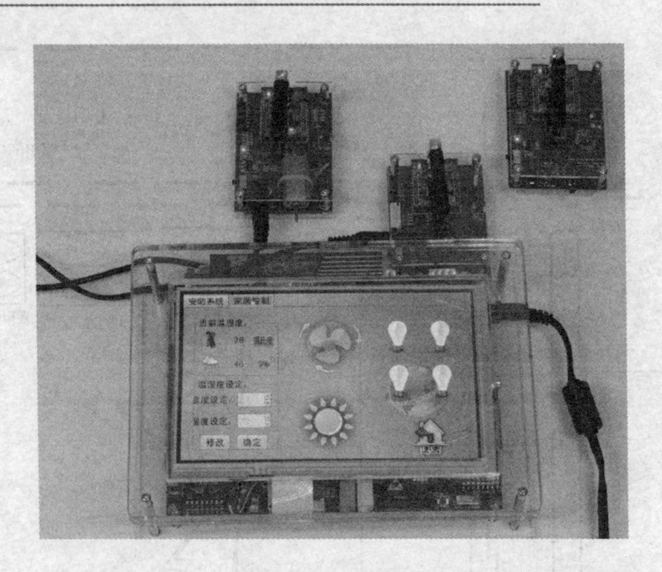

图10－28　网关与ZigBee节点实验测试图

1. 家庭网关初始化

初始化工作流程是操作系统启动后首先执行的初始化任务的工作过程，它主要负责各种初始化任务，并启动系统所需的各种服务程序。由于智能家居系统是一个上电自启动的设备，必须要设计启动家庭网关程序、家庭内网协调器程序和节点的一系列初始化程序。

家庭内网的具体工作流程如图10－29所示。

在本系统中初始化工作任务的首要工作是从配置文件中读取相关的配置信息，随后配置设备的网络地址。接下来的工作是初始化串口，以此来通过ZigBee协调器与ZigBee家庭内网连接，最后启动家庭网关服务程序。在初始化任务结束后，用户就可以通过浏览器来登录智能家居控制系统的家庭网关系统。

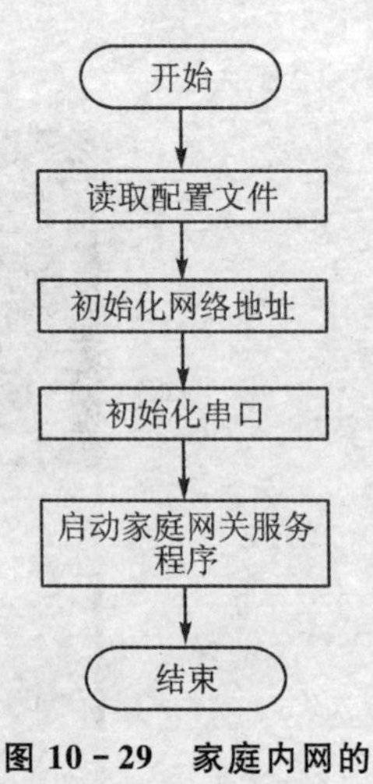

图10－29　家庭内网的工作流程图

2. ZigBee节点初始化

ZigBee家庭内网的建立和维护由ZigBee协调器来承担，接收ARM传来的控制指令并转发到其他ZigBee设备。在本智能家居系统中，ZigBee采用星型拓扑结构，网络的组建主要包括系统初始化、网络拓扑更新和节点通信几个方面。家庭网关是系统的主控设备，它主导网络建立的整个过程。系统上电后，家庭网关要采集活动节点信息，并为之分配一个唯一的节点号，完成系统地址表的初始化。系统运行过程中，家庭网关要与众多传感器节点通信，并对它们进行相应的控制。除此之外，家庭网关必须能发现网络拓扑结构的改变，实现网络的自组织功能。网络的组建和通信流程分别如图 10－30 和图 10－31 所示。

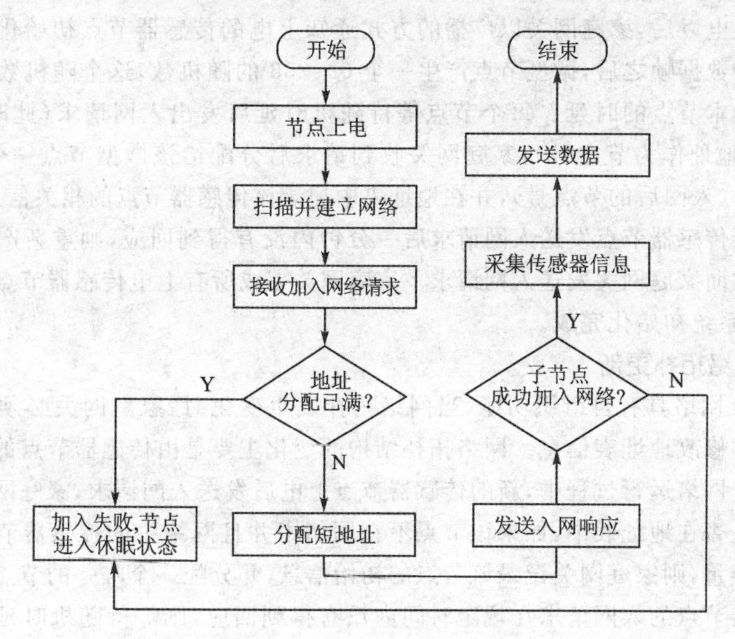

图 10－30　协调器软件流程图

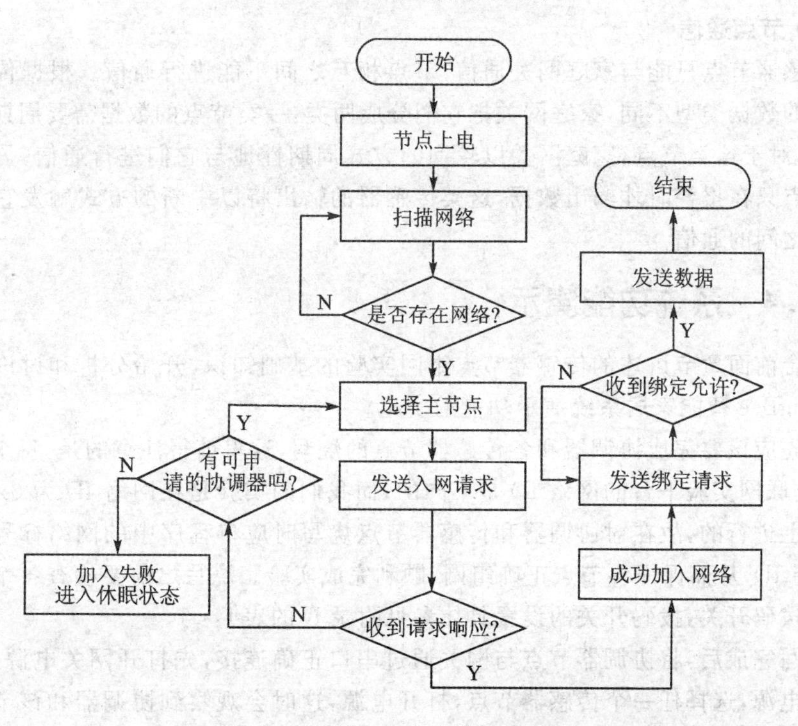

图 10－31　ZigBee 节点软件流程图

ZigBee 初始化包括系统初始化、网络拓扑更新及节点通信三步。

(1) 系统初始化

系统上电以后，家庭网关以广播的方式通知上电的传感器节点初始化。侦听到家庭网关的数据帧之后，微型节点产生一个 0～256 的随机数，这个随机数与时延基数相乘得出本节点的时延。每个节点等待随机时延后发出入网请求(此时用 64 位 IEEE 扩展地址作为节点号)，家庭网关收到请求后分配给该微型节点一个 16 位的网内节点号(入网后的节点号)，并在地址表中记录该传感器节点的相关信息，进行设备关联。若传感器节点发送入网请求后一分钟内没有得到回应，则重新产生一个随机时延再次向家庭网关发送入网请求。家庭网关完成所有上电传感器节点初始状态的采集，则系统初始化完成。

(2) 网络拓扑更新

ZigBee 网络具有自组织功能，当网络拓扑发生变化时，家庭网关必须能够发现这种变化并修改地址表信息。网络拓扑结构的变化主要是由传感器节点的接入和拆除引起的。网络运行过程中，新的传感器节点上电后发送入网请求，家庭网关首先判断该节点是否在地址表中，如果该节点不在网络中并且网络中的传感器节点数没有超过网络容量，则家庭网关记录该节点的初始信息，并分配一个唯一的节点号给该节点。传感器节点的入网请求在规定时间内没有得到回应，则等待随机时延后重新发送入网请求。这样就完成了节点的插入。

(3) 节点通信

传感器节点只能与家庭网关通信，节点相互之间不能进行通信。根据传感器节点输出的数据类型不同，家庭网关把它们分成两类：一类节点的数据需要周期性地进行采集，对于这类节点，家庭网关以轮询的方式周期性地与它们进行通信；另一类传感器节点只在报警时才输出数据，这类传感器的输出将以中断的方式触发它们和家庭网关之间的通信。

10.10.4　系统功能演示

结合前面章节讲述的传感器节点组网实验的基础知识，开始分析和讨论 TOP-WSN ZigBee 智能家居系统演示功能的实施。

首先应该要完成协调器和各传感器节点的烧写，这里值得注意的是，每个 TOP-WSN 物联网实验平台的网络 ID 是不同的，而我们的实验是在网络 ID 为 0x0012 的实验箱上进行的，故在对协调器和传感器节点烧写时应将程序中的网络标号改为对应的 NetID，从而保证各节点正确组网，顺利完成实验。烧写之前要检查各个节点模块上的拨码开关，拨码开关的设置具体参见附录 D 的表 D-1。

烧写完成后，将协调器节点与网关通过串口正确连接，先打开网关电源，再打开协调器电源，选择任一个传感器节点，打开电源，这时会观察到协调器和该节点上的绿灯均闪烁一下，表示网关控制协调器节点与传感器节点组网成功。这时就可通过主板上的选项来观察该传感器对于外部变化的感知情况，从而完成物联网的工作链。

通过 ARM 控制网关可单独观测每个 ZigBee 传感器节点对于外部环境的感测结果。当然，也可以将这 8 个传感器节点和协调器全部组网，然后通过显示数值的变化来观测外界环境的变化。模块的选择如图 10－32 所示，可以通过界面的选择来观测外部环境的变换。以下简介常用的 8 个 ZigBee 传感器节点组网、数据采集及传输后在网关侧观测到的实验结果。可在共享资料中查看以下图的彩色图片。

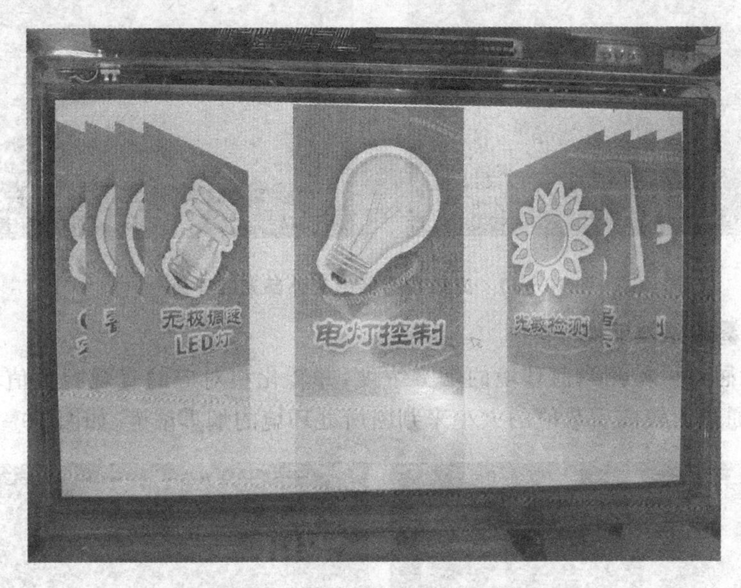

图 10－32　物联网实验模块选择界面

(1) 温湿度传感器节点

温湿度传感器可对所处环境的温度和湿度进行实时监控，将测量数据传送到网关屏幕上显示。当环境温度或湿度变化时，可观察到屏幕上的数据随之发生变化。可通过单击温度和湿度的图标来刷新当前的感测值，如图 10－33 所示。

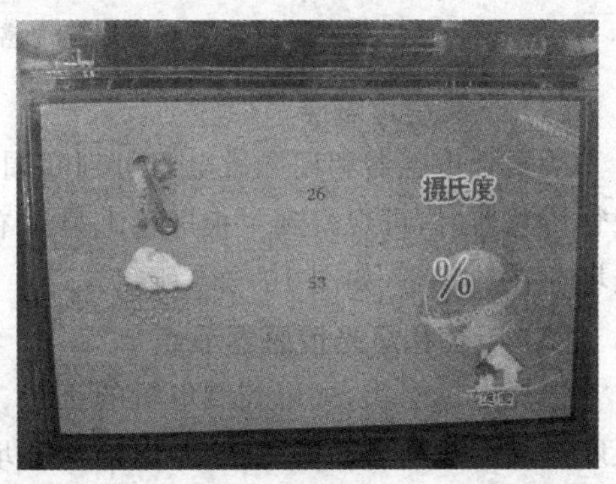

图 10－33　网关侧的温湿度显示

(2) 光敏传感器节点

光敏传感器可感测当前环境的光度，当环境中光照较亮或光照较暗时，可以通过网关的屏幕显示观察当前环境的明或暗，如图 10 - 34 所示。

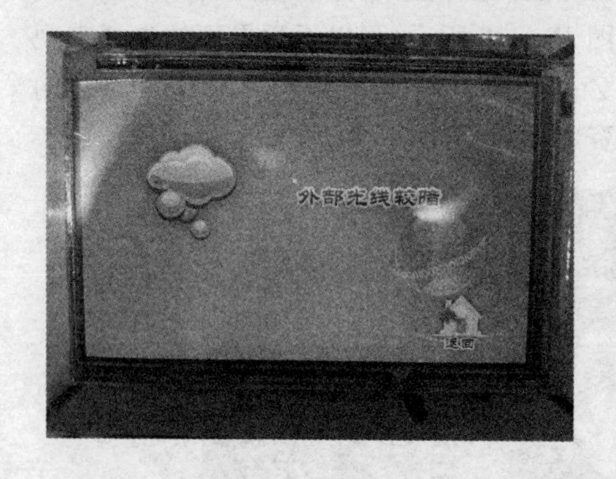

图 10 - 34 光敏传感器感应外部光线界面

(3) 烟雾传感器节点

烟雾传感器可检测当前环境的烟雾浓度，并转化相对应的直观的数值显示在界面上，可以通过比较前后数值的大小来判断所处环境的烟雾浓度，如图 10 - 35 所示。

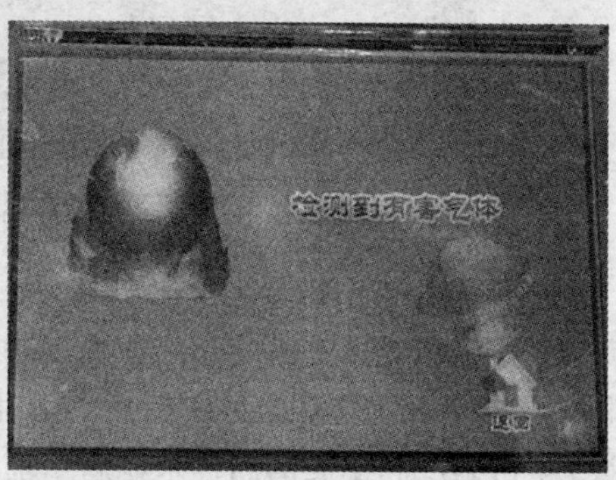

图 10 - 35 烟感传感器感应外部烟雾界面

(4) 干簧管传感器节点

干簧管传感器利用磁敏电阻可判断周围是否有交变的磁场，将一块磁铁靠近干簧管传感器时，可观察到主板屏幕上显示有磁场存在；当撤去磁铁时，界面恢复至无磁场存在的状态，如图 10 - 36 所示。

(5) 电机和灯光传感器节点

选择电机模块，可以控制电机的正转、倒转和停止，同时当温度模块检测到外部温度过高会自动启动电机转动，以降低环境温度。电机和灯光传感器上还有一个控制灯亮度的无极调光设置，可以通过主板界面上的调节图标调节发光的亮度，调节图标是一个圆周，里面有一个指针，以半个圆为一个周期，顺时针转动时灯的亮度将逐渐变亮，可以观察到很明显的现象，如图 10－37 所示。

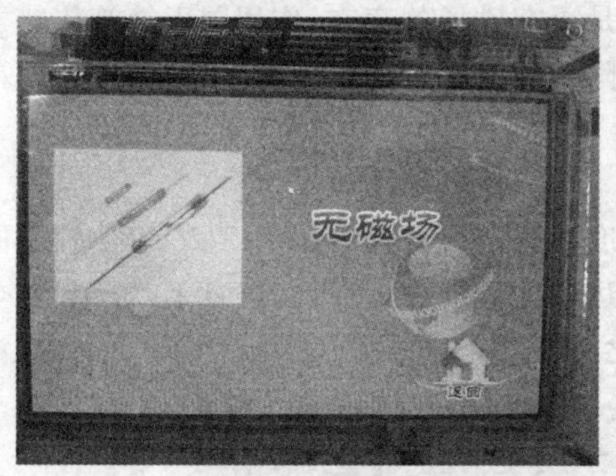

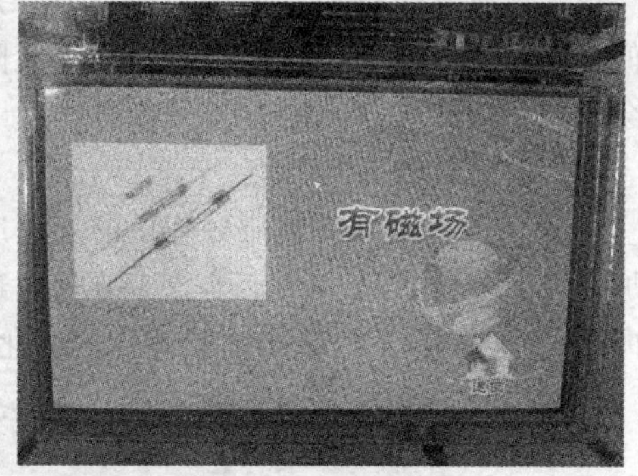

图 10－36　干簧管传感器感应外面磁场界面

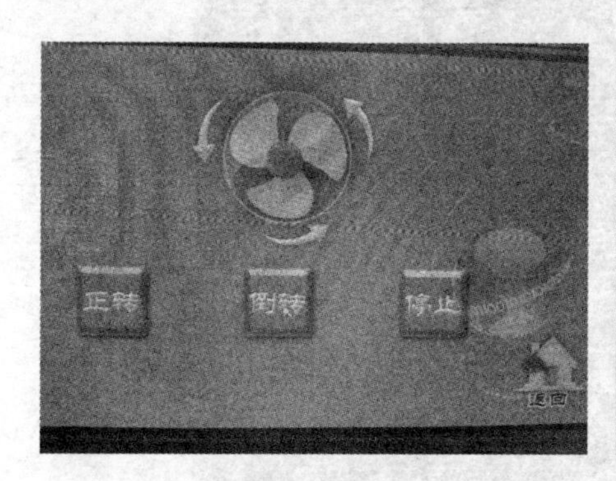

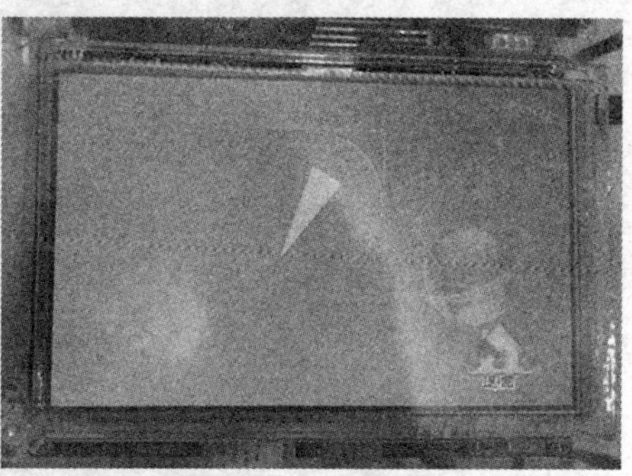

图 10－37　电机和灯光传感器界面

(6) 振动传感器节点

振动传感器可感测所处环境中是否有振动。当周围振动达到一定幅度时，屏幕上就会显示有振动，否则，显示无振动。由于观察到的数据是传感器实时监测的结果，如果所加振动快恢复平静时，监测结果将会发生变化，如图 10－38 所示。

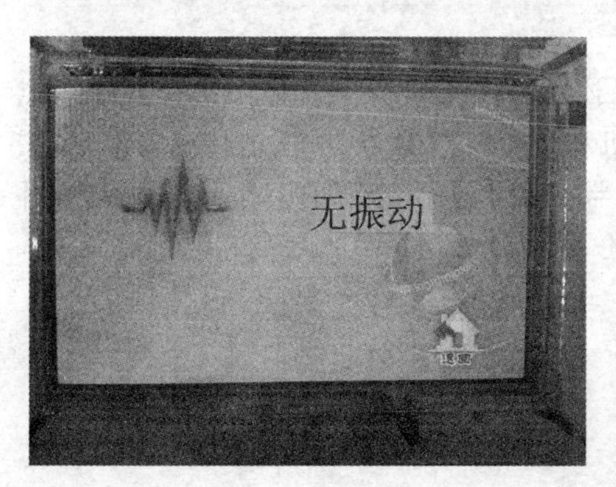

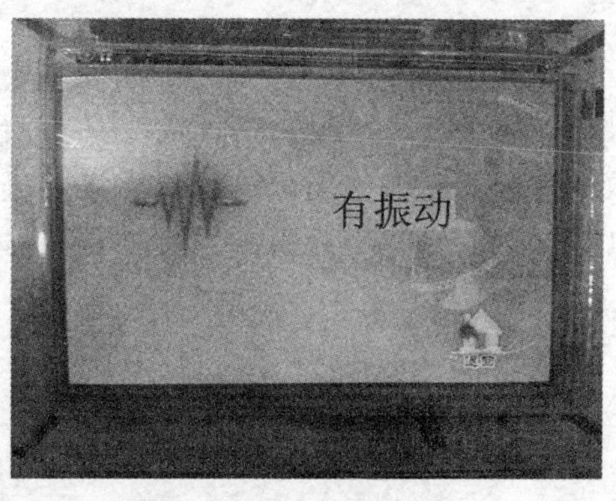

图 10－38　振动传感器感应外部振动的界面

(7) 霍尔传感器节点

霍尔传感器也是用于监测当前环境中是否有磁场的存在，作用同干簧管传感器类似，但它是利用霍尔效应设计的，同样在附近环境中有交变磁场存在时，主板屏幕上会出现相应的提示，如图 10－36 所示。

(8) 加速度传感器节点

加速度传感器可将它所处环境的加速度按照正交变化分解为 X、Y 和 Z 轴方向的加速度。当将加速度传感器置于非匀速运动的环境中，就可在屏幕上观察到各个方向上的加速度，且随着当前状态即时变化，如图 10－39 所示。

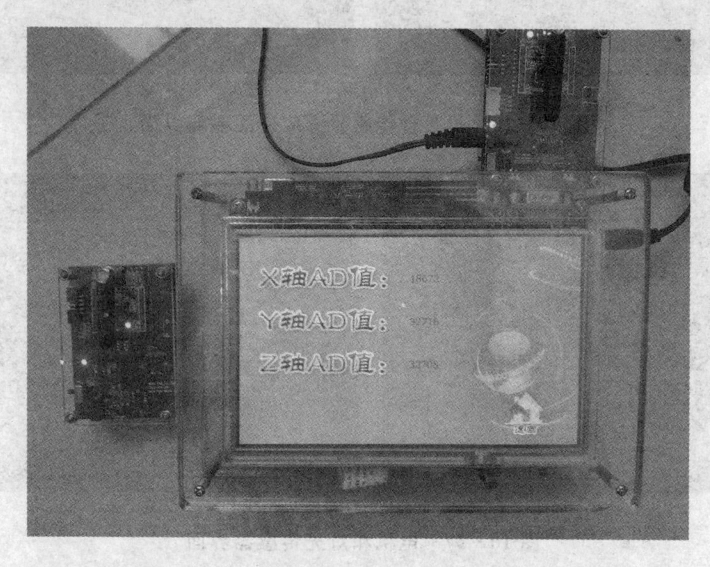

图 10－39 加速度传感器节点数据采集界面

至此，整个 TOP－WSN 的综合案例——智能家居系统的流程及功能全部实现。

10.11 本章小结

本章主要讲述了 TOP－WSN 系统概述及系统集成方案。详细讲述各个节点（烟雾传感器节点、干簧管传感器节点、电机和灯光传感器节点、振动传感器节点、霍尔传感器节点、加速度传感器节点、单协调器控制多同类节点）的工作原理，包括硬件电路与软件流程，最后用一个综合实例讲述了 ZigBee 物联网的综合应用。

附录A

ZigBee 协议栈中常用的 API

1. ZDO API

ZDO API 完成如下功能，具体见表 A－1。

- 设备网络启动；
- 发现设备或服务；
- 设备绑定与解除绑定；
- 网络管理。

表 A－1　ZDO API 功能介绍

名　称	功　能
启动设备	
ZDO_InitDevice( )	启动设备，建立/加入网络
发现设备或服务	
ZDP_NwkAddrReq()	已知另外一个设备的 64 位 IEEE 地址，请求得到该设备的 16 位网络地址。该信息以广播方式发送给网络中的所有设备
ZDP_NWKAddrRsp()	响应网络地址请求
ZDP_IEEAddrReq( )	已知另外一个设备的 16 位网络地址，请求得到该设备的 64 位 IEEE 地址
ZDP_IEEAddrRsp( )	响应 IEEE 地址请求
ZDP_NodeDescReq( )	建立并发送一个节点描述符请求到指定设备
ZDP_NodeDescRsp( )	响应节点描述符请求
ZDP_SimpleDescReq( )	建立并发送一个简单描述符请求
ZDP_SimpleDescRsp( )	响应简单描述符请求
ZDP_MatchDescReq( )	建立并发送一个匹配描述符请求，寻找一个输入/输出簇列表与本节点的输入/输出簇列表相匹配的设备
ZDP_MatchDescRsp( )	响应匹配描述符请求
设备绑定与解除绑定	
ZDP_EndDeviceBindReq( )	建立并发送一个终端设备绑定请求
ZDP_EndDeviceBindRsp( )	响应终端设备绑定请求
ZDP_BindReq( )	建立并发送一个绑定请求，请求协调器完成基于簇 ID 的绑定应用

续表 A-1

名 称	功 能
ZDP_BindRsp( )	响应绑定请求
ZDP_UnbindReq( )	建立并发送一个解除绑定请求,请求协调器解除一个绑定
ZDP_UnbindRsp( )	响应解除绑定请求
网络管理	
ZDP_MgmtLeaveReq( )	请求目的设备离开网络。设置 ZDO_MGMT_LEAVE_REQ-UEST 时,该函数可被调用
ZDP_MgmtLeaveRsp( )	收到"请求离开网络"信息时,自动产生响应信息。设置 ZDO_MGMT_LEAVE_REQUESE 时,该函数可被调用
ZDP_MgmtDirectJoinReq( )	请求目的设备直接将加入其他设备。设置 ZDO_MGMT_L-EAVE_REQUEST 时,该函数可被调用
ZDP_MgmtDirectJoinRsq( )	收到"请求加入网络"信息时,自动产生响应信息。设置 ZDO_MGMT_LEAVE_REQUESE 时,该函数可被调用

2. AF API

AF API 完成如下功能,具体见表 A-2。

- 端点管理;
- 发送和接收数据。

表 A-2 AF API 功能介绍

名 称	功 能
端点管理	
afRegister( )	为设备注册一个新的端点
发送和接收数据	
AF_DataRequest()	发送数据

3. APS API

APS API 完成如下功能,见表 A-3。

- 绑定表格管理;
- 组表格管理;
- 快速地址查找。

表 A-3 APS API 功能介绍

名称	功能
绑定表格管理	
bindAddEntry	在绑定表格中增加一个绑定条目
bindRemoveEntry	从绑定表格中移除一个绑定条目
BindWriteNV	写绑定表格到非易失性存储器
组表格管理	
asq_AddGroup( )	从组表格中添加一个组。如果设置了 NV_RESTORE,则保存更新到非易失性存储器

续表 A－3

名称	功能
组表格管理	
asq_RemoveGroup( )	从组表格中移除一个组。如果设置了 NV_RESTORE，则保存更新到非易失性存储器
asq_RemoveALLGroup( )	从组表格中移除给定端口号的所有组。如果设置了 NV_RESTORE，则保存更新到非易失性存储器
asq_FindGroup( )	在组表格中查找已知端口和组 ID 的组
asq_GroupsWriteNV( )	写组表格到非易失性存储器

4. NWK API

NWK API 完成如下功能，见表 A－4。

- 网络管理；
- 地址管理；
- 网络变量和应用函数。

表 A－4　NWK API 功能介绍

名　称	功　能
网络管理	
NLME_NetworkDiscoveryRequest()	请求网络层寻找相邻的路由器
NLME_NetworkFormationRequest()	使更高一层的设备请求自己建立一个更新的网络，并作为该网络的协调器
NLME_StarRouterRequest()	请求设备作为路由器
NLME_JoinRequest()	加入网络请求
NLME_ReJoinRequest()	使节点重新加入原来加入的网络
NLME_DirecJoinRequest()	使更高一层的协调器或路由器增加别的节点作为自己的子节点
NLME_LeaveReq()	使更高一层的设备请求自己或其他设备离开网路
NLME_RemoveChild()	移除子节点
地址管理	
NLME_GetExtAddr()	获得设备的 64 位 IEEE 地址
NLME_GetShortAddr()	获得设备的 16 位网络地址
NLME_GetCoordShortAddr()	获得设备父亲节点网络地址
NLME_GetCoordExtAddr()	获得设备父亲的节点 IEEE 地址
网络非易失存储	
NLME_UpdateNV()	写 NIB 到非易失性存储器。如果用户改变了 NIB，则需要调用此函数；如果正常加入网络，则 NIB 会自动更新

附录 B

网络层信息库属性

网络层信息库属性(NIB)由管理设备网络层所需要的属性组成。详细内容见表 B-1。

表 B-1 网络层信息库属性

属 性	代 码	类 型	有效值范围	描 述	默认值
nwkSequenceNumber	0x81	整型	0x00～0xFF	加到输出帧上的序列号	随机值
nwkMaxbroadcastRetries	0x83	整型	0x00～0x05	广播帧传送失败后最大重传次数	0x03
nwkMaxChildren	0x84	整型	0x00～0xFF	最大子设备数	0x07
nwkDepth	0x85	整型	0x01～nwkMaxDepth	网络深度	0x05
nwkMaxRouters	0x86	整型	0x01～0xFF	设备能接入的路由器数	设备能接入的路由器数
nwkNeighborTable	0x87	设置	可变	邻居表	未设置
nwkRouterTable	0x8B	设置	可变	路由表	未设置
nwkShortAddress	0x96	整型	0x0000～0xFFF7	设备使用的 PANID16 位地址	0xFFFF
nwkStackProfile	0x97	整型	0x00～0x0F	设备使用的 ZigBee 协议栈的 Profile	0
nwkGroupIDTable	0x99	设置	可变	网络组的成员	未设置
nwkExtendedPANID	0x9A	64 位扩展地址	0x0000000000000000～0xFFFFFFFFFFFFFFFF	PANID 的 64 位扩展地址	0x0000000000000000
NwkRouterRecordTable	0x9C	设置	可变	路由记录表	未设置

附录 C

术语及缩略词表

英文简称(全称)	中文解释
ACL(Access Control List)	接入控制表
AES(Advanced Encryption Standard)	高级加密算法
AF(Application framework)	应用框架
AIB(Application supprot layer information base)	APS 信息库
APDU(Application support sub-layer protocol data unit)	APS 协议数据单元
APL(Application layer)	应用层
APS(Application support sub-layer)	应用支持子层
APSDE(Application support sub-layer data entity)	APS 数据实体
APSDE-SAP(Application support sub-layer data entity-service access point)	APS 数据实体服务接入点
ASN. 1(Abstract syntax notation number 1)	1 号抽象语法表示
AWGN(Additive white Gaussian noise)	加性高斯白噪声
BE(Backoff exponent)	退避指数
BER(Bit error rate)	误码率
BI(Beacon interval)	信标间隔
BO(Beacon order)	信标次序
BPSK(Binary phase-shift keying)	二相键控
BSN(Beacon sequcnce number)	超帧序列数
CAP(Contention access period)	竞争接入期
CBC-MAC(Cipher block chaining message authentication code)	密码链块消息鉴权码
CCA(Clear channel assessment)	空闲信道评估
CCM(CTR+CBC-MAC)	
CCM * (enhanced counter with CBC-MAC mode of operation)	带 CBC-MAC 操作模式的增强计数器
CFP(Contention-free period)	免竞争期
CID(Cluster Identifier)	簇标识符
CLH(Cluster head)	簇头

续表 C

英文简称(全称)	中文解释
CRC(Cyclic redundancy check)	循环冗余校验
CSMA - CA(Carrier sense multiple access - collision avoidance)	免冲突载波监听多址接入
CTR(Counter mode)	计数器模式
CW(Contention window(length))	竞争窗(长度)
DSSS(Direct sequence spread spectrum)	直接序列扩频
ED(Energy detection)	能量检测
EIRP(Effective isotropic radiated power)	有效的各向同性辐射功率
EMC(Electro magnetic compatibility)	电磁兼容性
ERP(Effective radiated power)	有效辐射功率
EVM(Error - vector magnitude)	误差向量
FCS(Frame check sequence)	帧校验序列
FFD(Full function device)	全功能设备
FH(Frequency hopping)	跳频
FHSS(Frequency hopping spread spectrum)	跳频扩频
GTS(Guaranteed time slot)	保护时隙
IB(Information base)	信息数据库
IFS(InterFrame space or spacing)	帧间隔
IR(Infrared)	红外线
ISM(Industrial,scientific and medical)	工业、科学、医疗
IUT(Implementation under test)	试验阶段
KVP(Key - value pair)	键值对
LAN(Local area network)	局域网
LIFS(Long interframe spacing)	长帧间隔
LIC(Logical link control)	逻辑链路控制
LQ(Link quality)	链路质量
LQI(Link quality indication)	链路质量指示
LPDU(LLC Protocol data unit)	LLC 协议数据单元
LR - WPAN(Low - rate wireless personal area network)	低速率无线个域网
LSB(Least significant bit)	最低有效位
MAC(Medium access control)	媒体接入控制
MCPS(MAC common part Sublayer)	MAC 公共子层
MCPS - SAP(MAC common part sublayer - service access point)	MAC 公共子层服务接入点
MFR(MAC footer)	MAC 层帧尾

续表C

英文简称(全称)	中文解释
MHR(MAC header)	MAC层帧头
MIC(Message integrity code)	消息完整性码
MLME(MAC sub-layer management)	MAC层管理实体
MLME-SAP(MAC sublayer management entity-service access point)	MAC层管理实体服务接入点
MPDU(MAC Protocol data unit)	MAC协议数据单元
MSB(Most significant bit)	最高有效位
MSC(Message sequence chart)	消息序列图
MSDU(MAC service data unit)	MAC服务数据单元
MBDT(Message service type)	消息服务类型
ND(Number of backoff (periods))	退避数(周期)
NBDT(Network broadcast delivery time)	网络广播传递时间
NHLE(Next Higher Layer Entity)	上层实体
NIB(Nerwork layer information base)	网络层信息库
NLDE(Network layer data entity)	网络层数据实体
NLDE-SAP(Network layer entity-service access point)	网络层实体服务接入点
NLME(Network layer management entity)	网络层管理实体
NLME-SAP(Network layer management entity-service access point)	物理层管理实体接入点
NPDU(Network layer protocol data unit)	网络层协议数据单元
NSDU(Network service data unit)	网络服务单元
NWK(Network)	网络
O-QPSK(Offset quadrature phase-shift keying)	偏移四相移键控
OSI(Open systems interconnection)	开放式互连
PAN(Personal area network)	个域网
PANPC(Personal area network computer)	个域网计算机
PD-SAP(Physical layer data-service access point)	物理层数据服务接入点
PDU(Protocol data unit)	协议数据单元
PER(Packer error rate)	包误码率
PHR(PHY header)	物理层头
PHY(Physical layer)	物理层
PIB(Personal area network information base)	个域网信息库
PICS(Protocol implementation conformance statement)	协议执行一致性状态
PLME(Physical layer management entity)	物理层管理实体

续表 C

英文简称(全称)	中文解释
PLME-SAP(Physical layer management entity-service access point)	物理层管理实体服务接入点
PN(Pseudo-random noise)	伪随机噪声
POS(Personal operating space)	个域工作范围
PPDU(PHY Protocol data unit)	物理层协议数据单元
PRF(Pulse repetition frequency)	脉冲重复功率
PSD(Power spectral density)	功率谱密度
PSDU(PHY service data unit)	物理层服务数据单元
PPM(Parts per million)	百万分之
RC(Radius counter)	半径计数器
RF(Radio frequency)	射频
RFD(Reduced function device)	简单功能设备
RREP(Route reply)	路由应答
RREQ(Route request)	路由请求
RSSI(Received signal strength indication)	接收信号增强指示
RN(Routing node)	路由节点
SAP(Service access point)	服务接入点
SD(Superframe duration)	超帧持续时间
SDL(Specification and description language)	规范描述语言
SDU(Service data unit)	服务数据单元
SFD(Start-of-frame delimiter)	帧起始定界符
SHR(Synchronization header)	同步帧头
SIFS(Short interframe spacing)	短帧间隔
SKG(Secret key generation)	密码生成
SKKE(Symmetric-key key establishment)	均衡-密钥密钥建立
SPDU(SSCS Protocol data unit)	SSCS 服务数据单元
SRD(Short-range device)	短距离设备
SSCS(Service specific convergence sublayer)	服务指定汇聚子层
SSO(Superframe order)	超帧次序
SSP(Security services provider)	安全服务提供者
SSS(Security services specification)	安全服务规范
SUT(System under test)	正在测试的系统
TRX(Transceiver)	收发机

续表 C

英文简称(全称)	中文解释
TX(Transmit or transmitter)	发射机
UML(Unified modeling language)	统一模型语言
WLAN(Wireless local area network)	无线局域网
WPAN(Wireless personal area network)	无线个域网
ZB(ZigBee)	ZigBee
ZDO(ZigBee device object)	ZigBee 设备对象

附录 D

ZigBee 示例通信协议

1. 串口设置

波特率 115200，数据位 8，停止位 1，无校验位。

ZigBee 节点节点地址由拨码开关决定，如表 D-1 所列。

表 D-1 拨码开关表

CODE 4 3 2 1	地 址	传感器	型 号
0000	0	协调器	
0001	1	霍尔开关	MLX90248
0010	2	光敏电阻	10K
0011	3	温湿度传感器	SHT10
0100	4	振动开关	SC-2
0101	5	干簧管	
0110	6	加速度计	ADXL335
0111	7	烟雾传感器	MQ-2
1000	8	多普勒传感器	
1001	9	电机及灯光控制	
1010	10	LED 调光模块	BP1360
1011	11		
1100	12		
1101	13		
1110	14		
1111	15		

2. 指令格式(一问一答)

帧头＋01＋模块 ID＋传感器 ID＋命令(ParamH ＋ ParamL)＋帧尾

帧头:CC EE

ID:01～08

帧尾:FF

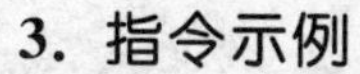

3. 指令示例

各节点传感器的指令表如表 D－2 所列。

表 D－2　各节点传感器的指令表

传感器模块	发　送	返　回	意　义
光敏电阻	CC EE 01 02 01 00 00 FF 查询光照强度	EE CC 01 02 01 00 00 FF	小于阈值
		EE CC 01 02 01 00 01 FF	大于阈值
电机及灯光控制	CC EE 01 09 01 00 00 FF	打开 LED1	
	CC EE 01 09 02 00 00 FF	关闭 LED1	
	CC EE 01 09 03 00 00 FF	打开 LED2	
	CC EE 01 09 04 00 00 FF	关闭 LED2	
	CC EE 01 09 05 00 00 FF	打开 LED3	
	CC EE 01 09 06 00 00 FF	关闭 LED3	
	CC EE 01 09 07 00 00 FF	打开 LED4	
	CC EE 01 09 08 00 00 FF	关闭 LED4	
	CC EE 01 09 09 00 00 FF	电机正转	
	CC EE 01 09 10 00 00 FF	电机反转	
	CC EE 01 09 11 00 00 FF	电机停止	
	CC EE 01 09 12 00 00 FF	打开全部 LED	
	CC EE 01 09 13 00 00 FF	关闭全部 LED	

参考文献

[1] 高守玮,吴灿阳. ZigBee 技术实战教程[M]. 北京:北京航空航天大学出版社,2009.

[2] 李文仲,段朝玉. ZigBee 无线网络技术入门与实战[M]. 北京:北京航空航天大学出版社,2007.

[3] 金纯. Zigbee 技术基础及案例分析[M]. 北京:国防工业出版社,2008.

[4] 李善仓,张克旺. 无线传感器网络原理与应用[M]. 北京:机械工业出版社,2008.

[5] 孙利民. 无线传感器网络[M]. 北京:清华大学出版社,2005.

[6] 钟永峰,刘永俊. ZigBee 无线传感器网络[M]. 北京:北京邮电大学出版社,2011.

[7] 蒋挺,赵成林. 紫蜂技术及其应用(IEEE 802.15.4)[M]. 北京:北京邮电大学出版社,2006.

[8] 王小强,欧阳骏,黄宁淋. ZigBee 无线传感器网络设计与实现[M]. 北京:化学工业出版社,2012.

[9] 郭渊博. ZigBee 技术与应用——CC2430 设计、开发与实践[M]. 北京:国防工业出版社,2010.

[10] 王薪宇,郑淑军,贾灵. CC430 无线传感网络单片机原理与应用[M]. 北京:北京航空航天大学出版社,2011.

[11] 王汝传,孙力娟. 无线传感器网络技术及其应用[M]. 北京:人民邮电出版社,2011.

[12] 无线龙. CC430 与无线传感网[M]. 北京:冶金工业出版社,2011.

[13] 徐勇军. 无线传感器网络实验教程[M]. 北京:北京理工大学出版社,2007.

[14] 丁镇生. 传感及其遥控遥测技术应用[M]. 北京:电子工业出版社,2002.

[15] 沈建华,郝立平. STM32W 无线射频 ZigBee 单片机原理与应用[M]. 北京:北京航空航天大学出版社,2010.

[16] 张新程. 物联网关键技术[M]. 北京:人民邮电出版社,2011.